地面绿化手册

[日] 都市绿化技术开发机构
地面植被共同研究会 编
王世学 曲英华 王隆谦 译

中国建筑工业出版社

本手册包括水边空间的绿化、平坦地空间的绿地、坡地空间的绿化、道路空间的绿化、城市设施空间的绿化、草坪场地空间的绿化等的内容。全书图文并茂，它用了大量的图片和表格来说明有关地面绿化的设计、施工与管理等的问题。本手册照片精美，内容言简意赅。本书可供广大园林绿化工作者和建筑、园林院校师生员工学习参考。

前　言

在人们追求生活周边充满绿色环境的今天，地面绿化也从以草坪为主，逐渐向着使用多种植物(包括本地种和外来种)进行绿化的方向发展。在平成6年(1994年)制定的《公园·绿化技术5年计划》中，提到了利用地面植被进行绿化环保，以及开发地面植被绿化环保相关技术的问题。但是，目前在选择栽植植物种类和植被基盘建造方法时，多数情况下还是靠有限的资料和经验。因此，急需一本任何人都可以利用的技术指南。

根据这一现状，我们成立了地面植被及相关材料技术共同研究会，其目的就是为了绿化周边环境，尽量减少城市对环境的负面影响，以及使绿地养护管理简单化。我们对水边、平坦地、坡地、道路、城市设施、草坪场地等各种各样的情况进行了调查研究，确立了适合各种情况的地面植被及相关材料，并将这些归纳成此书。

在本书编写的3年过程中，除研究会员们的热心研究活动外，还多次与有经验的学者召开了技术研讨会。另外，在编写过程中，编委们付出了巨大努力，在此我从内心里向有关各位表示深深地感谢，同时希望本书能在创造丰富的绿化环境方面，发挥一些作用。

财团法人城市绿化技术开发机构
地面植被植物及相关材料技术
协同研究会会长
松原　青美

主 要 目 录

关于本书的使用方法

1. 出版目的

本书是基于以下目的编写的。

（1）使用对象

本书主要是为进行地面绿化的调查、计划、设计、施工、养护管理等相关技术人员编写的，更具体地说是为直接从事绿化工程的建设部门、生产有关绿化资材的公司、造园建设部门以及绿化工程设计咨询单位等编写的，它具有广泛的实际使用价值。

（2）对象植物

本书将详细地介绍适用于各种地面要求的绿化植物，包括地方种和外来种。

（3）使用范围

这些地面植被可广泛地应用于各种绿化空间，其中包括水边空间、城市中普通的平坦地空间、以斜面为主的坡地空间、人行道和机动车道等的道路空间、人工地面和壁面等的城市设施空间、体育运动及娱乐休闲设施的草坪空间等。日本国是一个狭长的岛国，有各种各样的环境，但有关植物和绿化施工方法的选择在全国是通用的。

（4）目的

本书归纳了进行绿化规划时的必要思考方法和绿化方法的实例等，并叙述了如何检索合适的绿化施工方法。

① 掌握环境特性

总结了不同绿化空间的植物生长环境特性，并结合绿化基础知识加以解说。

② 掌握绿化施工方法

对各种绿化施工方法进行了整理，并举例说明。介绍了针对各种不同绿化的目的和选择相应绿化方法的依据。

③ 检索绿化施工方法

讲解针对各种不同绿化空间，检索适合植物生长的绿化施工方法和适合环境的地被植物。

④ 掌握绿化中的注意事项

从适应绿化空间环境和降低养护管理成本的角度，就有关必要的思考方法及注意事项，结合专栏加以讲解。

2．本书的基本构成

根据地被植物的利用目的和环境特性，本书将绿化空间分为六大类，并各成一章。每章将介绍各自绿化空间的特性、绿化的思考方法、绿化施工的实例和检索方法。

（1）水边空间的绿化

水边是受“水”这一环境因素影响较大的空间，根据其水质又可分为淡水域、淡咸水域和海水域。

本章中，我们只介绍淡水域的绿化，将其分成有水位变动的水库、湖泊、沼泽、池塘等“静水域”和有水流动的、以河流为代表的“动水域”。关于海水域和淡咸水域，由于植物种类的构成、绿化施工方法、基础构造等都不相同，所以不在此进行介绍。溪流域也不作为介绍的对象，但部分施工方法和思考方法可以应用淡水域的绿化方法。绿化范围包括生长着湿生植物、抽水植物、浮叶植物、沉水植物和浮游植物的空间。

本章的前半部分，归纳了一些水边绿化相关技术人员必备的常识性资料，如水边植物的生活形态、动植物的生长和生存空间、水质净化等功能；水边植物生长基盘的特性等等。在本章的后半部分，介绍了水边空地的绿化施工方法概论和各种绿化施工方法的实例。在章尾，介绍了在水边空间可能利用到的主要地被植物的特征。

（2）平坦地空间的绿化

平坦地在地形上具有十分有力的绿化条件，因此可以进行多种多样的绿化。本章主要介绍的是禁止人们踏入的平坦地的绿化，根据不同平坦地的环境特征，采取建造景观(改善景观)、地面覆盖以及建立自然生态等的绿化。

本章的前半部分，叙述了绿化效果、特征、注意事项等平坦地绿化时需要考虑的问题，归纳了公园·广场、未利用地、自然地三大绿化对象的特征。

本章的后半部分，在总结了绿化施工方法的基础上，在各种各样的绿化施工方法中插入实例进行了说明。在章尾，对不同绿化空间的绿化施工方法进行了分类，归纳了不同利用目的的计划、施工、管理等各阶段的注意事项，可在检索绿化方法时作为参考。

（3）坡地空间的绿化

由于坡地存在着一定的坡度，使绿化在某种程度上受到制约。因此，在坡地空间绿化时，要充分考虑到带有坡度的环境特征。

本章的前半部分，将坡地分为土壤坡地、岩石坡地和混凝土覆盖坡地三种类型，归纳了这三种类型的设计、施工、管理基础知识及绿化效果、特征、注意事项、环境特征等，特别是以植物群落再生为目的的坡地，要在充分了解了这些特性的基础上，对植物种类进行选择及对栽植基盘进行探讨。

本章的后半部分，对绿化施工方法举出实例，对栽植方法插入断面图进行说明，制作出土壤、岩石、水泥覆盖地的不同栽植基盘施工方法和栽植方法对应组合图。可以根据这一组合图，选出适合坡地空间的栽植方法。

（4）道路空间的绿化

道路是以机动车和人通行为主要目的的，除栽植部分外，其他地面都被沥青覆盖着。另外，在人行道的地下埋设着上下水道，地面上耸立着高楼，地下部和地上部的空间都受到限制。还有，机动车排出的尾气和粉尘，水泥地面的热辐射等都会使植物发生生理障碍。可见，道路空间无论是土壤条件，还是气候条件，都比自然树林和公园恶劣得多。因此，在道路绿化工程中，有必要掌握这些环境特征。

本章的前半部分，把道路绿化对象分为人行道、隔离带、隔音壁、高架道路4种类型。归纳整理了这4种类型的设计、施工、管理的必备知识和道路绿化的效果、特点、注意事项、环境特征等。

本章的后半部分，对绿化施工方法举出实例进行说明，对人行道、隔离带、隔音壁、高架道路的空间进行分类，制作出栽植基盘施工方法和栽植方法的各种对应组合表。利用这个组合表，可选出适合不同道路绿化空间的栽植方法。在各种组合表的后面，还加有专栏详细介绍了各种绿化方法的要点。这些都可以在绿化施工时作为参考。

（5）城市设施空间的绿化

由于城市设施是人工建筑物，到目前为止能够用来绿化的部分是很有限的。但是，随着环境问题逐渐在全球范围内受到特别的关注，需要增加城市整体的绿化面积。在城市设施绿化中，很难确保栽植基盘的有效土层，而且由于保水比较困难，所以容易造成干旱。加上高楼产生的局域强风等，在这样的条件下，植物的生长十分困难。所以，首先要了解这种空间的环境特性。

本章的前半部分，将城市设施绿化空间分为人工地面·屋顶、坡面屋顶、墙面3种类型，归纳整理了这3种类型的设计、施工、管理的必备知识和城市设施绿化的效果、特点、注意事项、环境特征等。

本章的后半部分，对绿化施工方法举出实例进行说明，对人工地面·屋顶、坡面屋顶、壁面的空间进行分类，制作出了栽植基盘施工方法和栽植方法的各种对应组合表。利用这个组合表，可选出适合不同城市设施空间的栽植方法。在各种组合表的后面，还加有专栏详细介绍了施工方面和养护管理方面的注意事项。这些都可以在绿化施工时作为参考。

（6）草坪场地空间的绿化

运动及娱乐用草坪是以让人们在上面活动为目的的，所以建造出的草坪或草地要适合这样的使用目的。在草坪绿化时，要充分考虑到其使用特性。

本章的前半部分，根据绿化对象的使用目的，大致把草坪分为竞技运动用和一般娱乐用两种。为了给绿化相关技术人员提供必备的常识性资料，我们对使用内容、使用特征、草坪和植被地面的特征等进行了归纳整理。另外，为了降低养护作业的成本，制定规划时要从设计、施工、管理全方位进行考虑。

这里我们列出了各阶段必须确认和探讨的事项，以及养护流程图和检查项目。

本章的后半部分，作为设计篇对草坪用草、栽植方法、植被基盘的构造及材料，还有与草坪相关的设施等的选择，结合实例介绍了思考方法和注意事项等。

在章尾，归纳了为今后制作出更好的草坪场地，以及需要研究的规划、设计、施工、管理等方面的课题。

利用地被植物营造绿化空间

■水边空间的绿化
■平坦地空间的绿化
■坡地空间的绿化
■道路空间的绿化
■城市设施空间的绿化
■草坪场地空间的绿化

水边空间的绿化

水边生长着一些特有的植物，如喜好潮湿土壤的植物、从水底长出株高很高的植物、叶子浮在水面的植物、漂浮的植物等等，它们以各种各样的形态适应着环境。这些水边植物，因为有着它们各自特异的生活环境，所以随着这些生活环境被破坏，有很多种类可能会灭绝或只存在于少数的原有地。而且，有些动物也正是依存于这种珍贵而不安定的环境。

①

②

③

④

⑤

① **玉簪属的新芽**（东京都）：生长在水边的草本植物，多数柔软多汁，春季比旱生草本类植物发芽略晚。

② **休耕田**（崎玉县）：在休耕田里生长着各种各样的水生植物，其中有很多被认为是水田的杂草，随着环境的变化和除草剂的使用，正在迅速地减少。

③ **石蒜花**（爱知县）：在水田的畦上开着的石蒜花，是田园的代表性风景，它随着城市近郊农田大部分被征为住宅地而渐渐消失。

④ **黄菖蒲花**（东京都）：是水边的驯化种。虽然是人为导入的植物，但由于繁殖力强，现在看上去已经像野生的了。

⑤ **芦苇的景观**（茨城县）：曾经在水边随处可见的这样的景观，随着混凝土护岸的使用和土地的开发正在减少。近年来，各地开始尝试用栽培的方法进行复原。

⑥

⑦

⑧

⑨

⑩

⑥ **蝗虫**（东京都）：在水边形成草地的情形比较多见。草地中会吸引来很多蝗虫、蝶类、蜜蜂等，它们成为鸟类的食饵。

⑦ **赤蝶**（东京都）。

⑧ **黑羽蜻蜓**（静冈县）：在接近水边的树林里，生存着喜好阴暗水边环境的昆虫和两栖类生物。这样的环境近年来显著减少，即使在接近自然型的水边治理工程中，也经常被忽视。

⑨ **水边植物的栽培**（东京都）：水边植物的生活特性，因地域不同差异很大。栽培学家认为将某处栽培的水边植物栽种到全国会搅乱生态系统。

⑩ **水生木贼草的栽培**（北海道）：在水库等长期淹水的地方进行绿化是很困难的。为了能在这样的场所实施绿化，进行超耐淹水性植物的栽培试验（参照25页）。

最近，很多池塘、河流等采用了各种各样从环境角度出发被称为近自然型的绿化施工方法，本书的第一章，将针对其代表性的施工方法，举出实例进行介绍。有关这些施工方法与动植物的相互关系以及管理方法、耐久性等，今后要解决的问题还很多。希望这些问题能在 21 世纪得到解决。

⑪

⑫

⑬

⑭

⑪ **用铁笼编制物进行绿化的施工方法**（崎玉县，正在施工）：先铺上装满石头的铁制笼子，然后在上面覆土，进行栽植的施工方法(参照 28 页)。

⑫ **填土**（**石**）的绿化施工方法（山形县，施工后3年）：是在固根工程、治水工程等的上面投入土壤，期待植被自然恢复的施工方法（参照 29 页）。

⑬ **利用植物纤维制品进行绿化的施工方法**（神奈川县，施工刚刚结束）：把椰子纤维等的植物纤维扎成一束一束的，然后压成席子状，在上面栽植直立水生植物等的施工方法。

⑭ **利用栽植土袋进行绿化的施工方法**（滋贺县）：在装满土壤的袋子里，栽植直立水生植物等的施工方法（参照 31 页）。

⑮

⑯

⑰

⑱

⑲

⑮ **喷上客土种子进行绿化的施工方法**（北海道）：将土壤、肥料、种子、保水材料等混合在一起，喷到用混凝土块、金属网等覆盖的坡面上的施工方法（参考32页）。

⑯ **在有孔混凝土砖上进行绿化的施工方法**（秋田县，施工刚刚结束）：在为增加护岸强度所使用的可通水、通气的有孔的混凝土块上，进行绿化的施工方法（参照35页）。

⑰ **利用阶梯式混凝土块进行绿化的施工方法**（岛根县）：利用成品混凝土块，做成阶梯式护岸，在台阶上投入土壤进行绿化的施工方法（参照37页）。

⑱ **利用多孔天然石＋混凝土块进行绿化的施工方法**（山梨县）：是装饰连接混凝土块的一种，把溶岩、鹅卵石等天然石与混凝土块相连接，期待着地衣类等着活的绿化的施工方法（参照37页）。

⑲ **用植物纤维复合编织物进行绿化的施工方法**（冈山县，施工刚刚结束）：在坡面上喷上种子、肥料后，再在上面覆盖植物纤维编织物进行绿化的施工方法（参照42页）。

平坦地空间的绿化

平坦地的绿化不仅包括造景，还包括大面积的绿地覆盖，以及与自然环境共存的自然生态型绿化等等。绿化时要充分考虑绿化空间的利用目的，选择适合栽植条件的绿化计划。

⑳

公园・广场的绿化

㉑

㉒

㉓

㉔

⑳ **使用带有芳香的花进行绿化**（东京都）：这里栽植的是与玫瑰、茉莉一起被称为世界三大香花的德国铃兰。在公园沿路的林地内，配植带有芳香的花，供游人欣赏。

㉑ **使用苫布状苔藓的庭院**（静冈县）：这里使用的是喜阴的羽藓属苔藓，下面均匀地铺上山砂，确保排水性和保水性。

㉒ **使用苫布状苔藓的庭院**（静冈县）：这里使用的是既喜阴又喜阳的灰藓属苔藓，下面进行了土壤改良。

㉓ **自然观赏空间的绿化**（东京都）：为了保护、培育已渐渐稀少的杜鹃，将其与自生杜鹃一起栽培，展现出了接近自然的景观。

㉔ **活动场地的绿化**（东京都）：利用公园广场空地的一部分，每年播种罂粟，在开花的季节举办罂粟节。

未利用地·特殊地的绿化

㉕

㉖

自然地的绿化

㉗

㉘

㉙

㉕ **用单一花卉绿化**（东京都）：将填埋后还未利用的土地，种上成片的油菜花，供游人观赏。

㉖ **用多种花卉绿化**（东京都）：将未利用的土地暂时作为花园，在不同季节里种植不同花卉，供游人观赏。

㉗ **山慈姑花**（东京都）：在自然林地中自然生长，春季开出粉色的花。近年来，正在尝试与保护相结合，靠栽植的方法来复原。

㉘ **深山山萝花**（长野县）：是夏季开粉色花的自生种，现在正在尝试用埋在土里的种子等方法进行绿化。

㉙ **深山山萝花**（长野县）：具有持续多年发芽的能力。因当年的发芽状况，植物的群落会发生移动。

坡地空间的绿化

目前，为了使坡面稳定，一般情况下是在坡面上栽种丛生矮草，防止坡面侵蚀。今后希望研究开发以植物群落再生为目标的绿化施工方法及养护管理方法。

㉚

㉛

㉝

㉜

㉞

㉚ 用丛生矮草和花进行绿化（利物浦，英国第二大港口）；利用冬季型草和水仙花构成的具有浪漫气息的实例。

㉛ 在河流堤坝上进行绿化（崎玉县）：用白花苜蓿、红花苜蓿、草类达到造景和防止侵蚀目的的绿化实例。

㉜ 用野生花卉进行绿化（南非共和国）：植物园内的花园造景绿化实例。

㉝ 以尽快恢复生态系统为目的的绿化（滋贺县）：在侵蚀严重的栽植基面上播种，实现短期内树林化的实例。

㉞ 利用栽植用混凝土块进行绿化（高知县）：在陡峭的坡面上，使用栽植用混凝土块栽植花卉类，进行造景绿化的实例。

道路空间的绿化

道路的绿化一般是在城市特有的严峻环境和狭小的生长地块进行的。因此，经常与格篱、管栅栏等进行组合，利用绿化植物增加城市的绿化量。道路空间的绿化要充分考虑绿化空间的环境特性，提出适合栽植条件的计划。

㉟

㊱

㊲

㊳

㊴

㉟ **狭窄人行道的绿化**（东京都）：利用藤类植物和管栅栏的实例。

㊱ **中央分离带的绿化**（东京都）：以花卉类和灌木为主的造景实例。

㊲ **隔音壁的绿化**（千叶县）：用藤类植物遮盖壁面的实例。

㊳ **高架道路上的绿化**（奈良县）：在集装箱等容器内均匀地铺上人工土壤进行绿化的实例。

㊴ **高架道路下的绿化**（福冈县）：以造景为目的的绿化实例。

城市设施空间的绿化

随着城市化的进程，绿地在逐渐减少。为了缓解这一现象，人们通过对人工地面、屋顶平台、坡面屋顶、壁面等的绿化来增加绿化面积，缓解热岛现象，增大保水力，净化空气，从而增大生物的生存空间。这些绿化需要充分考虑绿化空间的环境特性，提出适合栽植条件的计划。

㊵

㊶

㊷

㊸

㊹

㊵ **坡面屋顶的绿化**（弗赖堡，德国）：被作为环境教育设施来利用。

㊶ **人工地面上的绿化**（卡尔斯鲁厄，德国）：把隧道上面作为公园来利用。

㊷ **屋顶平台的绿化**（爱知县）：在学校建筑物的屋顶平台上进行造景绿化的实例。

㊸ **人工地面上的绿化**（东京都）：在净水厂的上面进行绿化的实例。

㊹ **坡面屋顶的绿化**（斯德哥尔摩）：国立公园事务所。

㊺

㊻

㊼

㊽

㊾

㊺ **屋顶平台的绿化**（东京都）：在医院设施的屋顶平台上进行造景绿化的实例。

㊻ **墙面绿化**（三重县）：用非藤类的植物进行墙面绿化的试验例。

㊼ **墙面绿化**（岐阜县）：在楼房的墙面上设置栽植基盘，用藤类植物进行绿化的实例。

㊽ **过街天桥上的绿化**（三重县）：在通往站前的过街天桥上进行造景绿化的实例。

㊾ **墙面绿化**（斯德哥尔摩）：在市政厅的墙壁面上，用藤类植物进行造景绿化的实例。

草坪场地空间的绿化

近年来，人们正在建造适应体育运动、娱乐活动等各种需要的草坪。这样的草坪不仅要求美观，还要求草坪有一定的强度，有适宜的植被基盘构造，另外还要考虑利用与管理的平衡，使草坪符合使用目的。

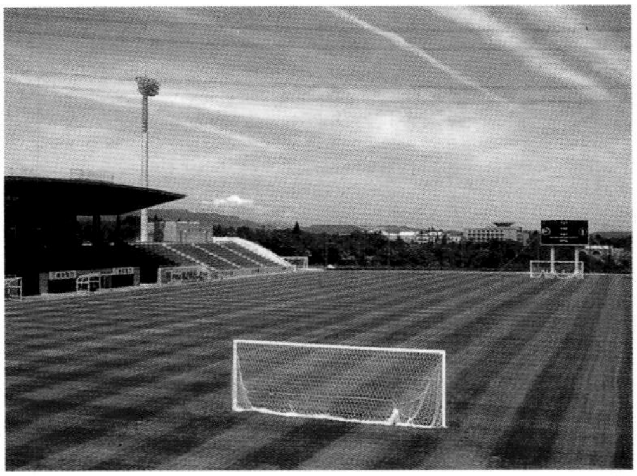

(50)

球类运动专用赛场

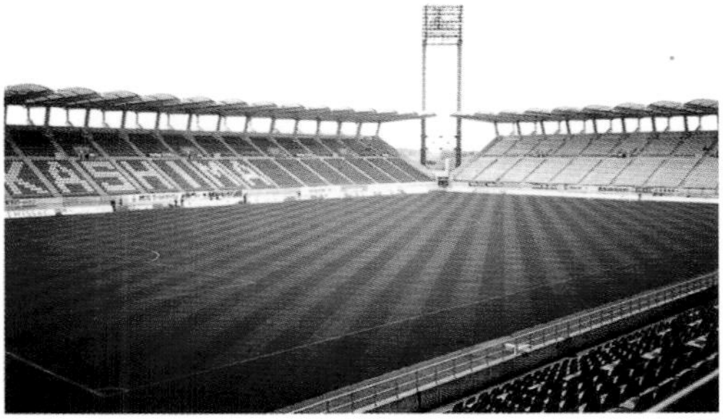

(51)

田径赛场中的草坪赛场

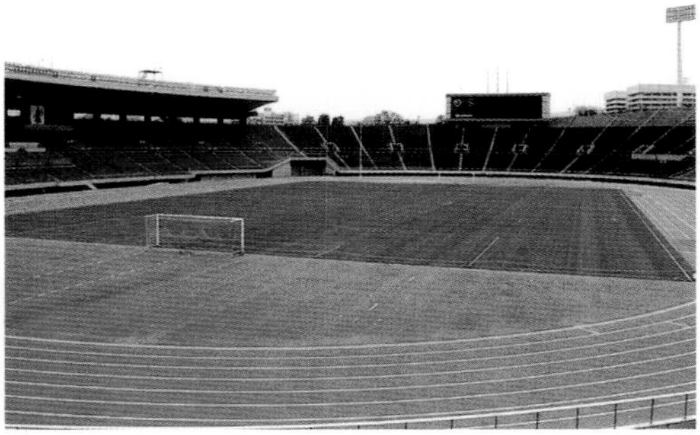

(52)

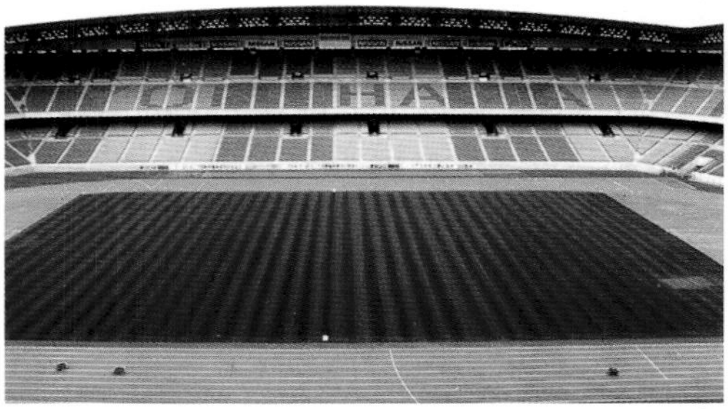

(53)

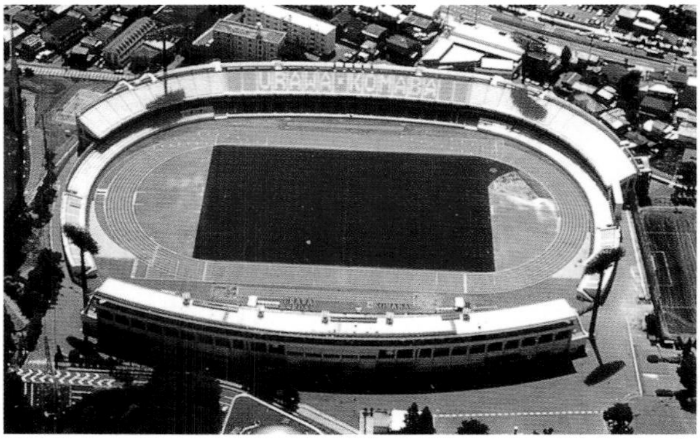

(54)

(50) J village（福岛县）：有足球专用场10个，带看台的1个，是具有集训相关设施的正规训练设施。

(51) **茨城县足球场**（茨城县）：是足球专用的正规赛场，用于国内足球联赛和一般团体的比赛及训练。

(52) **国立霞之丘赛场**（东京都）：多次举行国际比赛，是日本具有代表性的赛场，可进行田径、足球、橄榄球等大型比赛。

(53) **横滨国际综合赛场**（神奈川县）：是能容纳7万人的日本最大的赛场，除进行田径、足球、橄榄球等比赛外，还可用于举办音乐会等。

(54) **浦河市驹场赛场**（埼玉县）：从国内联赛到一般的市民利用，是一个被广泛利用的赛场，它还因作为全国高中足球预选赛场而闻名。

⑤⑤

天然草坪的棒球场

⑤⑥

娱乐休闲用草坪

⑤⑦

⑤⑧

⑤⑨

⑤⑤ **名古屋市瑞穗公园田径赛场**（爱知县）：从田径和国内足球联赛到一般的市民利用，是一个利用率很高的赛场。这是在西日本不多见的用寒地型草建成的赛场。

⑤⑥ **鹤冈梦想赛场**（山形县）：一直到内场都是用天然草建成的，这在国内是很少见的。今后，这种形势估计会增加。

⑤⑦ **门球场**（东京都）：用天然草做成的正规设施。养护管理比草坪场要求高［国营昭和纪念公园］。

⑤⑧ **大型草坪广场**（东京都）：约10ha的大面积的公园草坪广场。除草坪草外，还有一些其他草种生长在里面［国营昭和纪念公园］。

⑤⑨ **与野草类共生的草地**（东京都）：在保护、培育野生种蒲公英的同时，形成的共生草地［国营昭和纪念公园］。

目 录

【专栏】

1. 水边空间的绿化

在进行水边空间植被绿化时，最重要的是根据各自场所的绿化目的和植物的生活形态、功能、必要的生长基盘，来选定使用植物和绿化施工方法。

本章将介绍在湖沼、河流等水边空间进行植被绿化时的注意事项和施工实例。

1.1　水边植物的生活形态

在水边，各种各样的植物分布在与各自形态相适应的场所里。因此，在虽然有水位变动但几乎没有水流动的湖沼中，植物的生活形态与有水流动的河流中的植物生活形态完全不同。

(1) 湖沼的生活形态

在湖沼中，除水库、水池等在某一时刻有较大水位变动外，与河流相比，受到水流和洪水等的影响较小，是一个比较安定的环境。

从陆地到水域，水边植物的分布可依次分为：水边林、湿生植物、直立水生植物、浮叶植物、沉水植物。我们把它称为群落过渡带。群落过渡带的构成种类，因地形、地质、气候等条件而发生复杂的变化。另外，还有漂浮在水面上的浮游（浮标）植物，它们通过叶和茎的浮体浮游在水面上生活。图1.1是关东附近的一个实例。

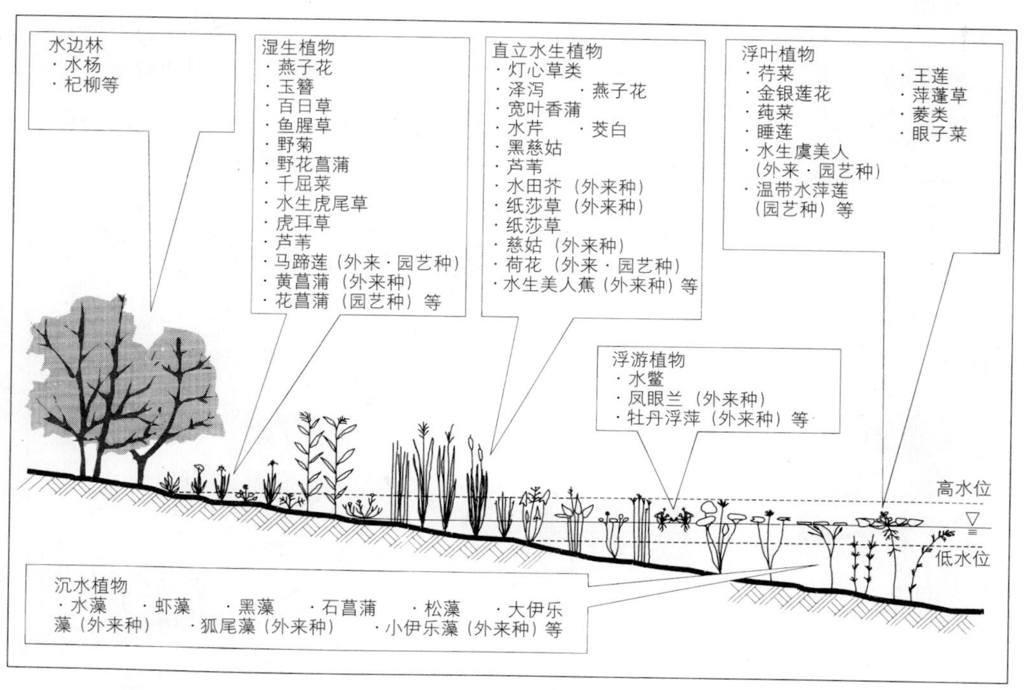

图1.1　湖沼的水边植物

表 1.1　湖沼的水边植物

生活形态	环　境	原 有 种 类	导入种类、园艺种
水边林	淹水频率极低，地表虽然干燥，但地下根系大部分处在地下水位以下的部位。	水杨、杞柳等	
湿生植物	有时会因涨水和降雨，形成被淹没的潮湿陆地。	燕子花、玉簪、百日草、鱼腥草、野菊、野花菖蒲、千屈菜、水生虎尾草、虎耳草、芦苇等	马蹄莲、黄菖蒲、花菖蒲等
直立水生植物	岸边的浅水域，水深在 1m 左右。	灯心草类、泽泻、燕子花、宽叶香蒲、水芹、茭白、黑慈姑、睡菜、芦苇等	水田芥、纸莎草、慈姑、荷花、水生美人蕉等
浮叶植物	与直立水生植物的环境相同或水深在 2m 之内。	荇菜、王莲、金银莲花、萍蓬草、莼菜、菱类、睡莲、眼子菜等	水生虞美人、温带水萍莲
沉水植物	与浮叶植物的环境相同或水位略深的地方，上述植物很少。	水藻、虾藻、黑藻、石菖蒲、松藻等	大伊乐藻、狐尾藻、小伊乐藻等
浮游植物	直立水生植物和浮叶植物很少的水域。	浮萍、水鳖等	凤眼兰、牡丹浮萍等

（2）河流的生活形态

河流中除一部分积水区域（弯道）外，通常都有水的流动，与湖沼相比，容易受到大雨引起的涨水和洪水的影响，可以说是容易变化的环境。因此，生活在这里的植物的形态也是多种多样。在河流的横断面可以明显地看出从陆域到水域的变化，纵断面可以明显地看出从上游到下游的变化。由于中下游流域受蜿蜒曲折的流水路线的影响，形成了水流的冲击部，而反侧则形成了沙洲部。水流中形成了被割断的弯道部等各种各样的环境，水边植物也在各自适应的环境中生长着。

① 河流的横断

一般情况下，在通常有水流的河流深处，生长着直立水生植物、浮叶植物、沉水植物；在陆地一侧的河流较深处生长着湿生植物；在浅水处及岸边生长着杨树等的水边树林。图 1.2 是关东附近的一个实例。

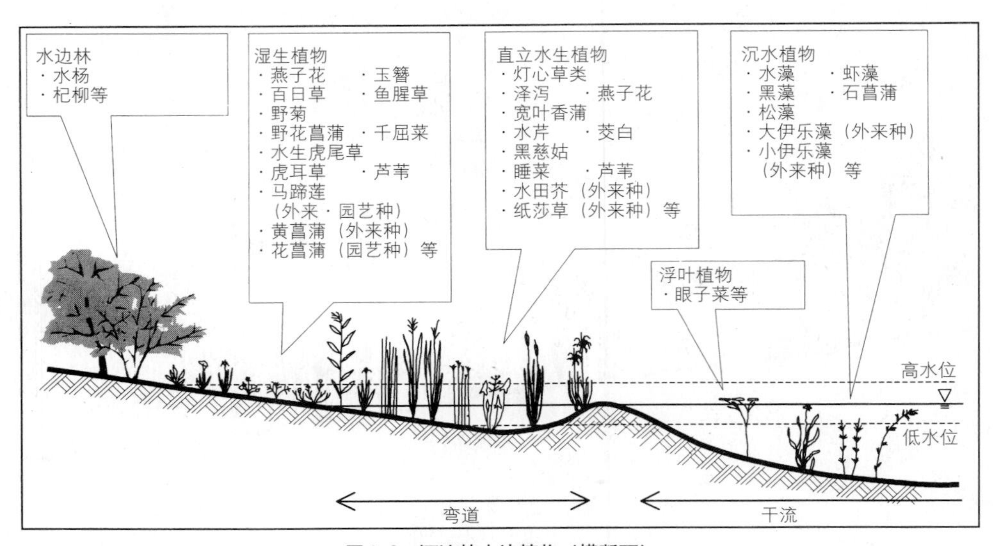

图 1.2　河流的水边植物（横断面）

表 1.2　河流的水边植物

河流地形	生活形态	环　　境	原有种类	驯化种、园艺种
较浅处（上层）	水边林	淹水频率极低，地表虽然干燥，但地下根系大部分处在地下水位以下的部位。	水杨、杞柳等	
较浅处（下层）	湿生植物	有时会因涨水和降雨而被淹没的潮湿陆地。	燕子花、玉簪、百日草、鱼腥草、野菊、野花菖蒲、千屈菜、水生虎尾草、虎耳草、芦苇等	马蹄莲、黄菖蒲、花菖蒲等
	直立水生植物	岸边的浅水域，水深在1m左右。	灯心草类、泽泻、燕子花、宽叶香蒲、水芹、茭白、黑慈姑、芦苇等	水田芥、纸莎草等
深水处	浮叶植物	与直立水生植物的环境相同或水位略深的水域，水流缓慢的地方。	眼子菜等	
	沉水植物	与浮叶植物的环境相同或水位略深的水域，上述植物很少。水流缓慢的地方。	水藻、虾藻、黑藻、石菖蒲、松藻等	大伊乐藻、狐尾藻、小伊乐藻等
	浮游植物	直立水生植物和浮叶植物很少的水域。几乎没有水流动的淤水处等。	浮萍等	凤眼莲等

② 河流的纵断

从河流的上游到下游，水流速度逐渐减缓，河床的基质也从以岩砾为主慢慢地变成了以细砂和淤泥为主。由于各种有机物流入河流，使得水质越来越富营养化。因此，其植物分布也发生了变化，如图 1.3、1.4。

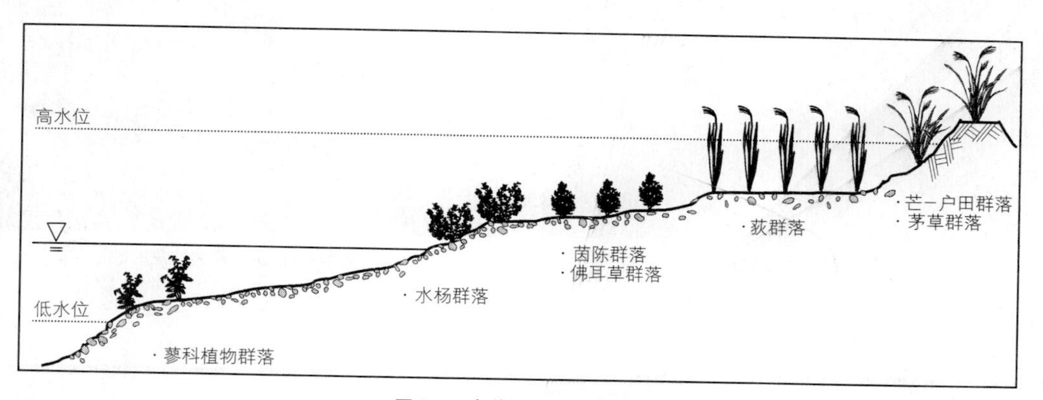

图 1.3　中游河流的代表植物

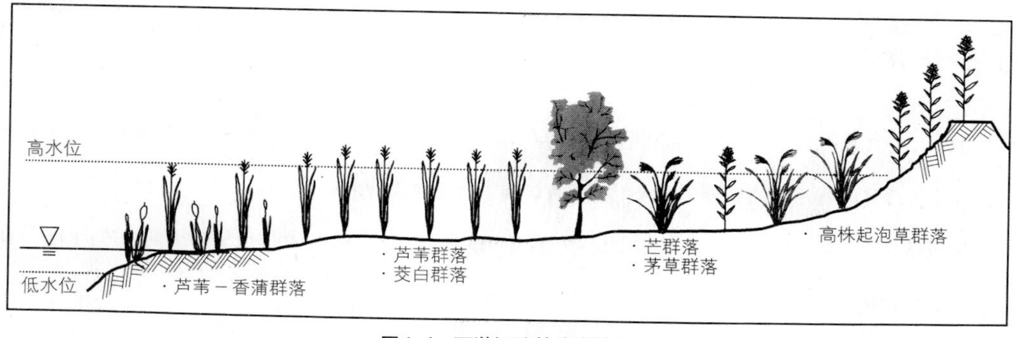

图 1.4　下游河流的代表植物

1.2 水边植物的功能

水边植物具有各种功能，也是鱼类和鸟类的重要繁殖及生活场所。近年来，人们开始重视建造和恢复自然丰富的河流、湖沼的水边环境，重视植物对河岸的保护作用以及净化水质的作用等。除此之外，自古以来人们就把芦苇作为修葺屋顶的材料，把莼菜的新芽和菱类的果实等作为食用材料，还有一些被作为生活材料和粮食材料。

在建造水边绿地时，最重要的是要考虑其用途和目的，导入具有相应功能的植物。

(1) 水边植物所具有的各种功能

水边植物的功能大致可分为以下五种：第一，作为动物栖息环境的功能。水边将水域和陆地两个完全不同的环境连接起来，在水边生存着水域里的鱼类和昆虫，也生存着陆地的鸟类、昆虫类、哺乳动物类、爬虫类以及在水域和陆地都能生存的两栖类动物，形成了丰富的生态系统。第二，景观功能。由于静水域和动水域的水边植物形态不同，构成不同的景观。第三，净化水质的功能。当今，人们对水质的恶化越来越担心，正在进行大量的有关这方面的试验和研究。第四，保护湖岸、河岸的功能。利用植物进行护岸的方法已有多年的历史。近年来，在许多建造自然型的河流工程中得到进一步肯定。第五，资源供给功能。自古以来，水边植物就一直被作为生活用品及食物。

照片 1.1　水域和陆地之间的动物栖息空间

照片 1.2　现在成为钓鱼的娱乐场所

专栏

水生植物与水系

目前，有很多被认为是同一种动植物的生物，在不同地区表现出了不同的基因水平。有人认为水生植物因水系不同，遗传基因有一定的差异。在水生植物的栽植中，应考虑到地域性。

当然最好是使用栽植地水系自生的水生植物。水生植物能在比较短的时间内使植株大量增殖。因此，希望今后能与生产者联合，制定生产本地自生植物的栽培体制。

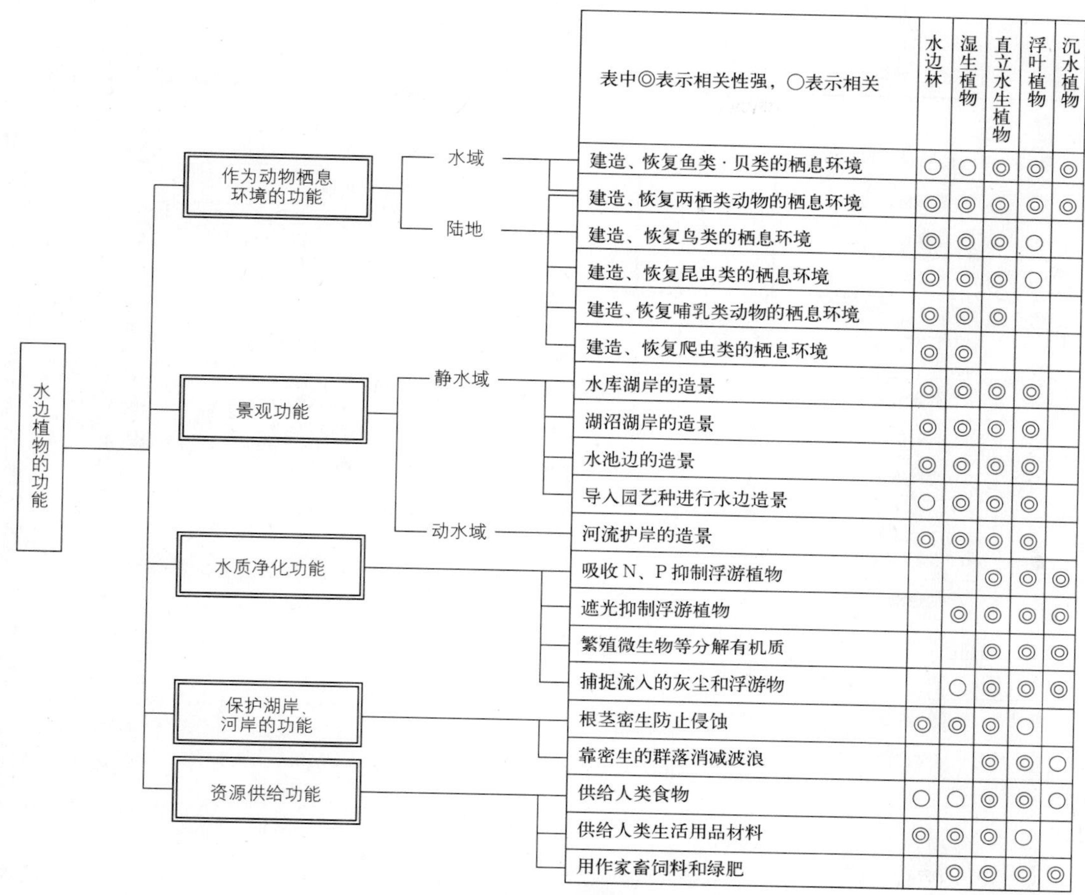

表中◎表示相关性强，○表示相关	水边林	湿生植物	直立水生植物	浮叶植物	沉水植物
建造、恢复鱼类·贝类的栖息环境	○	○	◎	◎	◎
建造、恢复两栖类动物的栖息环境	◎	◎	◎	◎	◎
建造、恢复鸟类的栖息环境	◎	◎	◎	○	
建造、恢复昆虫类的栖息环境	◎	◎	◎	○	
建造、恢复哺乳类动物的栖息环境	◎	◎	◎		
建造、恢复爬虫类的栖息环境	◎	◎			
水库湖岸的造景	◎	◎	◎	◎	
湖沼湖岸的造景	◎	◎	◎	◎	
水池边的造景	◎	◎	◎	◎	
导入园艺种进行水边造景	○	◎	◎	◎	
河流护岸的造景	◎	◎	◎	◎	
吸收N、P抑制浮游植物			◎	◎	◎
遮光抑制浮游植物		◎	◎	◎	◎
繁殖微生物等分解有机质			◎	◎	◎
捕捉流入的灰尘和浮游物		○	◎	◎	◎
根茎密生防止侵蚀	◎	◎	◎	○	
靠密生的群落消减波浪			◎	◎	○
供给人类食物	○	○	◎	◎	○
供给人类生活用品材料	◎	◎	◎	○	
用作家畜饲料和绿肥		◎	◎	◎	◎

图 1.5 水边植物的功能

（2）作为动物栖息环境的功能

水边植物的功能，最重要的一点就是作为动物的栖息环境。通过栽植水边植物，可促进生态系统的建立，建造和恢复丰富的自然环境。

鱼类、鸟类、昆虫类等在水边生活的各种各样的动物，大多数都依赖于水边植被，它们在水边植被中觅食、产卵、养育后代、隐藏巢穴等。为了保持动物的多样性，关键是要保证多种植物以多种形态在此生存。

① 水边植物与鱼类

根据鱼类的生活史，有的一生都在水边生活，有的只有幼鱼或成鱼某一阶段在水边生活，有的把水边植物作为产卵的地方或躲避天敌的藏身之处，有的直接把水边植物作为食饵等等。总之与水边植物有着密切的关系，并且各自栖息在适合它们的场所。如果这些环境被破坏，有可能会给各种鱼类带来灭绝性的打击。还有，随着鲫鱼等一些外来品种在全国各地的繁殖，搅乱了日本原有的生态系统，因此，现在在很多河流和池沼中正在驱逐和消灭这些鱼类。

表 1.3　鱼类和水边植物的关系

（静：静水域；动：动水域；◎：相关性强；○：相关；×：几乎不相关；？：不明）

静	动	鱼　类	卵	幼鱼	成鱼	备　注
●一生都与水边植物相关的种类						
◎	◎	银鲫鱼	◎	◎	◎	· 全国。琵琶湖少。栖息于泥底部。
◎	◎	金鲫鱼	◎	◎	◎	· 小鲫鱼。全国。
○	◎	九州鱵	◎	○	○	· 青森以南。分布于河口或与海连接的湖沼中。
◎	○	鲶	◎	◎	○	· 全国。喜好泥底。大河流的下游和池沼。
◎	◎	北鳅	◎	○	○	· 除青森和中国西部以外的本州、四国。细流和湖沼。
◎	○	麦穗鱼	◎	○	○	· 新泻以南。栖息于沿岸部的泥底。
◎	○	黄鲴鱼	◎	◎	◎	· 自然分布于琵琶湖。在各地放养。
◎	○	*大口黑鲈*	◎	◎	◎	· 外来种。黑鳢。芦湖、山中湖等地。
◎	○	*乌鳢*	◎	◎	◎	· 外来种。鳢鱼。全国。栖息于岸边。
●卵、幼鱼时期与水边植物相关的种类						
◎	×	荷色鲫	◎	○	×	· 琵琶湖特产。在各地放养。
◎	◎	鲤鱼	◎	○	×	· 全国的静水域，河流中下游。
◎	○	鲦	◎	○	×	· 全国。喜好静水域的表层。
●幼鱼、成鱼时期与水边植物相关的种类						
◎	◎	丁斑鱼	×	○	○	· 东北以南的所有地区。
◎	◎	石鲋	×	?	◎	· 从秋田到神奈川县。也在其它各地放养。
◎	◎	矛鱊	×	◎	◎	· 本州、四国、九州一部分。喜好浅水域。
○	◎	*草鱼*	×	○	◎	· 外来种。利根川水系、江户川等地。
◎	◎	*高体鳑鲏*	×	◎	◎	· 外来种。关东平原、浓尾平原等地。
◎	◎	日本鳑鲏	×	◎	◎	· 淀川水系以西的本州、四国、九州。
◎	○	*蓝腮太阳鱼*	×	◎	◎	· 外来种。从关东地区到四国地区各地。
●卵与水边植物相关的种类						
○	◎	线纹花鳅	◎	×	×	· 从本州到九州。喜好沙底。
◎	◎	泥鳅	◎	×	×	· 全国。栖息于池沼和河流下游的泥底。
◎	×	蓝黑颌须鮈	◎	×	×	· 琵琶湖特产。在山中湖和渡良濑中放养。
◎	◎	公鱼	○	×	×	· 全国。下至海或湖。
●成鱼时期与水边植物相关的种类						
○	◎	缘鱊	×	×	◎	· 名古屋议席。喜好平坦干净的细流。
◎	×	裸头鰕虎鱼	×	×	○	· 全国。栖息在河流下游及淡咸水域。
◎	×	塘鳢	×	×	○	· 本州以南。栖息在河流中游及淡咸水域。
◎	×	刺鰕虎鱼	×	×	○	· 本州以南。栖息在河流的河口处。
◎	◎	*白鲢*	×	×	◎	· 外来种。鲢鱼。利根川、江户川等地。

注：斜体文字为外来种

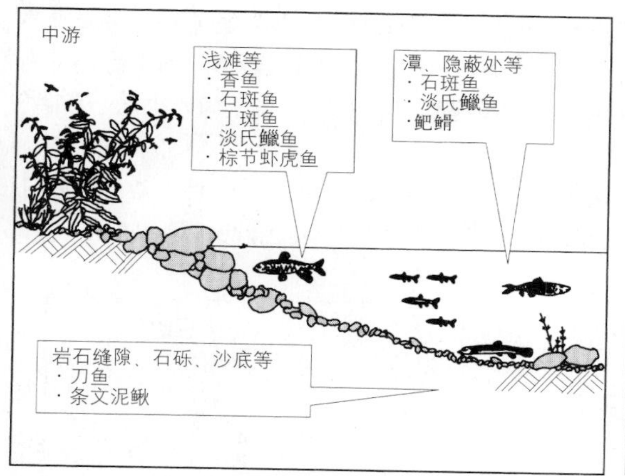

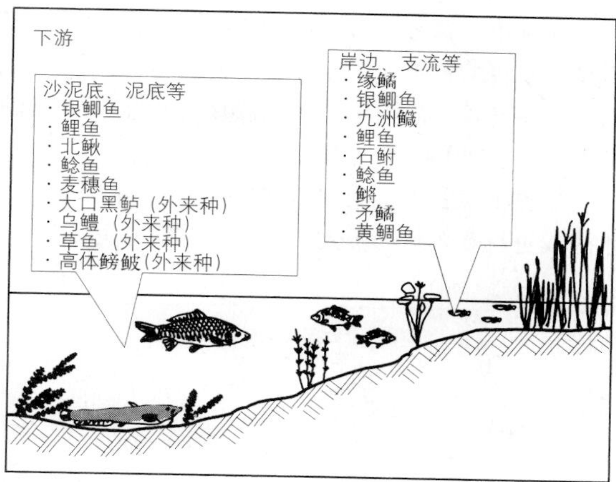

图1.6 水边植物和鱼类

② 水边植物与鸟类

鸟类也和鱼类一样，把水边植物作为繁殖地、栖息地、食饵等利用。其中，大苇莺、鹡鸰、黑鸭、苇莺等不仅将其作为栖息地，还利用芦苇或茭白等的枯草或棉絮作巢。所以，还是不可替代的繁殖地。

还有像小白鹭、大白鹭、野鸭等虽然不将其作为繁殖地，但多数鸟类都将其作为觅食、休息的场所，对于茶隼和鹫鹰等猛禽类来说，这里是他们的主要狩猎场。

专栏

防波堤工程和弯道

防波堤工程一般是指从河岸伸向水流的工程物。它可以通过减缓水流速度、改变水流方向来减轻水对河岸的冲击。

在连续设置的防波堤工程之间，容易有沙子堆积，继续发展下去，就会形成水池或入江状的水面，也就是所谓的弯道。

防波堤工程之间的堆沙上和弯道的内侧是适合直立水生植物和水草生长的地方，因此，成为多种水生动物的栖息地。近年来，从建造自然型河流的观点出发，用防波堤工程防止河岸的侵蚀，或将防波堤工程与护岸工程结合起来，或设置人工弯道等方法进行护岸。

淀川（大阪市东淀川区）的人工弯道是为了代替不得不修改河道而被填埋的对岸弯道而建造起来的。大小两个水池中设有地下水道，以便将弯道之间的水连接起来，然后向水中填砂土以促进植物的生长，努力将其建造成接近自然的弯道。

子吉川（秋田县）接近自然型的防波堤工程 资料1

（同左） 资料1

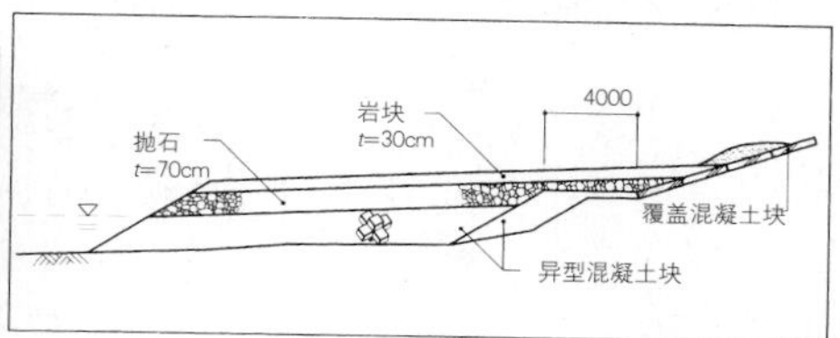

（同左） 资料1

在水边不仅有水鸟，在各种植物等环境中，还栖息着草地及林边的鸟类。这些鸟类的种类构成主要取决于食饵的种类、营巢地的环境、人为的影响等等。一般来讲，水边植物的种类越多，鸟类的种类构成越趋多样性，面积越大，栖息的鸟类越多。砂砾地和崖地等，是鸟类栖息的重要空间，也是小燕鸥、翡翠鸟、锡嘴鸟、群鸟等的繁殖地。

但也不能忽视人为的影响，钓鱼、玩水等一些娱乐活动会给鸟类带来很大的影响。特别是将车开进水边或进行赛艇活动等更会对环境产生不可估量的破坏，因此有必要考虑人与自然的协调共生。

图1.7 水边的鸟类

表1.4 水边植物和鸟类的关系（留：留鸟；候：候鸟；冬：越冬候鸟；夏：夏季候鸟）

繁殖地	栖息地	食饵	鸟的种类
●	●	●	大鹬（留）、陆地葭凫（冬）、黑鸭（留）、鹬(留)、白羽野鸭（冬）
●	●		大棕扇尾莺（候）、苇莺（夏）、䴙䴘(留)、金嘴白羽野鸭（冬）、秧鸡（候）、小芦燕（留）、田鸟（冬）、彩鹬（留）、红胸田鸡（夏）、苇鸻(夏)
	●	●	大天鹅（冬）、长尾野鸭（冬）、小野鸭（冬）、小天鹅（冬）、豆雁（冬）、赤颈鸭（冬）、野鸭（冬）、大雁（冬）、葭凫（冬）
	●		苍鹭（留）、大芦燕（候）、草鹬（冬）、凫（留）、夜鹭（留）、白鹭（留）、小苇莺（夏）、池鹭（夏）、寒雀（夏）、棕扇尾莺（留）、大白鹭（留）、林鹬（候）、阔嘴鸭（冬）

照片 1.3 休息和采食的场所

照片 1.4 被直立水生植物包围的安全地带

③ 水边植物与昆虫类

昆虫与水边植物有着密切的相关，在水边植物中既有水螳螂等水生椿橡类，也有龙虱等水生甲虫类，除此之外，还有像蜻蜓类幼虫那样栖息在直立水生植物、浮叶植物、沉水植物上的水生昆虫类，以及像蜻蜓那样在空中飞翔的昆虫类等等。它们多数是食用其它昆虫和水生生物，或吸吮其它昆虫和水生生物的体液。也有很多像蜉蝣类幼虫和小型蝼蛄类幼虫那样的植食性或食用腐植质的昆虫，它们主要食用藻类和落叶。

专栏
土浦生物净化池

1995 年 8 月，在离土浦火车站很近的土浦港建成了一个用蔬菜、花卉等植物进行水质净化的设施[土浦生物净化池]。它是利用植物和浮游植物将引起富营养化的氮、磷等物质吸收，然后浮游植物被栖息在植物根部周围的小动物食用，栽植植物被人类食用或用作堆肥。如果对吸收了氮和磷的植物放置不管，任其腐烂，那么被吸收的氮和磷又会重新回到水中，所以，要尽量收割地上部分。这里种植着可食用的蔬菜和各种花卉，市民可以自由采摘。主要栽种的是能够很好地吸收氮、磷，并且有利于食用浮游植物的生物栖息以及根系较细的水生植物，如水芹、空心藻、干屈菜、勿忘草等。

关于水质净化的效果，可除去氮和磷 20～40%，SS（浮游物质）70%，表示藻类含量的叶绿素的浓度约 60%，使湖水的透视度由 30cm 提高到了 1m 以上。[土浦生物净化池]每天可以净化约 10000 吨水[资料2]。

土浦生物净化池
→栽培的水芹和空心菜等

正在进行堆肥
→枯草和淤泥堆肥

在草地上还栖息着大量的草地昆虫，比如蝶类、羽虱等甲虫类、蝗虫类等，它们大多数都以水边植物为食饵。水边树林是萤火虫类和蜻蜓类等的生息地。而这些昆虫类又是鸟类和两栖类动物、爬虫类等的食饵。

但是，正如上文所述，由于人为的影响，近年来，昆虫类的栖息地在迅速地减少。各地都在反应萤火虫和蜻蜓不见了，很多昆虫类正在减少。

图 1.8 是蜻蜓的情况，一般来说，水边的构造越复杂，栖息的种类就越多。

照片 1.5　飞到草地上的红蝶

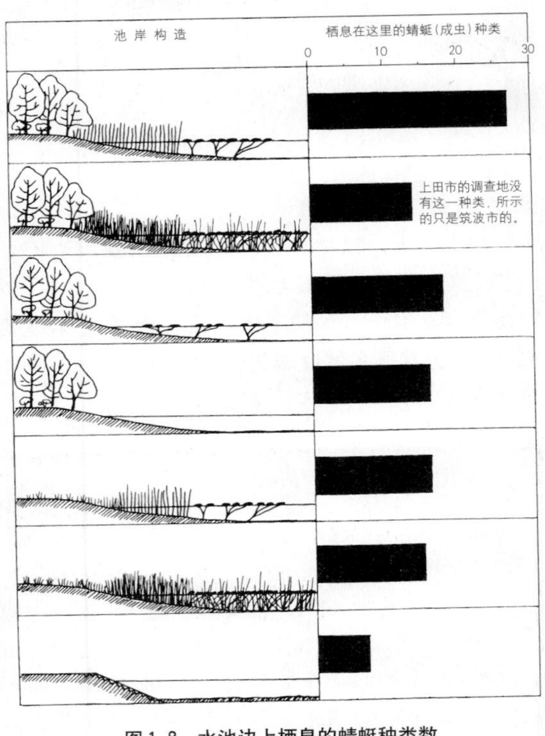

图 1.8　水池边上栖息的蜻蜓种类数
长田等（1991）：水池边上栖息的蜻蜓种类（上田市）

照片 1.6　草地上的蝗虫

专栏
大多数水生植物对土壤没有选择性

水生植物的盆栽试验

大多数水生植物对土壤没有选择性，在什么样的土壤中都可以栽培，无论是在红土还是黑土中，都能很好地生长。甚至，用无土栽培的砾质土壤进行栽培也能生长。但有些在沙子里不容易生长。栽培普通植物的土壤，经过一季的栽培后会出现肥力减弱的现象，而栽培水生植物则没有这种现象，可以反复栽培。

也就是说，一般水生植物在任何土壤条件下都可以生长，在河流、湖沼等自然条件下，水流速度、波浪、水深等土壤以外的因素对水生植物的生长影响很大，栽培没有成活，大多不是土壤的原因。

(3) 改善景观的功能

水边植物所在的水边空间，将水域和陆地的景观融为一体，是电影等艺术拍摄的重要场景，自古以来就被作为庭院等造景的重点。以下例举的是用水边绿化造景成功的实例。

① 水库造景

水位变动较大的水库湖岸容易形成裸地，在景观和护岸方面都存在着很大的问题，很多水库都在进行绿化方面的调查和试验。

照片 1.7 龙里水库（北海道）

照片 1.8 金山水库（北海道）

② 湖沼的造景

在霞之浦（茨城县）和琵琶湖（滋贺县），为了改善景观，恢复自然环境，净化水质等，正在引进水边植物进行湖岸绿化，并开展了与绿化相关的一系列工作。

专栏

水生植物的生长不可能和设计完全相同

快速繁殖的莲藕

许多水生植物具有很强的繁殖能力。有的随着根茎的伸长，从节间生长出新的个体，有的以水为媒介散播种子，在适宜的场所或流到很远的地方形成群落。即使当初按设计的场地种植，由于大自然的力量也会渐渐发生变化。

水生植物必须按着合适的密度栽植。有些水生植物繁殖速度非常快，事先必须考虑到。虽然关于适宜栽植密度的数据还很少，但在本章后半部分介绍了根据经验总结出的不同品种的适宜栽植密度，可供参考。

另外，流动的种子只有在能扎根的地方才能生长。经常会出现在意想不到的地方形成新的群落，还有时会出现在当初栽植的地方完全消失，而移动到其他地方的情况。

照片 1.9 霞之浦（茨城县）

照片 1.10 渡良濑水池
（群马、崎玉、茨城、枥木县）

③ 导入园艺品种和外来品种进行水边造景

在各地公园的水池或有水流的地方，中小城市的河流处等，正在积极地导入园艺品种和外来品种进行水边的绿化造景。以前一般是栽植香蒲、睡莲、荷花等花卉类。在较大的河流里只能导入在浅水处栽植的园艺品种。

但是，从保护原有生态系统的角度考虑，将园艺品种和外来品种导入河流、湖沼等与其它地域有联系的水域，并不能说是上策，特别是对于繁殖力旺盛的品种，必须进行充分的探讨。

照片 1.11 洗足池公园（东京都）

④ 河流的造景

在中小河流和大型河流的浅水处，有很多地方都将以前的三面水泥护岸，改成了自然护岸工程。其中有很多采纳了群落生境的概念，让河流自然地蜿蜒流淌，形成弯道，促进香蒲类、灯芯草类、芦苇类等原有品种繁盛生长。

照片 1.12

照片 1.13

(4) 净化水质的功能

水生植物具有吸收水中氮(N)、磷(P)的功能,特别是生长迅速的大型芦苇和香蒲、生长迅速的风眼兰和荷兰芥菜等有着很高的净化功能。这种净化效果不单单是植物体本身的吸收,还有附着在茎叶上的藻类和微小生物的吸收,并有可能随着进一步的物质循环,发挥出累加效应。浮叶植物和直立水生植物具有通过茎捕捉水中浮游SS,使其沉淀的能力。

利用水边植物去除N、P等的试验正在各地的河流、湖沼中进行。作为施工实例,既有使用原有芦苇栽植地的,也有使用水泥阶梯式护岸的,还有使用浮岛式的等等。

表1.5 已确定具有净化能力的水边植物 (外:外来种;园:园艺种)

	植 物 种
湿生植物	水芹、水田芥(外)、薄荷类(外)
直立水生植物	藤本芦苇、欧水葱、茭白、雨久花、芦苇、黄菖蒲(外)、空心菜(外)、欧水葱(外)、花菖蒲(园)
浮叶植物	荇菜、金银莲花、萍蓬草、荷花、菱
沉水植物	虾藻、黑藻、竹叶藻、穗叶藻、聚藻、大伊乐藻(外)、狐尾藻(外)、小伊乐藻(外)
漂游植物	浮萍、大红浮萍、小浮萍、凤眼兰(外)、牡丹浮萍(外)

照片1.14 渡良濑水池的芦苇净化

照片1.15 霞之浦生物净化

照片1.16 浮岛净化(霞之浦)

专栏
浮萍对富营养化湖沼的净化效果

浮游植物对富营养化的水质具有良好的净化效果。如浮萍、青浮萍（浮萍科）、凤眼兰（雨久花科）、牡丹浮萍（天南星科）等繁殖力强，能迅速覆盖广阔的水面，吸收并固定水中的氮和磷。

但是，如果不进行收割任其枯萎，会使固定了的氮和磷慢慢地又释放回水中，起不到去除氮和磷的效果。使用芦苇和其他水生植物也一样，必须对茎叶进行收割，才能起到良好的净化效果。这些收割下来的茎叶可用作堆肥、家畜的饲料以及手工艺品的材料等等。

富营养化的沼泽地（群马县）
→看上去像条纹一样的东西是绿藻

浮萍
→水面几乎被浮萍完全覆盖

专栏
利用芦苇进行水质净化

众所周知，芦苇具有净化水质的作用。在自然群落中，芦苇本身除去氮和磷的速度并不是很快，但如果加上在芦苇群落中存在的大量的藻类对氮和磷的吸收，其去除量是相当可观的。同时微小动物吃掉浮游植物，小动物吃掉微小动物，这样的食物链也对水质净化起到了一定的作用。

在渡良濑水池的芦苇净化实验中证明贮水池的水通过实验面积14,100m^{2}的芦苇地后，氮和磷通过被吸收、附着、沉淀等而去除，目前正在进行通过改变水深和滞留时间来确认去除效果和芦苇的生育状况。氮和磷的去除率约为20%～60%，透视度由20cm提高到50cm以上，浮游植物的去除率达到了90%以上（引自建设省关东地方建设局，渡良濑水池的环境综合宣传册）。

芦苇
→长在水边的大型水生植物

渡良濑水池的芦苇净化试验
→可除去氮、磷、浮游植物等

1.3　水边植物的生长基盘

多数水边植物对生长基盘的适应性很强。只要具有能稳定支持植物的基盘，水边植物就能在各种场所下生长。但实际上，由于水流速度及伴随着水流速度堆积的土壤质地、淹水频率、水深等条件的制约，不同的植物种类还是有着各自不同的最适生长场所。所以在水边空间绿化中，有必要根据生长基盘来导入植物。

以下是水边植物与（1）生长水深；（2）土壤质地；(3)湖沼中的生长坡度；（4）湖岸地形；（5）河道特性等生长基盘的关系。

（1）水边植物与生长水深

关于水边植物的生长水深，将在1.6《不同栽植材料的绿化技术》中作详细的介绍。大致的倾向如图1.9所示，直立水生植物生长在浅水域，浮叶植物和沉水植物生长在深水域。在自然状态下，沉水植物可以在4m深的水域中生长。进行栽培时，芦苇和茭白等直立水生植物最好在浅于1m的水域中栽培；浮叶、根生、沉水植物最好在0.5～1.5m深的水域中进行栽植。但最适水深也会随着水的浊度和立地条件等发生变化。

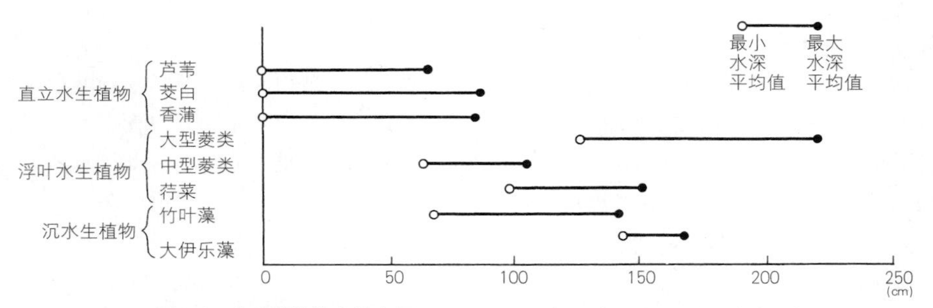

图1.9　水生植物的生长水深　建设省土木研究所（1986）：植被湖岸的环境及其评价

（2）水边植物与土壤质地

土壤质地与水质有关，在营养贫乏的河流中为沙质土壤，营养丰富的河流中为泥质土壤。大型直立水生植物既可以在沙砾中生长也可以在泥土中生长，而小型直立水生植物和浮叶根生植物则喜好泥质土壤，沉水植物喜好沙质土壤。

关于各种植物的详细情况，请参考1.6《不同栽植材料的绿化技术》。

水生植物		0　　50　　100 (%)
直立水生植物	芦苇	沙砾　沙　泥沙　泥
	茭白	沙　泥沙　泥
	香蒲	沙　泥沙　泥
浮叶植物	大型菱类	沙　泥
	中型菱类	泥
	荇菜	沙　泥沙　泥
沉水植物	竹叶藻	沙
	大伊乐藻	沙　泥

图1.10　水生植物与土质　建设省土木研究所（1986）：植被湖岸的环境及其评价

(3) 水边植物与湖沼的生长坡度

只要坡度不会大到生长基盘的土壤流失的程度，水边植物就能良好地生长。在自然状态下如图1.11所示，在坡度很大的地方也生长着芦苇、茭白、香蒲等大型直立水生植物，而菱、大伊乐藻等浮叶根生、沉水植物则生长在坡度较小的地方。

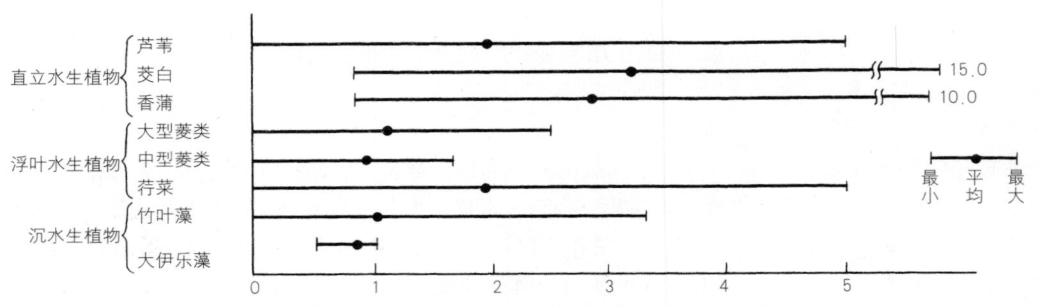

图1.11 水生植物的生长坡度（cm/m） 建设省土木研究所（1986）：植被湖岸的环境及其评价

(4) 水边植物与湖岸地形

湖岸地形如果是凸状的，那么受到波浪的影响较大，相反，如果是凹状的话，则受到波浪的影响较小。在有关生长场所的湖岸地形调查中，如图1.12所示，芦苇、茭白、香蒲等大型直立水生植物既可以在凹地中生长，也可以在平地和凸地上生长，中型菱和大伊乐藻等只能在平地和凹地上生长（这里的凸、凹是指以10m为单位长度的湖岸的形状）。

	水生植物	0　　　　50　　　　100 (%)
直立水生植物	芦苇	凸 / 略凸 / 平 / 略凹 / 凹
	茭白	凸 / 略凸 / 平 / 略凸 / 凹
	香蒲	凸 / 略凸 / 平 / 略凹 / 凹
浮叶植物	大型菱类	凸 / 平 / 略凹
	中型菱类	平 / 凹
	荇菜	凸 / 平 / 略凹 / 凹
沉水植物	竹叶藻	凸 / 平
	大伊乐藻	略凹 / 凹

图1.12 水生植物和湖岸地形 建设省土木研究所（1986）：植被湖岸的环境及其评价

(5) 水边植物与河道特性

在同一流域的植被中可以看到多种构造，这是因为不断受到洪水等水流的影响。也可以根据河床的坡度和深度、水路的宽度等河道特性来划分植被。关于河道特性，建设省土木研究所是把河床坡度、河床材料等比较均一的区间称为“段”。如表1.6所示，一级河流按经验可分为三段，以下是各段的特征和相关植物群落。

表1.6 各段的河道特征和植物群落的关系

			1段		2段		3段
			鬼怒川 46.0km～101.5km区间		鬼怒川 0.0km～46.0km区间		利根川 0.0km～45.0km区间
			96.0km地点	55.0km地点	32.0km地点	16.5km地点	27.0km地点 20.0km地点
河床坡度			1/600～1/90		1/2,130～1/1,320		逆 勾 配
平均粒径			河床材料 约50mm 沙洲上 中～大砾 沙洲周边 粗沙		河床材料 约0.5mm 台地上 细纱		河床材料 约0.2mm 浅水处 粘土～粉沙
低水路幅			250m～800m		100m～250m		350m～1,00m
出水时的平均流速			年平均最大流量（1,700m³/s）时约2.5m/s～4.5m/s		年平均最大流量（1,700m³/s）时约1.5m/s～2.5m/s		以往洪水（4,500m³/s 1972.9.18）时约0.9m/s～1.6m/s
植物群落的淹水频率	群落名	A	20～0.5	100～250	4～365	4～365	0.33～9
		B	0.5～0.1	0.3～100	1～4	1～4	——
		C	0.1以下	0.3以下	0.05～0.67	0.2以下	——

注）淹水频率：1次/年以上的是日平均水位，1次/年以下的是一年中定时观测水位的最大值。

	1段	2段	3段
A群落	藤本芦苇、水杨、狗尾草、问荆、茵陈蒿、水生柴胡	秋稷、水柳蓼、荻、草芦苇	芦苇、茭白、荻、江柳
B群落	藤本芦苇、灌木类	酸膜、荻、水芹、铁扫帚、马利兰决明	高株起泡草、酸膜
C群落	问荆、高大树木类	立柳、竹子	

（财）河流环境管理财团（1996）：河流管理的植被调查方法

专栏

纸莎草的净化水质能力

在古埃及被用作造纸原料的纸莎草，是高150～200cm的大型多年生草本植物。由于是原产于非洲北部的热带植物，所以在日本主要是在温室内栽培或作为一年生草本植物，砍掉茎后，将地下茎移植到塑料大棚中，第二年再种植。

纸莎草具有很好的净化水质能力。已有研究证明它能够从水中吸收氮、磷、氯、钠、钙和其它重金属等。特别是，能够大量而迅速地吸收造成富营养化的氮和磷，而且还能改善水体的透明度，抑制绿色粉末的发生，抑制或分解水中有机物的形成。

在另一方面，作为造纸原料的研究也还在进行，用日本的自来水种植的纸莎草，可制成手抄日本纸。

1.4 水边空间的绿化施工方法

(1) 施工方法与栽植方法

① 施工方法的分类

水边空间的绿化施工方法，可按栽植基盘进行如下分类。

a) 将现有基盘直接作为栽植基盘的施工方法

可用于现有基盘被侵蚀的可能性很小的河岸或不可能进一步被侵蚀的河岸，具体地说，就是基本没有波浪影响的湖沼、河流背水面的河岸等。

b) 将现有基盘进行改良后，作为栽植基盘的施工方法

这种方法可以分为利用自然材料进行现有基盘改良和利用人工材料进行现有基盘改良两种施工方法。将有可能发生侵蚀的地方作为栽植基盘时，必需进行改良。这种施工方法主要是为了防止现有基盘的初期侵蚀。

c) 在现有基盘上建造新的栽植基盘的施工方法

有利用自然材料建造新的栽植基盘的，也有用人工材料建造新的栽植基盘的。

这种方法可以用于坡度很大的坡面和发生侵蚀的河岸等，也可用于不适合植物生长的基盘。一般来说，水边坡面由于水位变化、水流、波浪等的影响，使得现有基盘不安定，植物很难固定住。通过使用木材或石材等自然材料以及水泥或化学纤维等人工材料，防止坡面的侵蚀、崩溃，建造可以栽植的安定基盘。

② 栽植方法

水边空间的栽植方法可以分为以下4种方法。要在确认植物适宜生长环境、与水位的关系、土壤条件等的同时，确认适合植物的栽植方法、栽植时期、栽植密度。

关于各种植物的详细情况，请参考1.6《不同栽植材料的绿化技术》。

a) 播种

在栽植基盘上直接播种的方法。虽然大部分水边植物的种子很难得到，但茅草、干屈菜、湿生植物可以使用这种方法。

b) 喷播

将种子或种子与土壤、有机材料、肥料等的混合物喷播在栽植基盘上的方法。在水边空间绿化中，矮草类、干屈菜等可采用这种方法，主要用于坡面。

c) 苗栽植

除使用销售的钵苗外，还可以从植物群落中移苗。这种方法是水边多种植物使用最多的方法。

d) 扦插

取枝条的一部分，插入土壤，使其成长为一棵植株。在水边，利用这种方法最多的是柳树类。

表1.7 绿化施工方法及栽植方法一览表

植物基盘分类			主要施工方法	栽植方法			
				播种	喷播	栽苗	扦插
·将现有基盘直接作为栽植基盘的施工方法			栽植杨柳类	–	–	○	◎
			栽植湿生植物	○	△	◎	△
			栽植芦苇等直立水生植物	–	–	◎	△
			栽植浮叶植物	△	–	◎	–
			栽植沉水植物	–	–	◎	△
			栽植浮游植物	–	–	◎	–
·将现有基盘改良后，作为栽植基盘的施工方法	主要使用自然材料		编制栅栏	◎	◎	◎	◎
			铺设保护布	△	◎	◎	◎
	主要是用人工材料		散布防侵蚀剂	○	○	○	○
			铺设保护布	△	◎	◎	◎
·在现有基盘上建造新的栽植基盘的施工方法	主要使用自然材料	木材	用捆柴防止床底下沉	–	–	△	○
			用圆木格子护岸	◎	◎	◎	◎
			用木材防止床底下沉	–	–	△	○
			打夯作栅栏	◎	◎	◎	◎
		笼子	铺笼子垫	△	◎	△	◎
		自然石材	铺石	△	△	△	△
			堆石	△	△	△	△
			抛石	–	–	△	△
		其他	植物纤维垫	○	◎	△	△
			植被垫（土袋）	△	△	○	○
			喷生长基盘	–	◎	△	△
			植物合成纤维	△	◎	○	○
	主要是用人工材料	混凝土类	改善下沉的床底	–	–	△	△
			制作坡框	◎	◎	◎	◎
			铺（堆）混凝土块	◎	◎	◎	◎
			植被混凝土块	◎	△	◎	◎
			有孔混凝土	△	◎	–	–
		其他	轻量坡框	◎	◎	◎	◎
			化学合成纤维	○	◎	△	△
·其他			浮岛	△	–	◎	–

·表中◎、○、△为大致区分。

（2）静水域的绿化

净水域的绿化主要是为了防止侵蚀和提高景观效果，可以分为水库湖岸裸地的绿化和湖沼、水池等水边自然环境的建造及恢复，以提高景观效果。下面叙述的是绿化施工方法的检索表和本书的地带区分方法。表中具体的绿化施工方法及相关的施工方法，将分别在后面进行叙述。

表1.8 绿化施工方法检索［静水域（水库）］

适用场所			绿化目的					主要施工方法 …1.5后述施工方法号、页码
A地带	B地带	C地带	恢复自然环境	造景	防止侵蚀	防止土沙崩坏	净化水质	
◎	○	−	◎	◎	○	○	−	栽植杨柳类
−	△	−	○	◎	○	△	△	栽植芦苇等直立水生植物
◎	◎	−	◎	◎	◎	○	−	编制栅栏 …(1)p.26,(2)p.26
○	○	−	◎	○	○	○	−	铺设保护布
○	△	−	○	○	△	△	−	散布防侵蚀剂
○	○	−	◎	○	○	○	−	铺设保护布
○	○	−	◎	◎	◎	◎	−	圆木格子护岸
◎	◎	−	◎	◎	◎	○	−	打夯作栅栏 …(1)p.26,(2)p.26
○	◎	−	○	△	◎	◎	−	铺笼子垫 …(3)p.28
△	○	−	○	○	◎	◎	−	铺石
○	○	−	△	○	◎	◎	−	堆石 …(4)p.29
◎	◎	−	○	○	◎	△	−	植物纤维垫 …(5)p.29,(6)p.30,(7)p.30
◎	◎	−	○	○	◎	○	−	植被垫（土袋） …(8)p.31,(12)p.35
◎	△	−	○	○	△	△	−	喷生长基盘 …(7)p.30,(9)p.32,(10)p.33,(11)p.34,(20)p.42
◎	○	−	○	○	◎	△	−	植物合成纤维 …(20)p.42
○	◎	−	○	○	◎	◎	−	坡框混凝土块 …(11)p.34
○	◎	−	○	○	◎	◎	−	铺（堆）混凝土块 …(12)p.35,(13)p.35,(14)p.36,(15)p.37,(16)p.37
○	◎	−	○	○	◎	◎	−	植被混凝土块 …(17)p.39
△	◎	−	△	△	◎	○	−	有孔混凝土 …(18)p.40
◎	○	−	○	○	◎	○	−	轻量坡框
○	◎	−	○	○	◎	△	−	化学合成纤维 …(19)p.40,(20)p.42
−	◎	◎	○	◎	△	−	△	浮岛 …(21)p.43

· 表中◎、○、△为大致区分。
· 恢复自然环境 …是根据能够导入多种动植物的程度划分◎、○、△的。
· 水质净化 …要注意以绿化为目的的水质净化，大多数不能定量掌握。
· 水库C地带目前基本没有被作为栽植基盘，但可以作为稳定坡面的施工方法之一。

<关于水库地带>

A 地带（水库岸坡面上部）

这一区域本来生长着植物，在水库建设时被采伐了，通常没有灌水。因此，如果周边有残留的植被，那么和低矮类木本植物一起，草本植物也会自然地进入着生。

但如果估计自然进入需要很长时间或周边几乎没有残存的植被时，有必要考虑按生态系统的规律进行绿化。

B 地带（水库岸坡面中部）

一般情况下这一地带坡度很陡，受波浪和水位变动的共同影响，是表土被侵蚀的区域。这一区域在水位变动时形成裸地，自然进入的植物只有一年生草本植物。在这一区域导入植物时，可以考虑以下种类。

淹水时间较短的地方：柳树类等木本类植物和禾本科、莎草科及报春科的草本植物。

淹水时间较长的地方：木贼科、灯心草科、沙草科的一部分草本植物。

C 地带（水库岸坡面下部）

由于在限制水位以下，所以经常处于淹水状态。虽然与水位变动的幅度有关，但能在这个区域持续生存的主要是沉水植物。

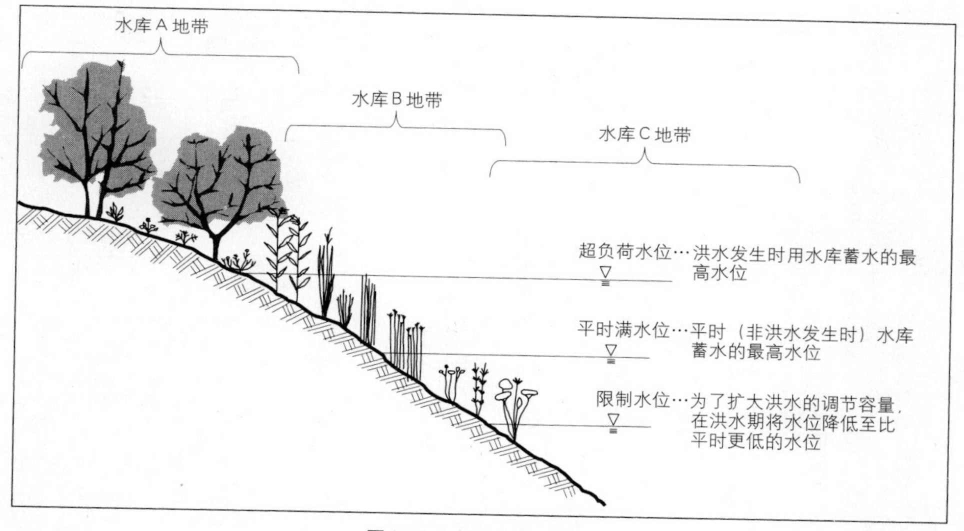

图1.13 水库地带概念图

表1.9 绿化施工方法检索［静水域(湖沼、水池］

适用场所			绿化目的					主要施工方法 …1.5后述施工方法号、页码
A地带	B地带	C地带	恢复自然环境	造景	防止侵蚀	防止土沙崩坏	净化水质	
◎	○	–	◎	◎	○	○	–	栽植杨柳类
◎	○	–	◎	◎	◎	○	–	栽植湿生植物
△	◎	△	◎	◎	◎	△	◎	栽植芦苇等直立水生植物
–	◎	◎	○	○	○	△	◎	栽植浮叶植物
–	○	◎	○	○	△	–	◎	栽植沉水植物
–	◎	◎	△	○	–	–	◎	栽植浮游植物
△	◎	○	◎	◎	◎	○	○	编制栅栏 …(1)p.26,(2)p.26
△	◎	△	◎	○	○	○	△	铺设保护布（自然材料）
△	△	–	○	○	△	△	△	散布防侵蚀剂
△	◎	△	◎	○	○	○	△	铺设保护布（人工材料）
–	○	◎	◎	◎	◎	△	○	捆柴防止床底下沉
○	◎	◎	◎	◎	◎	◎	○	圆木格子护岸
–	○	◎	○	○	◎	△	○	木材防止床底下沉
○	◎	○	◎	◎	◎	○	○	打夯作栅栏 …(1)p.26,(2)p.26
△	◎	◎	○	△	◎	◎	○	铺笼子垫 …(3)p.28
○	◎	△	○	○	◎	◎	○	铺石
○	◎	○	○	○	◎	◎	○	堆石 …(4)p.29
–	○	◎	○	○	◎	◎	○	抛石
◎	◎	△	○	○	◎	△	△	植物纤维垫 …(5)p.29,(6)p.30,(7)p.30
○	◎	△	○	○	◎	○	○	植被垫（土袋） …(8)p.31,(12)p.35
○	△	–	○	○	△	△	△	喷生长基盘 …(7)p.30,(9)p.32,(10)p.33,(11)p.34,(20)p.42
◎	◎	△	○	○	◎	△	△	植物合成纤维 …(20)p.42
–	○	◎	○	△	◎	○	○	改善床底下沉
○	◎	○	○	○	◎	◎	○	坡框混凝土块 …(11)p.34
○	◎	○	○	○	◎	◎	○	铺（堆）混凝土块 …(12)p.35,(13)p.35,(14)p.36,(15)p.37,(16)p.37
○	◎	○	○	○	◎	◎	○	植被混凝土块 …(17)p.39
△	◎	○	△	△	◎	○	○	有孔混凝土 …(18)p.40
○	◎	△	○	○	◎	◎	△	轻量坡框
◎	◎	△	○	○	◎	△	△	化学合成纤维 …(19)p.40,(20)p.42
–	△	◎	○	◎	△	–	○	浮岛 …(21)p.43

· 表中◎、○、△为大致区分。
· 恢复自然环境…是根据能够导入多种动植物的程度划分◎、○、△的。
· 水质净化…要注意以绿化为目的的水质净化，大多数不能定量掌握。

<关于湖沼、水池地带>

A 地带（水边林、湿生植物带）

这里是没有洪水等频繁淹没影响的安全环境。在这里，生长着千屈菜等对水分条件的变化适应性很强的湿生植物和旱生植物，是植物种类最多的地带。这一地带常被作为水边娱乐空间。

B 地带（直立水生植物带）

这里会出现不定期的水位变化，是受波浪影响的区域。坡面坡度从大到小都有，主要是芦苇等直立水生植物生长的区域，有些地方正在进行水质净化试验。

C 地带（浮叶～沉水植物带）

坡面坡度从大到小都有，但经常处于水中，因此几乎不受波浪的影响。在这里生长的植物只有浮叶植物和沉水植物。这一地带常有水质恶化的问题。

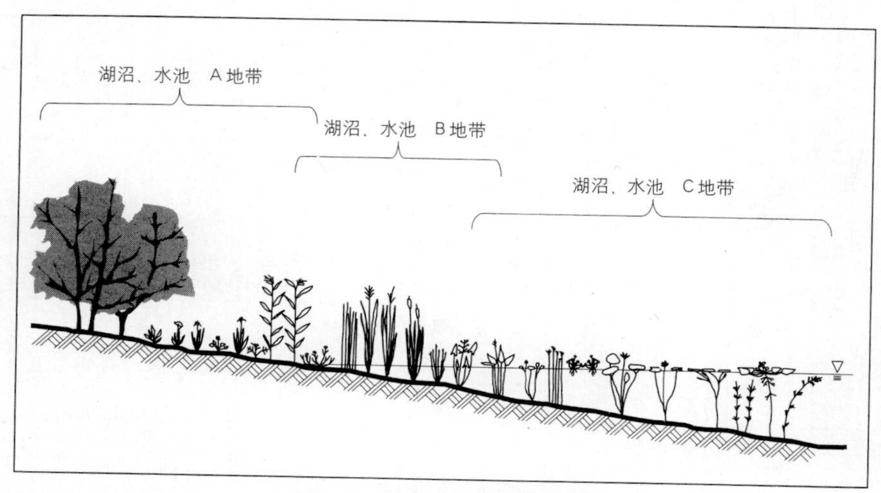

图 1.14　湖沼、水池地带概念图

（3）动水域的绿化

动水域的绿化对象，除河流外，还有水渠和人工水流等。表 1.10 概括地整理了适用场地绿化目的、主要施工方法等。在选择施工方法时，要注意也有由于水等河流特性而不适用的。表中具体的绿化施工方法及相关的施工方法，将分别在后面进行叙述。

表 1.10　绿化施工方法检索［动水域］

适用场所			绿化目的					主要施工方法　…1.5 后述施工方法号、页码
1级	2级	3级	恢复自然环境	造景	防止侵蚀	防止土沙崩坏	净化水质	
–	△	◎	◎	◎	○	○	–	栽植杨柳类
–	△	◎	◎	◎	△	△	–	栽植湿生植物
–	△	◎	◎	◎	○	△	◎	栽植芦苇等直立水生植物
–	△	△	○	○	△	–	◎	栽植浮叶植物
–	△	△	○	○	△	–	◎	栽植沉水植物
△	○	◎	◎	◎	○	○	○	编制栅栏　…(1)p.26,(2)p.26
△	○	◎	◎	○	○	○	△	铺设保护布（自然材料）
–	△	◎	○	○	△	△	△	散布防侵蚀剂
△	○	◎	◎	○	○	○	△	铺设保护布(人工材料)
△	○	◎	◎	◎	◎	△	○	捆柴防止床底下沉
△	○	◎	◎	◎	○	○	○	圆木格子护岸
○	◎	○	○	○	◎	△	○	木材防止床底下沉
△	○	◎	◎	◎	◎	○	○	打夯作栅栏　…(1)p.26,(2)p.26
○	◎	○	○	△	◎	◎	○	铺笼子垫　…(3)p.28
◎	◎	○	○	○	◎	◎	○	铺石
◎	◎	○	○	○	◎	◎	○	堆石　…(4)p.29
◎	◎	○	○	○	◎	◎	○	抛石
△	○	◎	○	○	◎	△	△	植物纤维垫　…(5)p.29,(6)p.30,(7)p.30
△	○	◎	○	○	◎	○	○	植被垫(土袋)　…(8)p.31,(12)p.35
–	△	◎	○	○	△	△	△	喷生长基盘　…(7)p.30,(9)p.32,(10)p.33,(11)p.34,(20)p.42
△	○	◎	○	○	◎	△	△	植物合成纤维　…(20)p.42
○	◎	○	○	△	◎	○	○	改善床底下沉
○	◎	○	○	○	◎	◎	△	坡框混凝土块　…(11)p.34
○	◎	○	○	○	◎	◎	△	铺(堆)混凝土块　…(12)p.35,(13)p.35,(14)p.36,(15)p.37,(16)p.37
○	◎	○	○	○	◎	◎	○	植被混凝土块　…(17)p.39
○	◎	○	△	△	◎	○	○	有孔混凝土　…(18)p.40
△	○	◎	○	○	◎	○	△	轻量坡框
△	○	◎	○	○	◎	△	△	化学合成纤维　…(19)p.40,(20)p.42

· 表中◎、○、△为大致区分。
· 恢复自然环境…是根据能够导入多种动植物的程度划分◎、○、△的。
· 水质净化…要注意以绿化为目的的水质净化，大多数不能定量掌握。

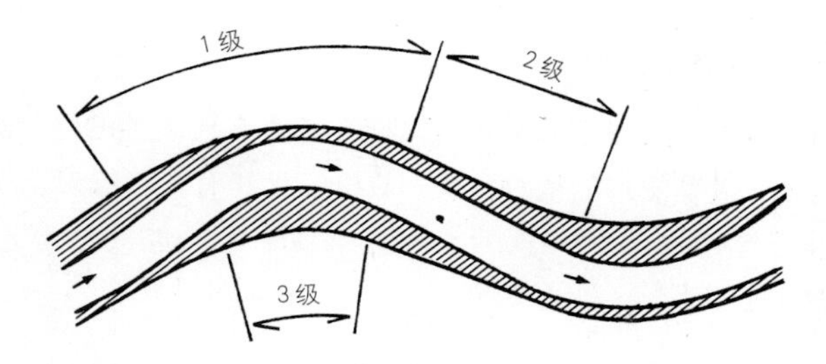

图1.15 河岸等级概念图

根据平成8年度丰川，矢作川建造自然型河流业务委托报告书作成

表1.11 河岸的分级

区 分	内 容
1级	（外湾部）如果河岸防侵蚀工程被破坏，有可能威胁到堤防的安全性。
2级	（直线部分）如果没有河岸防侵蚀工程，河岸会被侵蚀，但堤防的安全性不会受到威胁。
3级	（内湾部）河岸受到侵蚀的可能性很小，而且即使受到侵蚀，也不会进一步扩散。

根据平成8年度丰川，矢作川建造自然型河流业务委托报告书作成

专栏
利用水木贼进行绿化

在水库坡面等具有间歇性水位变化的地方，选择绿化植物时除考虑耐水性和耐旱性外，还要从防止侵蚀的角度考虑，选择根茎发达的植物。另外，还要从不搅乱生态系统的角度考虑，选择本地品种。

兼备这三种条件的植物之一，就是水木贼。关于这种植物，已经确立了增殖方法和施工技术。

水木贼（Equisetum limosum L.）是群生在日照条件好的湿地和河边等地的多年生夏绿草本植物。乍一看上去很像问荆，但整体粗大。高50～120cm。生长在本州中部山岳地带以北的地方（北隆馆1980，日本水生植物图鉴）。

盆栽水木贼 资料3

在龙里水库（北海道）栽植的水木贼 资料3

1.5 绿化施工方法（各论）

根据上一节对绿化施工方法的分类，本节将概略地介绍具有代表性的绿化施工方法。依次介绍各种方法的特征、主要适用场所、主要使用的植物种类、栽植基盘和有关栽植方法的注意事项等。还有将多种施工方法进行组合的技巧等等。

(1) 利用捆柴进行绿化的施工方法

① 特征

是我国传统的治理坡面的施工方法。固定成捆的粗柴和圆木保护坡底，特别是对于坡底被侵食的地方是一种有效的方法。这种方法常与护坡工程并用。利用捆柴栅栏背面形成的稳定的砂土部分栽植植物，确保河岸的连续性。但必须注意这种方法需要特殊的技能和要有一定的强度。

② 主要适用场所

水库 A～B 地带、湖沼 · 水池 B～C 地带、河岸 2～3 级

③ 主要使用的植物种类

杞柳、水杨等在周边自生的杨柳类，陆生的低矮木本植物和草本植物。

④ 关于栽植基盘和栽植方法的注意事项等

为了防止坡面土壤流失，应在粗柴组成的栅栏后面填充一层砂砾和碎石。由于透水性好，有利于杨柳类等扦插苗的生根，但对于不喜湿的植物不利。如果事先将捆柴连接在一起，可以提高施工效率并可增加强度。

将松木桩排列打入地下，在靠山侧绑上捆柴建成栅栏状。然后再在靠山侧设置防止水土流失层。

多用于不需要很大强度的缓流河川。

照片 1.17　捆柴栅栏工程

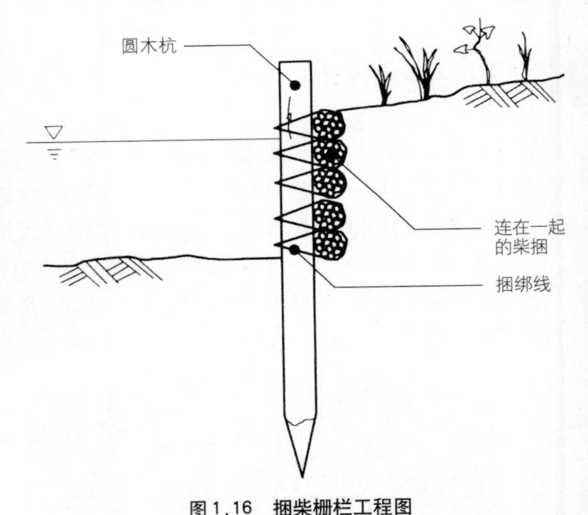

图 1.16　捆柴栅栏工程图

(2) 利用柳条进行绿化的施工方法（包括石柴工程）

① 特征

柳条是传统的护岸工程之一，是将粗柴和砂土覆盖在河岸的坡面上，然后扦插柳条。靠近在水边的地方柳条容易发芽，但坡面上部等干燥地方则不容易发芽。

② **主要适用场所**

水库 A～B 地带、湖沼·水池 A～C 地带、河岸 2～3 级＊（＊没有滚石的河流）

③ **主要使用的植物种类**

杞柳、水杨等在周边自生的柳类，陆生低矮的木本植物和草本植物。

④ **关于栽植基盘和栽植方法的注意事项等**

尽可能使用在当地周边采来的柳树枝条，将切口朝向上游编成柴捆。柴捆也可以使用其他阔叶树类，在木桩上使用柳类接穗。

在坡面上打入木桩，用编成捆的柳条做成栅栏。在可以打入木桩的缓流部进行坡面覆土。水流较大的河流，常在中部或上部堆积砂土或杂石进行加固。

随着柳树的生长坡面得以保护，但如果柳树过于繁茂，会阻碍水流，所以要定期进行采伐等管理。如果在12～2月份进行扦插，3～4月份就会生根固定。

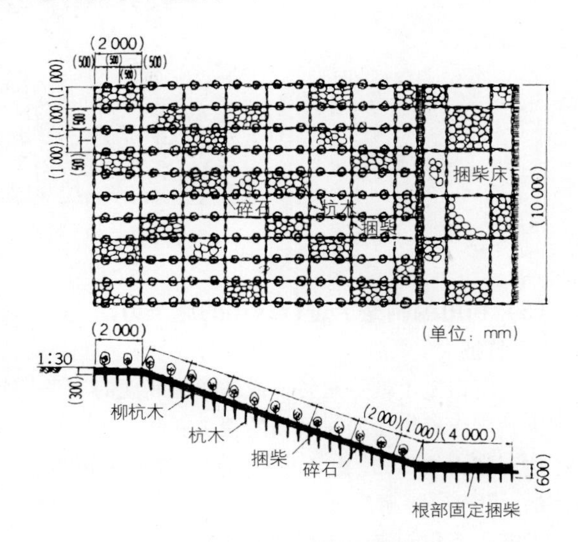

图1.17 柳枝工程平面图及断面图

专栏
柳树的扦插

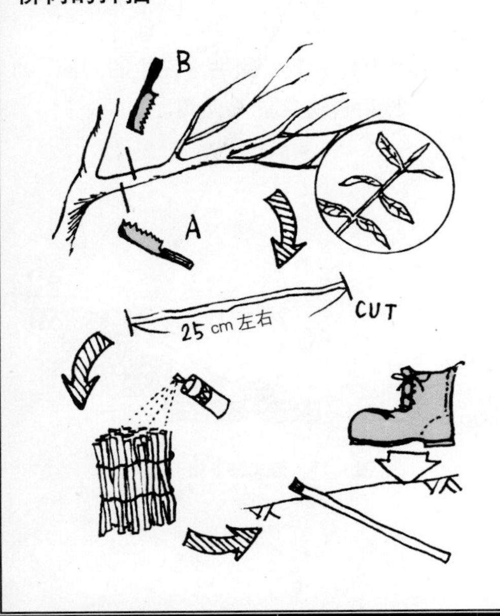

10月～5月，剪取在河岸上生长的细叶柳树（宽叶的和低矮的不易发根）的较细没有分枝，而且伸展良好的枝条。

大量采集时，最好剪取直径为5～10cm的枝条。在枝条下侧（A处）锯开1/3左右的深度，然后再从上侧（B处）锯，这样枝条容易折断。采集后最好不要放太长时间，应及时扦插。

在剪取的枝条中，选用直径为1～2cm的枝条。除去叶子，用剪子剪成25cm左右的长度，将剪好的枝条上下对齐，30～50根捆成一束。为了防止切口干燥和判断上下，将上侧涂上漆作为记号。为了不使枝条干燥，应浸在水里或装在塑料袋里保管。

选好栽植场地后，用木棒等掘好坑眼，插入柳枝。柳枝插入地下的深度要在20cm以上，地上露出2～3cm（能看见标记过的地方）。插好后，将周围的土壤踩实，使土壤与枝条紧密接触。

照片1.18　柳枝工程（神奈川县）梅田川

(3) 利用编制笼子进行绿化的施工方法

① 特征

所谓笼子就是用竹子或铁丝编制成的笼子，然后在里面填满石头，是传统的治水工程方法，自古以来被广泛地用于河岸坡面的覆盖和防止坡底坍塌等。筒状笼子和垫式笼子的优点是可以进行机械施工，达到省力的目的。由于笼子的多孔性对生物的栖息非常有利，所以被认为是一种近自然型的河流工程方法。用镀锌等耐腐蚀性材料作为笼子的编制材料。圆筒形的笼子主要用于覆盖河岸的坡面，正方体的垫式笼子叠积起来，用于坡面的固定。

② 主要适用场所

湖沼・水池 B～C 地带、河岸 1～3 级

③ 主要使用的植物种类

陆生中低类木本植物及草本植物。

④ 关于栽植基盘和栽植方法的注意事项等

如果是以早期绿化为目的，需要在间隙内填充土壤或覆土，但如果是为了促进植物初期固定的，只需覆盖上一层薄薄的土，使植物的根茎能进入并穿过笼子。

由于使用笼子进行护岸不如混凝土护岸坚固，所以一般不能用于有非常大的洪水发生的河流。如果一定要在这样的河流上使用，那么就要考虑笼子的大小和重量，然后再决定能否使用。

照片1.19　渡良濑水池　笼子垫上覆土

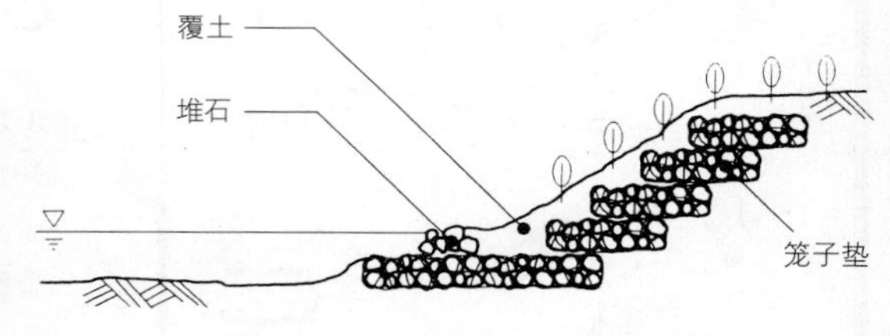

图1.18　垫式笼子施工图

（4）填土（石）绿化施工方法

① 特征

是在固根工程、治水工程等的上端投入土壤，使植被自然恢复的工程方法。在水中，有大小和形状各异的空隙，可以确保鱼类的生存空间。另外，也可以用能够使中型树木的根穿过的有孔水泥块。

② 主要适用场所

河岸1～2级

③ 主要使用的植物种类

陆生低矮木本植物及草本植物。

④ 关于栽植基盘和栽植方法的注意事项等

填土（石）的土质会影响植物的生长速度。另外，还需要用垫式笼子等防止土壤被冲走。

如果使用碎岩那样的砾质材料作为栽植基面，虽然不容易被冲走，但木本植物着生需要较长时间。以最上川为例，施工后已经4年了，也还只有一些草本植物生长。如果是山砂等细土，植物比较容易着生，但必须采取防止砂土流失的措施。

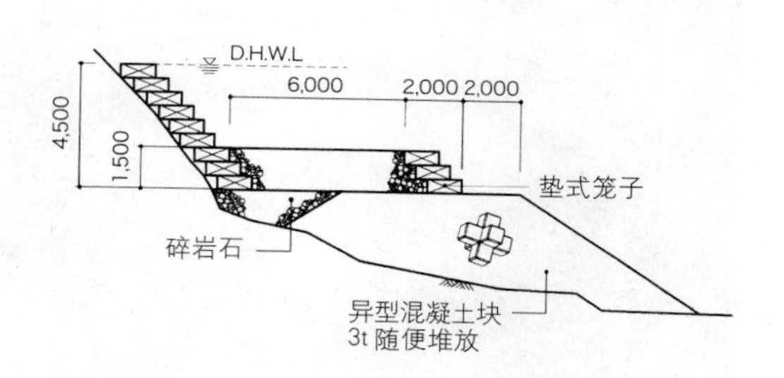

图1.19 培土（石）工程断面图 资料1

照片1.20 最上川护岸 刚施工完 资料4

照片1.21 最上川护岸 施工后3年 资料4

（5）利用植物纤维成品（椰子纤维、麻等）进行绿化的施工方法

① 特征

是在成束的椰子纤维等植物纤维，或压缩成垫状的纤维制品上，栽植直立水生植物的施工方法。纤维制品有圆柱形的、垫状的、网状的等等，内部填充的是微生物容易附着的材料。这些植物纤维制品因材料不同，分解所需要的时间也不同，一般是3～7年左右。

② 主要适用场所

水库A～B地带、湖沼·水池A～B地带、河岸3级

③ 主要使用的植物种类

陆生草本植物、直立水生植物

④ 关于栽植基盘和栽植方法的注意事项等

根据现场的坡度、水流速度、使用的植物以及要求达到稳定植被的期限，选择适当的材料。

通气性、透水性好，但保水性较差，因此需要将垫子设置在水生植物的根淹没的位置。另外，还需要用木桩等固定垫子。

植物纤维多依赖于海外进口，从经济性和再利用的角度考虑，应该开发使用国产纤维的制品。

照片 1.22　目久尻川　刚施工完 资料5

照片 1.23　目久尻川　施工后 4 个月 资料5

(6) 利用绿化垫进行绿化的施工方法

① 特征

使用将种子和肥料等附着在织布、席子、毡垫等的垫状制品进行绿化的工程方法。由于垫子可以抑制土壤水分的蒸发，所以对施工期的要求不是很严，而且成本也较低。

② 主要适用场所

水库 A～B 地带、湖沼 · 水池 A～B 地带、河岸 2～3 级

③ 主要使用的植物种类

陆生草本类植物

④ 关于栽植基盘和栽植方法的注意事项等

由于岩石等容易使垫子浮起，因此需要用网绳等固定垫子。

为了使土壤与垫子紧密接触，需平整坡表面。

在坚硬的岩地和切土面上施工，会出现发芽、生长不理想的情况，所以要在充分探讨的基础上，决定能否采用。

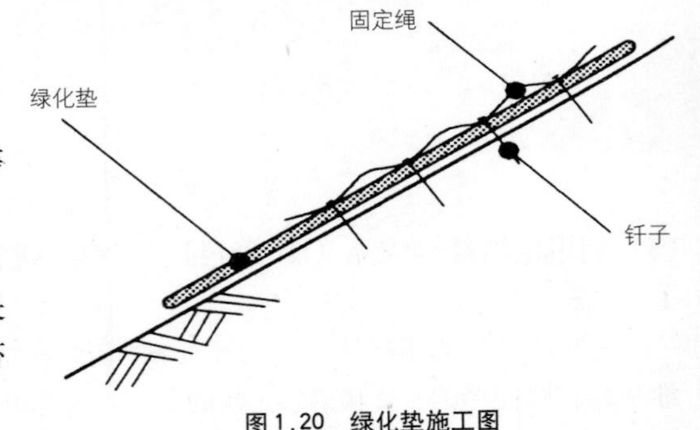

图 1.20　绿化垫施工图

(7) 铺设植物纤维制品（草席）+喷播种子进行绿化的施工方法

① 特征

对坡面进行整形后，喷上种子和肥料等，然后再在上面铺上用稻草或灯心草等编织的草席。这种方法是在植物未扎根之前不稳定的时期，保护种子和土壤不受降雨等侵蚀的有效方法，也有保温和保湿及

地面覆盖防止杂草侵入的效果。

比用草皮块铺植草坪成本低，而且施工容易。

② **主要适用场所**

水库A～B地带、湖沼·水池A～B地带、河岸3级

③ **主要使用的植物种类**

陆生草本类植物

④ **关于栽植基盘和栽植方法的注意事项等**

设计时要考虑土质、气候、地域性等条件，选择适当的材料（草席）和植物。使用植物纤维成品可以提高施工效率。

此工程适用于水流速度比较缓慢的地方，但由于分解速度很快，需考虑季节的水位变动、流量变化、施工时期、材料等等。

不适用于水流较快的场所。

照片1.24　北上川一关水池　刚施工完（岩手县）　资料6

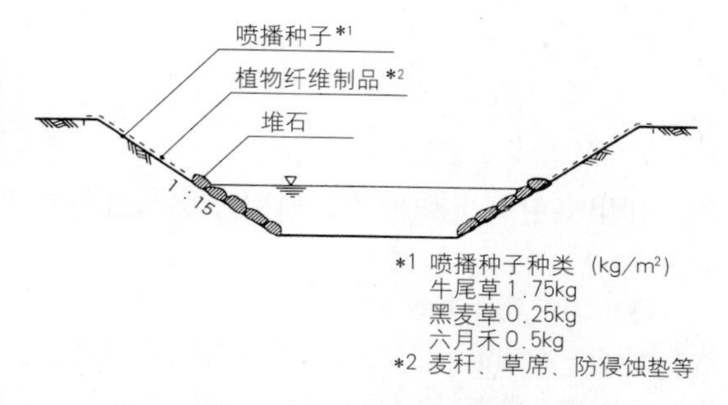

图1.21　北上川一关水池　施工断面图　资料6

(8) 利用栽植用土袋进行绿化的施工方法

① **特征**

在装满栽植土壤的袋子中，栽植直立水生植物等的工程方法。重点在于提高作业效率和栽植植物的成活率。袋子有毛织品、椰子纤维制品、黄麻制品等。也可以利用有孔混凝土块、圆筒状笼子等进行栽植。

② **主要适用场所**

水库A～B地带、湖沼·水池A～B地带、河岸3级

③ **主要使用的植物种类**

直立水生植物、浮叶植物、沉水植物

④ **关于栽植基盘和栽植方法的注意事项等**

腐烂期限因袋子的材料而不同，要根据波浪和水流的影响选择袋子的材料。另外，还要考虑不同场所的袋子固定方法。

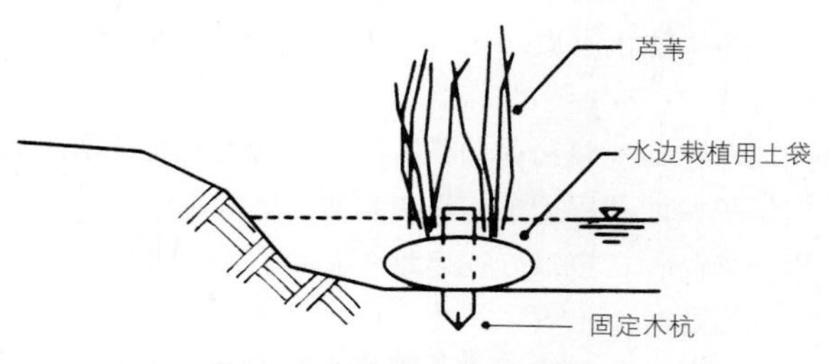

图1.22　栽植用土袋的施工图　资料7

照片1.25　在水池里刚施工完（滋贺县） 资料7

照片1.26　芦苇的生长状况（滋贺县） 资料7

（9）利用喷射客土和种子、喷射厚层基盘材料进行绿化的施工方法

① 特征

将作为植物生长基盘的土壤、有机质材料（树皮堆肥等）、种子、肥料、土壤微生物、保水剂等与粘着剂混合喷到混凝土块和铁丝等覆盖的坡面或裸地坡面上的工程方法。常用的粘着剂有沥青乳剂和聚醋酸乙烯酯乳液等，有喷在表层上的，也有和上述材料混合喷射的。喷射的施工费比较低，与其说是永久性的绿化，不如说是为了防止初期坡面毁坏的一种养生方法。

② 主要适用场所

水库 A 地带、湖沼 · 水池 A 地带、河岸 3 级

③ 主要使用的植物种类

陆生草本类植物、木本类植物

④ 关于栽植基盘和栽植方法的注意事项等

在受波浪等影响的坡面上，喷射的种子量和土壤量要达到一般坡面种子量与土壤量的 2～3 倍。

在混凝土块上施工时，由于夏季水分不足和温度上升会对植物的生长产生巨大的影响，所以从栽植的角度来讲，栽植草本类植物最好确保 30cm 以上的土层。还有粘着剂和铁丝不能持久地保护土壤，需要尽快促使植物生根。

如果表面比较平坦，在喷射的基面上再盖上草席或树脂网等更有利于土壤保护。

水库需在退水期及退水初期施工，使植物在淹水之前充分生长。

为了防止水质恶化，应尽量减少肥料使用量，使用在降雨时不易溶解的超缓效性肥料也是一种有效的方法。

考虑到景观和种子获得的难易程度、发芽率等问题，经常使用园艺品种和西洋草种等外来品种。但应该积极地利用周围的现有植被，尽量不用繁殖力强的外来品种，或抑制其使用量。即使开始不得不使用外来品种，也最好逐渐地用周围现有植被替换。

冻结时，土壤保持力下降。

在夏季和冬季，由于干燥，喷种后很难生长。

照片1.27　富良野川（北海道）资料8
在混凝土块上喷射客土

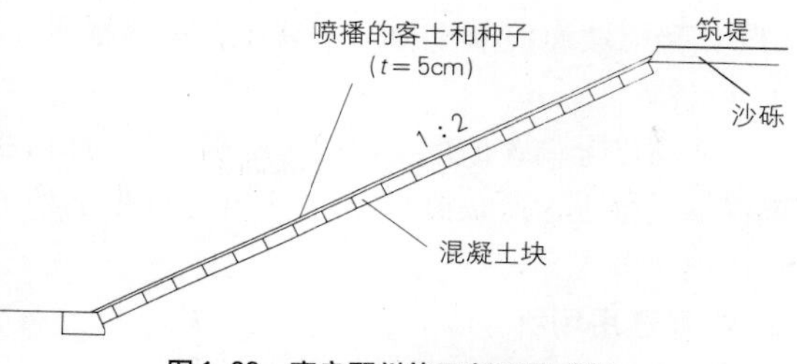

图1.23　富良野川施工断面图 资料8

(10) 利用耐侵蚀性基盘进行绿化的施工方法（试验实例）

① 特征

是通过建造耐侵蚀性强的栽植基盘，在以岩石为主体的水库淹水区域的坡面上进行绿化的工程方法。在喷射基盘材料时掺入纤维，建成耐侵蚀性强的基盘，并通过播种耐淹木本植物和草本植物，防止生长基盘在短时间内流失。

② 主要适用场所

水库A～B地带、河岸2级

③ 主要使用的植物种类

耐淹木本植物和草本植物

④ 关于栽植基盘和栽植方法的注意事项等

在淹水坡面上，需要进行铺设钢丝网等基础工程及表面保护工程。

在水库施工时，要在低水期进行。

使用的植物种类最好是当地的种类，如果不得不使用外来品种时，需考虑对周边环境影响。

现在正对使用植物和生长基面的持久性进行追踪调查，还需要进一步调查研究。

照片1.28　水库施工5年后的状态 资料9
岩石上部使用的捆柴、耐侵蚀性基面还存在

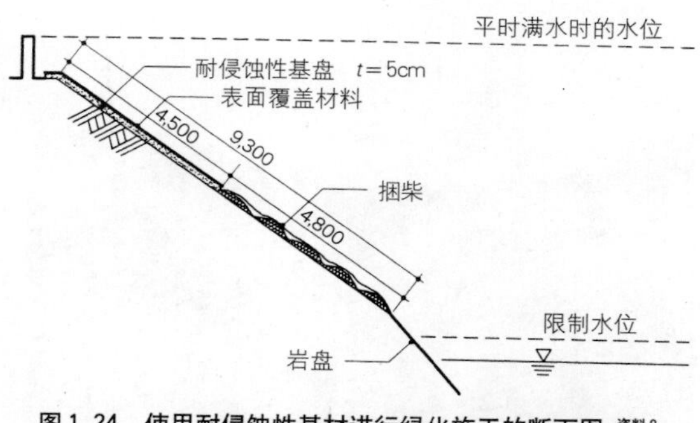

图1.24　使用耐侵蚀性基材进行绿化施工的断面图 资料9

(11) 利用坡面混凝土框(+客土)+喷播种子进行绿化的施工方法

① 特征

在河岸上设置护岸主体材料混凝土框，然后在框内填充碎石块。在碎石块的间隙处填入土壤，在坡面混凝土框上建造栽植基盘，然后在上面喷上种子和肥料等。用于道路坡面的混凝土框也可以用在河流坡面上。

② 主要适用场所

河岸 2～3 级

③ 主要使用的植物种类

直立水生植物、陆生草本类植物（除喷播外，木本植物可以用扦插的方法）

④ 关于栽植基盘和栽植方法的注意事项等

在混凝土块下面，要采取防止现有地基土流失的措施。

为了积极地进行绿化，应进行覆土。尽量利用现场的表土。

另外，覆盖后的表土容易受到侵蚀，需要采取以下措施：

· 使用具有防止土壤侵蚀功能的植物纤维制品等进行表土被覆。

· 设置治水工程及弯道来调节水流。

· 投放石料、木桩、植被卷等防止被覆土波浪冲刷。

照片 1.29　宫村川　施工前（长崎县）　资料10

照片 1.30　宫村川　客土后　资料10

照片 1.31　宫村川　施工后　资料10

照片 1.32　宫村川　草长出后的状况　资料10

施工中常用的混凝土框一般都是道路坡面用混凝土框，没有考虑水流的影响，所以在水边坡面施工时，有时会因水流而造成覆土流失。因此，在计划、施工时，在考虑防止侵蚀措施的同时，还要考虑流水对覆土的影响。

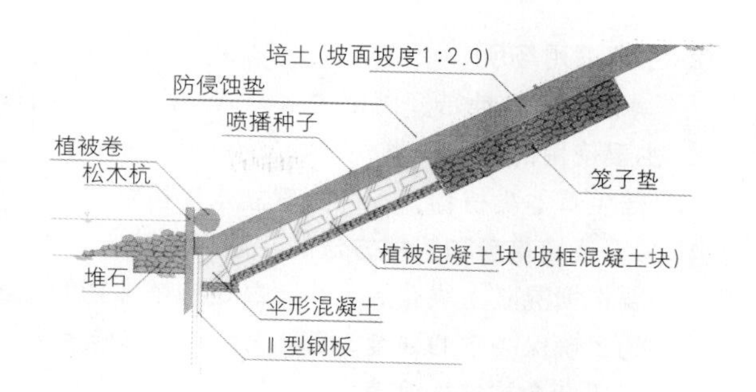

图1.25　宫村川施工断面图 资料10

（12）利用植被土袋＋混凝土块进行绿化的施工方法

① 特征

通过使用箱体混凝土块等，确保护岸的强度。另外，使用成品混凝土块，还可以提高铺设植被土袋的效率。混凝土块和混凝土块之间可以连结起来，这样更增加了稳定性。

② 主要适用场所

水库A～B地带、湖沼·水池A～C地带、河岸1～3级

③ 主要使用的植物种类

草本类植物、一部分直立水生植物

④ 关于栽植基盘和栽植方法的注意事项等

混凝土块的形状不同，植被土袋的固定方法也不同。土袋的材质最好使用经过一段时间后，能够自然分解并还原于土壤的有机材料。

在刚刚施工完后，混凝土块基本暴露在外面，但逐渐地就会被植被遮盖。

照片1.33　增田川（宫城县） 资料11

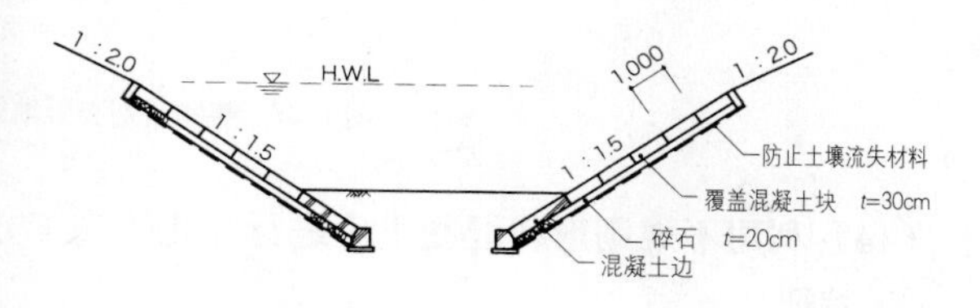

图1.26　增田川施工断面图 资料11

（13）利用有孔混凝土块进行绿化的施工方法

① 特征

使用有孔混凝土块既可以使水和空气通过，又可以增强护岸的强度。在混凝土块的孔里和表面铺上客土，使植被生长。混凝土块之间有用铁丝连接的，也有混凝土块和混凝土块之间互相卡合的。

② 主要适用场所

水库 A～B 地带、湖沼 · 水池 A～C 地带、河岸 1～3 级

③ 主要使用的植物种类

陆生草本类植物、一部分直立水生植物

④ 关于栽植基盘和栽植方法的注意事项等

要根据混凝土块孔的大小，决定栽植植物的种类。

为了确保一定的强度，混凝土块的孔不能太大，这样在刚刚施工完毕后，坡面看上去基本是混凝土面，但逐渐会被植被遮盖。

照片 1.34 雄物川刈和野地区防护堤刚施工后（秋田县） 资料12

照片 1.35 雄物川刈和野地区防护堤 施工后 4 年 资料12

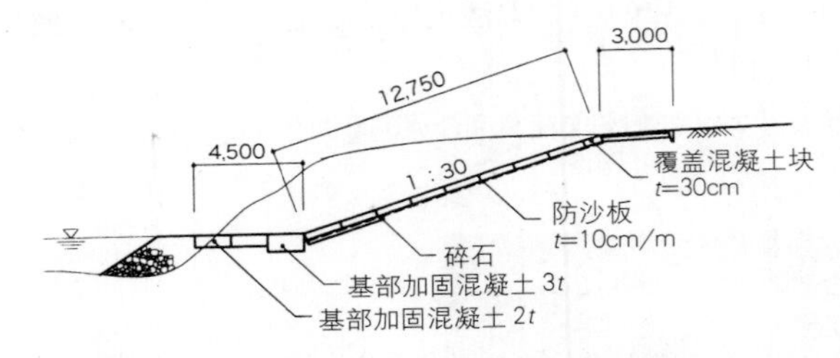

图 1.27 雄物川刈和野地区防护堤施工断面图 资料12

（14）利用不规则形状混凝土块进行绿化的施工方法

① 特征

将制成不规则形状的混凝土块铺在坡面上，然后在上面覆上土壤。由于混凝土块凸凹不平，可以防止土壤流失。这种方法适合于缓坡地。

② 主要适用场所

水库 A～B 地带、湖沼 · 水池 A～C 地带、河岸 1～3 级

③ 主要使用的植物种类

陆生低矮树木、草本类植物、直立水生植物、浮叶植物、沉水植物

④ 关于栽植基盘和栽植方法的注意事项等

这种方法不适合陡坡，一般用于坡度在 2 成以下的缓坡。栽植草坪等地被植物时，土壤厚度要在 30cm 以上，栽植低矮树木时，土壤厚度要在 40～50cm 以上。

在植物繁茂生长之前，要注意防止土壤流失。

照片1.36 淀川酉岛筑堤护岸（大阪府） 资料13

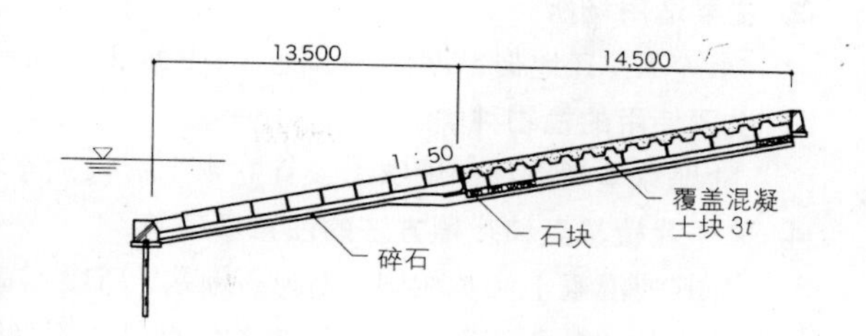

图1.28 淀川酉岛筑堤护岸施工断面图 资料13

（15）利用阶梯混凝土块进行绿化的施工方法

① 特征

将成品混凝土块铺成阶梯式护岸。在里面装上土壤，作为栽植基盘。由于栽植基盘是水平的，所以可以保证土壤的稳定性。另外，阶梯式护岸上下和休息都很方便。

② 主要适用场所

水库 A～B 地带、湖沼 · 水池 A～C 地带、河岸 1～3 级

③ 主要使用的植物种类

草本类植物、一部分直立水生植物

④ 关于栽植基盘和栽植方法的注意事项等

要注意如果在混凝土块下面铺设了碎石（为了使混凝土块稳定），栽植基盘就较浅。

照片1.37 饭梨川（岛根县） 资料14

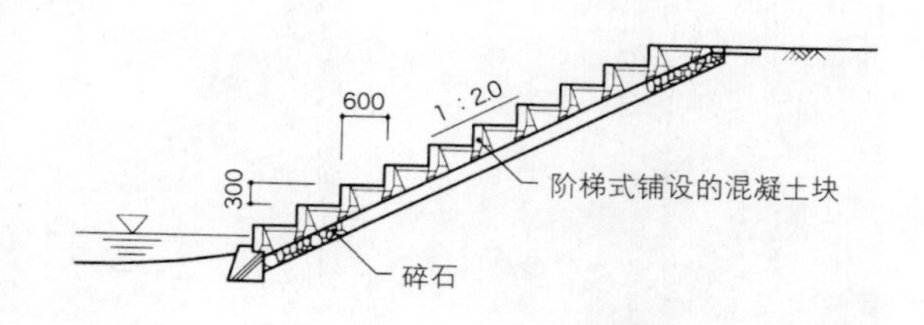

图1.29 饭梨川（岛根县） 资料14

（16）利用多孔天然石＋混凝土块进行绿化的施工方法

① 特征

是将熔岩和石块等天然石料与混凝土块镶嵌在一起的一种施工方法。由于表面是多孔质地，苔藓类、地衣类、水生植物能够在上面生长，微生物、昆虫、小动物也可以栖息在上面，所以可以进行水边水质的自然净化。另外，还有一些带有栽植孔的混凝土块，可以栽植低矮木本类植物和草本植物。

② 主要适用场所

水库A～B地带、湖沼·水池A～B地带、河岸1～3级

③ 主要使用的植物种类

陆地草本类植物、地衣类、直立水生植物、浮叶植物、沉水植物

④ 关于栽植基盘和栽植方法的注意事项等

与其他混凝土块类相同，因为有地基，所以不适合栽植中高类木本植物。另外，还需要注意防止土壤和植物从栽植孔流出。如果环境条件良好，不加管理也能达到上述的效果。

蕨类植物和苔藓植物可能有很多对环境的要求与藻类相同，但在多孔质的天然石上，这些植物的适应性和生长特性还有待进一步地研究，在开采天然石料的同时还要考虑利用天然资源的问题。

照片1.38 源平川（静冈县） 资料15

照片1.39 源平川护岸放大图 资料15

照片1.40 中央机动车道坡面（山梨县） 资料15

照片1.41 中央机动车道坡面放大图 资料15

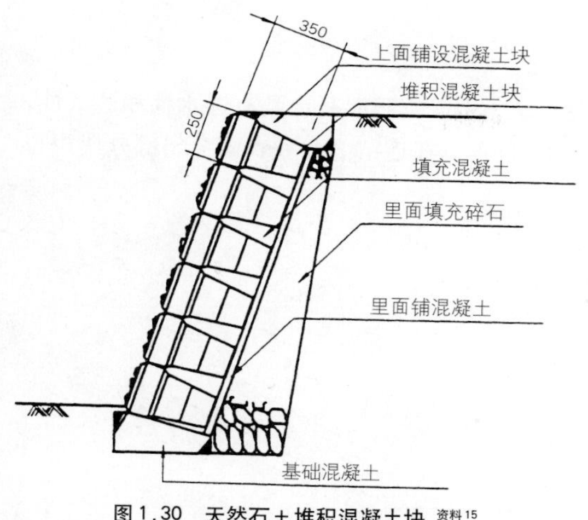

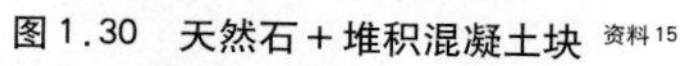
图1.30 天然石＋堆积混凝土块 资料15

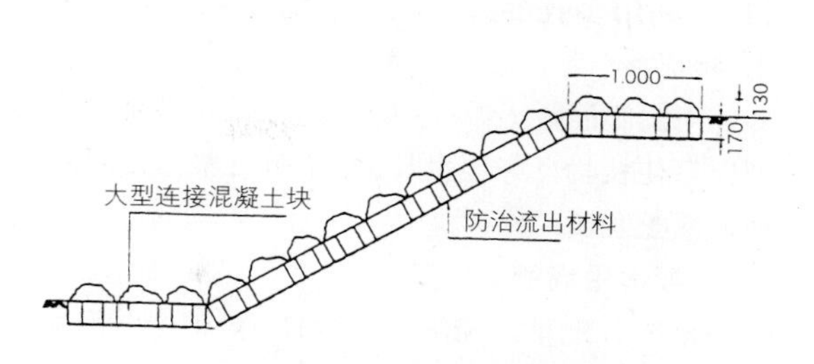

图1.31 天然石＋连接混凝土块 资料15

（17）利用栽植用混凝土块进行绿化的施工方法

① 特征

将用于公园和道路等的栽植用混凝土块，用在河流护岸上的施工方法。适用于坡度较大的场所（1：0.3～0.7），由于栽植基盘是水平的，所以土壤稳定性好。

② 主要适用场所

水库A～B地带、湖沼·水池A～B地带、河岸1～3级

③ 主要使用的植物种类

陆地低矮木本类植物和草本类植物

④ 关于栽植基盘和栽植方法的注意事项等

水面上部虽然栽植块中空内填有山砂等栽植基盘，可以进行栽植，但由于土量有限，栽植中、高类木本植物困难。浸在水里的部分由于有波浪和水流的影响，需要在中空内填入混凝土，增加栽植块的强度。

由于是栽植用混凝土块，所以壁较薄，最好不用在有泥石流发生的河流里。

照片1.42 古岩屋园地公园（爱媛县） 资料16

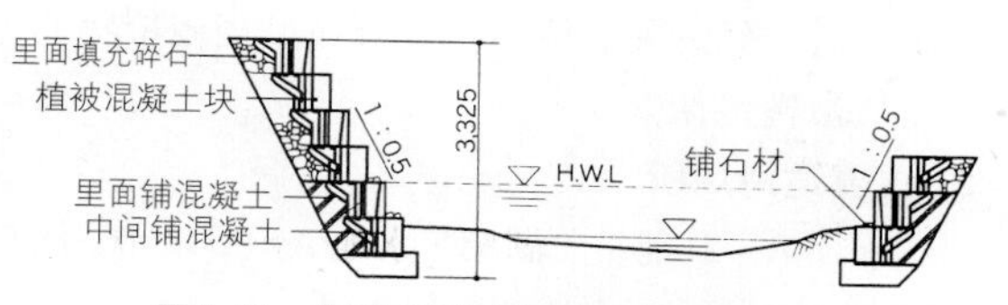

图1.32 古岩屋园地公园施工断面图 资料16

(18) 利用多孔混凝土块进行绿化的施工方法

① 特征

用窝眼混凝土做成防护壁、护岸混凝土块、固根混凝土块。由于窝眼混凝土具有透水性和透气性，所以可使植物良好地生长。施工时可整体使用窝眼混凝土块，也可以在连结部分和表面突出部分使用普通混凝土加固。

② 主要适用场所

水库B地带、湖沼 · 水池B～C地带、河岸2～3级

③ 主要使用的植物种类

陆生草本类植物、直立水生植物、浮叶植物、沉水植物

④ 关于栽植基盘和栽植方法的注意事项等

与其他工程方法相同，应避免使用透水性和透气性较差的粘性土壤。但要注意一般适合植物生长的土壤都比较容易流失。

窝眼混凝土的强度不如普通混凝土。

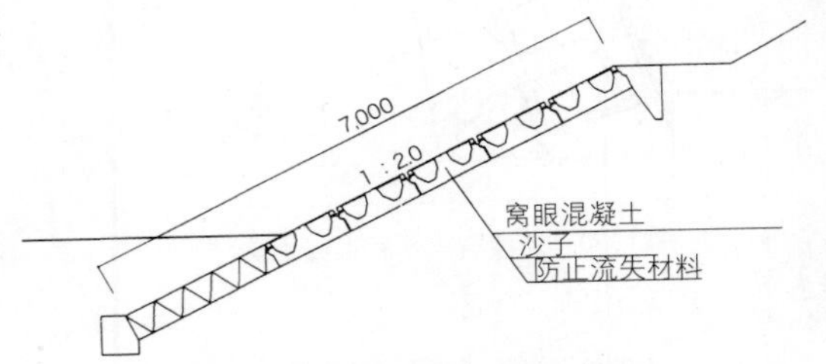

图1.33 石原川护岸工程断面图

照片1.43 石原川（佐贺县）

照片1.44 大木川（佐贺县）

(19) 利用纤维编织复合品（多孔质布）进行绿化的施工方法

① 特征

首先平整护岸坡面进行喷种，然后在上面覆盖上多孔质地的化学纤维材料并加以固定，保护植物的根系，防止坡面被冲刷，发生土壤流失。

因为这种材料可以永久地防止土壤侵蚀，即使在洪水后，暂时失去植被，也可通过周围植物的进入使植被慢慢恢复。

② 主要适用场所

水库A～B地带、湖沼 · 水池A～C地带、河岸2～3级

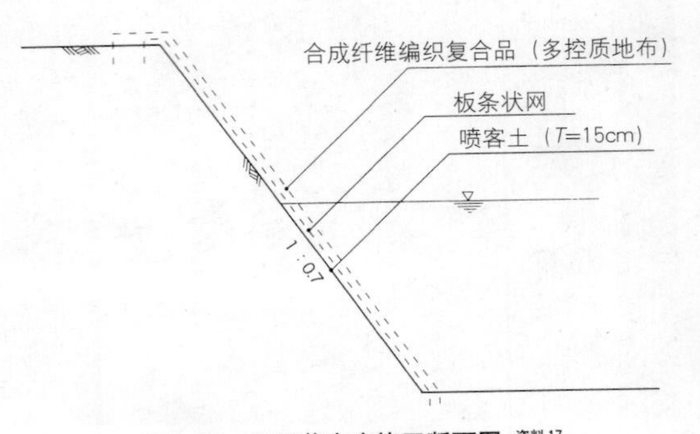

图1.34 田川莲水库施工断面图 资料17

③ 主要使用的植物种类

陆生草本类植物、直立水生植物、浮叶植物、沉水植物

④ 关于栽植基盘和栽植方法的注意事项等

为确保植被的稳定，在陡坡面、水流较快的场所、经常浸水的场所，要根据现场条件选定合适的植物材料。

专栏

水边坡面纤维覆盖材料 —化学纤维、植物纤维—

水边坡面覆盖的纤维材料有多种多样，其各自的特点如下表。

	材　质	强度	耐侵蚀	耐久性	增强(根)	自然性	经济性	施工性
合成纤维	纤维编织布（防止流失布）	◎	◎	◎	○	△	△	○
	纤维编织复合品（多孔质布·垫）	◎	◎	◎	○	△	△	○
	纤维复合材料（纤维网、植物纤维复合布·垫）	◎	◎	○	◎	○	○	○
植物纤维成品	椰子纤维、麻等	△	◎	○	△	◎	○	◎
	草席	△	○	△	△	◎	◎	◎
自然材料	捆柴	○	○	○	△	◎	△	△

（注）强度：材料的强度，经济型：与标准施工的草坪相比

所谓合成纤维是指纤维网、纤维复合材料、纤维编织物等的总称。包括所有与土壤共同使用的高分子材料的纤维制品和塑料制品等石油化工产品。它们有高强度、透水性好、耐候性强、耐水性强、施工容易、成本低等优点。

可根据使用场所的坡度、水流、植被固定所需的时间，来选择合成纤维和植物纤维成品。另外，还有纤维复合材料（纤维网、植物纤维复合布·垫），它兼备了化学纤维所具有持久的“（根的）增强效果”和植物纤维所具有的在植物固定前“防止土壤侵蚀的效果”。

这些坡面被覆材料，可根据用途选择使用，有的还申请了专利。

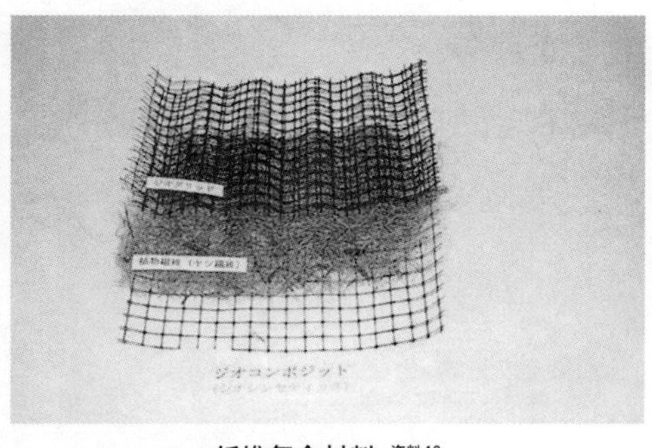

纤维复合材料 资料18

纤维复合材料断面形状 资料18

为了防止表土流失，在坡面上覆盖合成纤维，在植被还没有长出之前，合成纤维完全暴露在外面，看上去不太美观。

照片 1.46　田川莲水库　施工后 资料17

照片 1.45　田川莲水库　施工前 资料17

(20) 利用纤维网和植物纤维复合布·垫（纤维复合材料）进行绿化的施工方法

① 特征

首先平整护岸坡面，喷播种子和化肥，然后在上面覆盖上纤维网（植物纤维复合垫），并加以固定。植物纤维可以起到防止表土侵蚀、保护种子、保湿等地膜覆盖的效果，合成纤维可以对植物根起到保护作用。

② 主要适用场所

水库 A～B 地带、湖沼 · 水池 A～C 地带、河岸 2～3 级

③ 主要使用的植物种类

陆生草本类植物、直立水生植物

④ 关于栽植基盘和栽植方法的注意事项等

适用于水流速度比较快，水流和水位变动较频繁的场所，要根据不同现场条件选择合成纤维的种类。

根据现场条件（坡度、坡面长度、土质等），采用合适的垫子固定方法。

纤维编织物可以用在植被能够生长的地方，但更多的是用于条件恶劣的环境，今后随着施工技术的提高，将进一步研究扩大其应用范围。

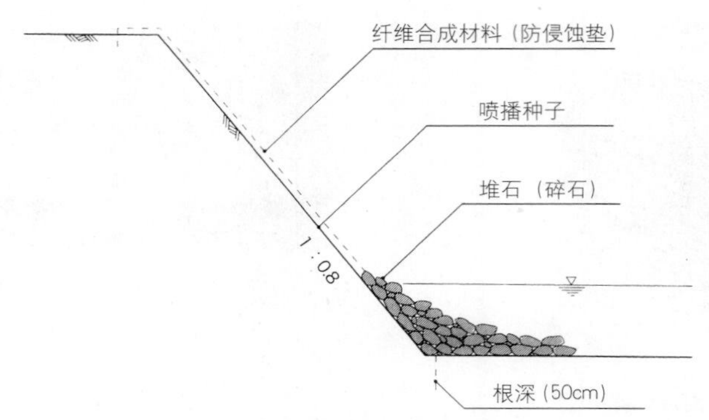

图 1.35　尾井川施工断面图 资料17

照片1.47 尾井川 施工前（冈山县） 资料19

照片1.48 尾井川 施工后 资料19

照片1.49 尾井川 长出草时的状况 资料19

照片1.50 尾井川 台风过后 资料19

(21) 利用浮岛进行绿化的施工方法

① 特征

这是一种利用发泡苯乙烯、植物纤维材料以及其他一些材料等做成浮体进行绿化的工程方法。特别是用发泡苯乙烯等人造物质制成的浮体，重量轻，但韧性、耐久性、耐水性好。可以组装成各种形状，也可以定做整体式的。还有用FRP制作的与水域完全分离的船形物以及能将水面的水通过底面供给栽植植物的筏式浮岛等等。

这里可以成为水鸟休息地方和水中生物聚集的场所，形成小规模的生物群落。同时还具有净化水质的功能。

② 主要适用场所

水库、湖沼·水池、小河流的弯道等

③ 主要使用的植物种类

陆生草本类植物、陆生木本类植物、直立水生植物

④ 关于栽植基盘和栽植方法的注意事项等

浮岛上最好用人造轻质土壤，栽植土袋作为栽植基面。如果使用的是为了形成生物群落的筏式浮岛，其栽植基面没有必要像陆地那样具备大量的养分。更重要的是要注意选择防止营养物质流入水中，防止基面材料流失的制品。但是在没有出现水质恶化的地方，为了使植物快速生长，或栽植花卉类时，就要对土壤养分、生长环境等进行更详细的探讨。

在水流很急或水面位置高低差大的场所设置浮岛较困难。另外，还要根据各个场所的实际情况决定浮岛的固定方式。

对于漂浮物多的河流，要进行清除处理。

在生物群落等恢复生态系统的栽植中，与其他工程方法相同，也有冬季由于植物进入休眠状态影响景观的问题。

虽然有些也需要进行定期的管理，但大多数情况下只需要维护。有关植物材料的更换，基面的更新等长期栽植中需要进行的管理，目前实例还很少，今后需要进一步研究。

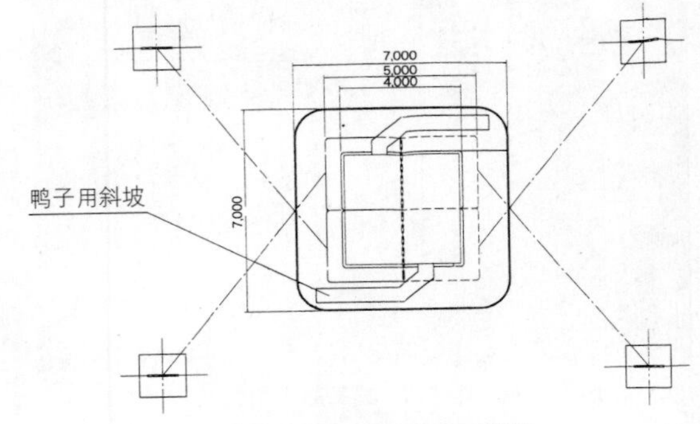

图1.36 船式浮岛平面图 资料20

照片1.51 钉池公园（奈良县） 资料20

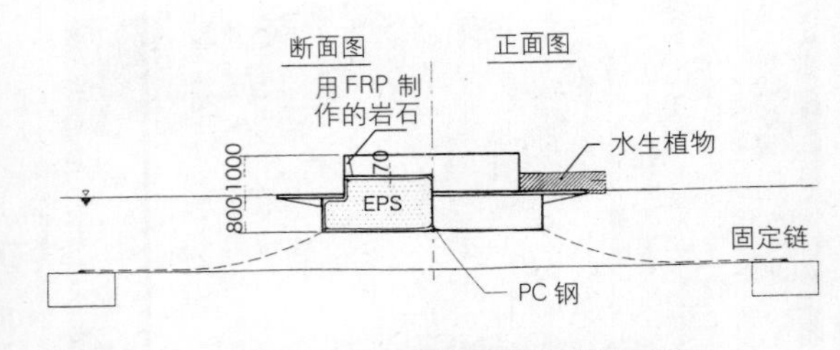

图1.37 船式浮岛的断面图及正面图 资料20

专栏
浮岛

近年来，在水库、湖泊等地，常可以看见建成的既考虑了水质的净化功能，又考虑了景观的人工浮岛。据说水生植物的水质净化效果在水深10cm，滞留时间5个小时左右的地方，可以去除全氮的40%～50%，全磷的50%～60%。而且如果浮岛周围有水流，则更有利于吸收营养盐类的附着性藻类的繁殖。厂家有用椰子纤维垫制作浮岛的，也有用废弃的塑料等再生材料制作浮岛的。

浮岛不仅具有净化水质的功能，还可以使鱼类等水生生物栖息在下面，鸟类和昆虫类在上面产卵、觅食、生存，形成一个小型的生态系统。

山田公园（大阪府）的浮岛 资料21

→被植物覆盖的浮岛，不仅可以进行水质净化，还形成了一个生态系统

利用废弃材料制作的城沼（群马县）浮岛

1.6　不同栽植材料的绿化技术

植物名	1.萨吉塔奇慈姑
科　名	泽泻科
形态区分	直立水生·多年生草本植物
自然分布	北海道·本州·四国·九州

株高：30～80cm

花色·花期：白色·6～10月

●自然生长在浅池沼和水田里。

●除产生种子外，还在基部叶腋处形成球形增殖芽越冬。根茎较短。

●喜好泥质土壤。

●一般出售形态是1芽、植株、7.5P、9.0P等。栽植密度9～25株/m^2、栽植范围适合于水边～水深约1.0m。一年四季都可以栽植，但栽植适期是在6～9月。

植物名	2.荇菜
科　名	睡菜科
形态区分	浮叶·多年生草本植物
自然分布	本州·四国·九州

株高：30～100cm

花色·花期：深黄～浅黄色·5～9月

●群生在池沼和积水处。

●以种子或发达的根茎越冬，主要用根茎增殖。根茎长，在泥上横向伸长。

●喜好泥质土壤。有提高土壤耐侵蚀性和稳定性的效果。

●一般出售形态是1～2芽、植株、10.5P等。栽植密度1～4株/m^2、栽植范围适合于水边～水深约1.0m。一年四季都可以栽植，但栽植适期是在4～11月。

植物名	3.灯心草
科　名	灯心草科
形态区分	直立水生·多年生草本植物
自然分布	北海道·本州·四国·九州·冲绳

株高：70～120cm

花色·花期：绿褐色·6～9月

●自然生长或栽培在湿地和水田里。

●地下茎发达。花序好像生长在茎的侧面，花序以上有苞叶。

●喜好泥质土壤。具有耐旱性。具有提高土壤耐侵蚀性和稳定性的效果。

●一般出售形态是2～3芽、植株、10.5P等。栽植密度9～25株/m^2，栽植范围适合于水边。一年四季都可以栽植，但栽植适期是在3～11月。

植物名	4.杞柳
科名	杨柳科
形态区分	湿生·木本植物
自然分布	北海道·本州·四国·九州

株高：200～300cm

花色·花期：淡绿色·3～5月

- 自然生长在日照良好的河岸、湿地、丘陵处。
- 喜好泥质～沙质土壤。具有耐旱性。具有提高土壤耐侵蚀性和稳定性的效果。
- 一般出售形态是10.5P等。扦插繁殖容易。栽植密度0.5～2株/m^2、栽植范围适合于湿地丘陵～水边。植株一年四季都可以栽植，扦插生根适期是3～9月。

植物名	5.疣草
科名	鸭跖草科
形态区分	湿生～直立水生·一年生草本植物
自然分布	本州·四国·九州·冲绳

株高：20～30cm

花色·花期：淡红色·8～10月

- 群生在水田、小河、池沼里。
- 种子越冬。繁殖力旺盛，被认为是水田害草。9～10月茎叶部变成红紫色。
- 喜好泥质～沙质土壤。具有耐旱性。
- 一般出售成株植物。栽植密度16～25株/m^2，栽植范围适合于水边～水深约0.4m。栽植适期为4～6月。

植物名	6.浮萍类
科名	浮萍科
形态区分	浮游·多年生草本植物
自然分布	北海道·本州·四国·九州·冲绳

株高：0.5～1cm

花色·花期：白色·7～8月

- 群生在水田、池沼、测沟、河岸等处。
- 种子或增殖芽越冬。
- 具有药用作用。在中药中整个植株都可以作为利尿、强壮、解毒、发汗剂来用。另外，还可以作为浮萍水象鼻虫的食物。

植物名	7.海荆三棱
科名	具芒碎米莎草科
形态区分	直立水生·多年生草本植物
自然分布	北海道·本州·四国·九州

株高：100～150cm

花色·花期：茶褐色·5～8月

●群生在池沼、水湿地、休耕田等处。

●种子、根茎、块茎越冬。

●喜好泥质～沙质土壤。具有耐旱性。具有提高土壤耐侵蚀性和稳定性的效果。

●一般出售成株植物。栽植密度4～16株/m²，栽植范围适合于水边～水深0.5m。一年四季都可以栽植，但栽植适期是在12～3月。

植物名	8.慈菇
科名	泽泻科
形态区分	直立水生～沉水·多年生草本植物
自然分布	北海道·本州·四国·九州·冲绳

株高：10～20cm

花色·花期：白色·7～10月

●自生在水田和浅池沼里。有时形成小群落。

●种子或块茎越冬、繁殖。地下茎的上端形成植株。扁平的球形种子浮在水面上移动。

●喜好泥质土壤。

●一般出售形态是植株、7.5P、9.0P等。栽植密度16～25株/m²,栽植范为水边～水深0.4m。一年四季都可栽植，但栽植适期是9～10月。

植物名	9.虾藻
科名	眼子菜科
形态区分	沉水·多年生草本植物
自然分布	北海道·本州·四国·九州·冲绳

株高：100～300cm

花色·花期：淡绿色·4～8月

●群生在湖沼、池塘、水渠里。

●用种子或增殖芽繁殖。植株常绿，周年生长繁殖力旺盛。

●是虾类栖息的场所。另外，植株可供稻水螟食用和作为绿肥使用。

●喜好沙质（略泥质）土壤。对水质没有要求。流速在0.5～1.0m/s最适。

●一般出售植株（带有3芽）。栽植密度9～16株/m²，栽植范围适合于水深0.2～0.5m。一年四季都可以栽植。

植物名	10.王莲
科名	睡莲科
形态区分	浮叶·一年生草本植物
自然分布	本州（新泻以南）·四国·九州

株高：30～100cm

花色·花期：深紫色·8～10月

●自然生长在池沼、池塘、水渠里。

●种子第二年春发芽。种子发芽能力持续数年。白天开花。

●可供偏水螟蛾食用。另外，在中国还将果实作为强壮剂，食用种子和嫩茎。

●喜好泥质土壤。具有耐旱性。

●一般出售植株。栽植密度0.5～2株/m²，栽植范围适合于水深0.5～1.0m。 3～8都可以栽植，但适期是在3～6月。

植物名	11. 泽泻
科名	泽泻科
形态区分	直立水生·多年生草本植物
自然分布	北海道·本州·四国·九州·冲绳

株高：20～80cm

花色·花期：白色·8～10月

- 自然生长在水田和浅池沼里。
- 用种子或块茎越冬、繁殖。花的上半部分是雄花，下半部分是雌花，花只开放一天。
- 根和地下茎有利尿、治疗脚气、肾病的作用。
- 喜好泥质土壤。
- 一般出售形态是1芽、植株、7.5P、9.0P等。栽植密度9～16株/m^2，栽植范围适合于水边～水深0.3m。一年四季都可以栽植，但栽植适期是在4～10月。

植物名	12. 荷兰海芋（彩色）
科名	天南星科
形态区分	湿生·多年生草本植物
自然分布	南非

株高：50～100cm

花色·花期：白色、黄色等·6～8月

- 在湿地、田地里栽培。
- 具有块茎。在温暖地区为常绿植物。品种很多，既有白色系，也有黄色的星斑叶系、白色的星斑叶系、粉色系等等。
- 喜好泥质且排水性好的土壤。有些品种耐旱。
- 一般出售形态是1～2芽、10.5P等。栽植密度2～8株/m^2，栽植范围适合于水边～水深约0.2m。一年四季都可以栽植，但适期是在3～5月。

植物名	13. 荷兰辣根（水芹）
科名	十字花科
形态区分	直立水生·多年生草本植物
自然分布	北海道·本州·四国·九州·冲绳

株高：20～100cm

花色·花期：白色·4～9月

- 群生在河流和池沼浅水处。
- 种子或常绿植株越冬。繁殖力旺盛。原产于欧洲中南部，19世纪后期传入日本。
- 可食用。
- 喜好泥质～沙质土壤。
- 一般出售形态是3芽、植株、9.0P等。栽植密度4～16株/m^2，栽植范围适合于水边～水深约0.3m。一年四季都可以栽植。

植物名	14.金银莲花
科名	睡菜科
形态区分	浮叶·多年生草本植物
自然分布	本州（山形县以南）·四国·九州

株高：80～150cm

花色·花期：白色·7～10月

- 群生在平原池沼和池塘的浅水处。
- 种子、根茎、增殖芽越冬。花只开放一天。
- 喜好泥质土壤。
- 一般出售植株（带有1芽）等。栽植密度4～16株/m^2，栽植范围适合于水深0.2～1.5m。一年四季都可以栽植，但栽植适期是在5～10月。

植物名	15.燕子花
科名	鸢尾科
形态区分	直立水生·多年生草本植物
自然分布	北海道·本州·四国·九州

株高：30～80cm

花色·花期：青紫色等·5～7月

- 群生在水湿地、水边等日照良好的池沼里。
- 用种子或根茎越冬。根茎横向伸长、分枝。花非常美丽，园艺品种很多。四季都可以开花。
- 喜好泥质土壤。具有耐旱性。
- 一般出售形态是1芽、植株、10.5P等。栽植密度4～16株/m^2，栽植范围适合于水边～水深0.2m。一年四季都可以栽植，但栽植适期是在3～11月。

植 物 名	16. 宽叶香蒲
科　　名	香蒲科
形态区分	直立水生 · 多年生草本植物
自然分布	北海道 · 本州 · 四国 · 九州

株高：100～300cm

花色 · 花期：绿黄色 · 5～10 月

● 群生在池沼和河边的浅水处。

● 种子或块茎越冬。

● 宽叶香蒲的花粉在中药里叫做“蒲黄”，作止血剂（外用）和利尿剂（内用）。另外，地下茎还可以食用，也是二化螟蛾和夜蛾等的食物。

● 喜好泥质土壤。有提高土壤耐侵蚀性和稳定性的效果。

● 一般出售形态是 1 芽、植株、7.5P、9.0P、10.5P 等。栽植密度 4～16 株 /m^2，栽植范围适合于水边～水深 0.5m。一年四季都可以栽植，但栽植适期是在 12～3 月。

植 物 名	17. 纸莎草（莎草属）
科　　名	具芒碎米莎草科
形态区分	直立水生 · 多年生草本植物
自然分布	非洲

株高：150～250cm

花色 · 花期：淡褐色 · 9～10 月

● 栽培在河流边等。

● 常绿，由于是热带植物，5℃以下不能在室外越冬。

● 喜好泥质土壤。

● 一般出售形态是 9.0P、10.5P 等。栽植密度 4～9 株 /m^2，栽植范围适合于水边～水深约 0.7m。

植 物 名	18. 水毛花
科　　名	具芒碎米莎草科
形态区分	直立水生 · 多年生草本植物
自然分布	北海道 · 本州 · 四国 · 九州 · 冲绳

株高：60～130cm

花色 · 花期：淡绿色～淡褐色 · 4～9 月

● 群生在河流、池沼、浅水处、休耕田里。

● 种子或根茎越冬。根茎短而粗。茎的横断面呈三角形。

● 茎可作为草席的材料。

● 喜好泥质～沙质土壤。具有耐旱性。

● 一般出售形态是 1 芽、植株、7.5P、9.0P 等。栽植密度 16～25 株 /m^2，栽植范围适合于水边～水深约 0.5m。一年四季都可以栽植，但栽植适期是在 12～3 月。

植物名	19.黄菖蒲
科　名	鸢尾科
形态区分	湿生～直立水生·多年生草本植物
自然分布	北海道·本州·四国·九州

株高：60～120cm

花色·花期：黄色·4～6月

- 群生在河流、池沼、湿地。
- 种子或根茎越冬。原产于欧洲，1890年引种到日本。
- 喜好泥质～沙质土壤。具有耐旱性。
- 一般出售形态是1芽、植株、7.5P、9.0P、10.5P等。栽植密度4～16株/m^2，栽植范围适合于水边～水深0.5m。一年四季都可以栽植，但栽植适期是在3～6月。

植物名	20.百日草
科　名	报春花科
形态区分	湿生·多年生草本植物
自然分布	北海道·本州·四国

株高：30～60cm

花色·花期：紫红色·5～6月

- 自然生长在山地、山脚的湿地。
- 从植株中央生长出很长的花茎，花轮生成几段。
- 喜好沙质土壤。具有耐旱性。
- 一般出售形态是1芽、植株、7.5P、9.0P、10.5P、15.0P等。栽植密度9～16株/m^2，栽植范围适合于水边。一年四季都可以栽植，但栽植适期是在3～7月。

植 物 名	21.黑慈姑
科　　名	具芒碎米莎草科
形态区分	直立水生 · 多年生草本植物
自然分布	本州（关东地区以南）· 四国 · 九州

株高：40～100cm

花色 · 花期：白黄绿～白黄褐色 · 7～10月

● 群生于平地的池沼和池塘的浅水处。

● 种子或块根越冬。根茎长，先端形成球状块茎用于增殖。

● 喜好泥质土壤。

● 一般出售形态是植株、7.5P、9.0P等。栽植密度16～36株/m^2，栽植范围适合于水边～水深1.0m。11～3月都可以栽植，但最适期是在12～2月。

植 物 名	22.黑藻
科　　名	水鳖科
形态区分	沉水 · 多年生草本植物
自然分布	北海道 · 本州 · 四国 · 九州 · 冲绳

株高：30～60cm

花色 · 花期：淡紫色 · 6～10月

● 群生于湖沼、池塘、河流等地。

● 种子或增殖芽越冬。是原产于阿根廷的驯化种。

● 是野鸭等的食饵。

● 喜好泥质～沙质土壤。适合在水流速度0.5m/s以下的流域生长。

● 一般出售植株（3芽）等。栽植密度16～36株/m^2，栽植范围适合于水深0.5m～1.5m。一年四季都可以栽植。

植物名	23.萍蓬草
科　名	睡莲科
形态区分	直立水生·多年生草本植物
自然分布	北海道·本州·四国·九州·冲绳

株高：60～100cm

花色·花期：黄色·6～10月

- 群生于湖沼、池塘、河流等处。
- 种子或地下茎越冬。地下茎分枝增殖。
- 根茎是中药，被称为“川骨”，是强壮剂和止血剂。
- 喜好泥质～泥沙质土壤。有提高土壤耐侵蚀性和稳定性的效果。
- 一般出售形态是1～2芽、植株、10.5P等。栽植密度9～16株/m²，栽植范围适合于水深1.0m～2.0m。一年四季都可以栽植，但栽植适期是在4～10月。

植物名	24.小香蒲
科　名	香蒲科
形态区分	直立水生·多年生草本植物
自然分布	本州·四国·九州

株高：100～150cm

花色·花期：黄绿色·7～10月

- 群生于池沼、休耕田、河流等浅水处。
- 种子或根茎越冬。根茎发达。
- 喜好泥质～沙质土壤。比宽叶香蒲植株小，耐半干旱土壤。有提高土壤耐侵蚀性和稳定性的效果。
- 一般出售形态是1芽、植株、7.5P、9.0P、10.5P等。栽植密度9～16株/m²，栽植范围适合于水边～水深0.5m。一年四季都可以栽植，但栽植适期是在12～3月。

植 物 名	25. 鸭舌草
科　　名	雨久花科
形态区分	直立水生 · 一年生草本植物
自然分布	北海道 · 本州 · 四国 · 九州 · 冲绳

株高：10～40cm

花色 · 花期：青紫色 · 8～10月

●群生于水田和水湿地。

●种子越冬。花只开放一天，花开后自家授粉。常被作为水田杂草，最近变少。

●喜好泥质土壤。

●一般出售形态是2～3芽、植株、9.0P等。栽植密度16～25株/m^2，栽植范围适合于水边～水深0.2m。5～6月份发芽的苗，在7～8月栽植最适宜。

植 物 名	26. 小泽泻
科　　名	泽泻科
形态区分	直立水生 · 多年生草本植物
自然分布	北海道 · 本州（中部地区以北）

株高：50～150cm

花色 · 花期：白色 · 6～10月

●群生于池沼、河流的湿地、水田等。

●种子、根茎、增殖芽越冬。花只开放一天，下午～傍晚开放。

●叶和根茎是中药的利尿、止血剂，常在休耕田里栽培。

●喜好泥质～沙质土壤。

●一般出售形态是植株、7.5P、9.0P等。栽植密度9～16株/m^2，栽植范围适合于水边～水深约0.2m。一年四季都可以栽植，但栽植适期是在4～10月。

植 物 名	27. 不倒翁草
科　　名	天南星科
形态区分	直立水生 · 多年生草本植物
自然分布	北海道 · 本州（近畿地区以北）

株高：30～40cm

花色 · 花期：暗紫色 · 3～5月

●自然生长在山地中的湿地。

●地下茎粗短。没有根茎。植株整体特别是花有异臭。

●喜好泥质～沙质土壤。具有耐旱性。

●一般出售形态是1芽、植株、12.0P等。栽植密度4～16株/m^2，栽植范围适合于水边。一年四季都可以栽植，但栽植适期是在3～4月。

植物名	28.石龙胆
科　　名	桔梗科
形态区分	湿生·多年生草本植物
自然分布	北海道·本州·四国·九州

株高：60～100cm

花色·花期：紫色·8～10月

● 群生在山地中的湿地。

● 根茎粗。横向伸长。

● 喜好泥质～沙质土壤。具有耐旱性。

● 一般出售形态是1芽、植株、9.0P、10.5P等。栽植密度16～25株/m²，栽植范围适合于水边。一年四季都可以栽植，但栽植适期是在4～10月。

植物名	29.莎草
科　　名	具芒碎米莎草科
形态区分	直立水生·多年生草本植物
自然分布	北海道·本州·四国·九州·冲绳

株高：50～150cm

花色·花期：淡褐色·7～10月

● 群生于湿地、河边、休耕田、水渠中。

● 种子或根茎越冬。根茎横向发达。

● 可作为草帽和草鞋的编织材料。

● 喜好泥质土壤。具有耐旱性。

● 一般出售形态是2～5芽、植株、7.5P、9.0P等。栽植密度9～25株/m²，栽植范围适合于水边～水深约0.5m。一年四季可栽植，但栽植适期是在12～3月。

植物名	30.莼菜
科　　名	睡莲科
形态区分	浮叶·多年生草本植物
自然分布	北海道·本州·四国·九州

株高：80～100cm

花色·花期：暗紫红色·5～8月

● 群生在水质好的湖沼和池塘里。

● 种子、根茎、增殖芽越冬。分布有限。

● 斑蛾水螟虫的食饵。新芽上有一层粘质可食用。

● 喜好泥质土壤，以及水质略污浊弱酸性水质。

● 一般出售植株（1～3芽）等。栽植密度9～16株/m²，栽植范围适合于水深约1.0m～2.0m。一年四季都可以栽植，但栽植适期是在4～9月。

植 物 名	31. 菖蒲
科　　名	天南星科
形态区分	直立水生 · 多年生草本植物
自然分布	北海道 · 本州 · 四国 · 九州

株高：50～130cm

花色 · 花期：淡黄绿色 · 5～7月

- 群生在池沼、小河的岸边。
- 根茎越冬。根茎粗扎入地下。
- 喜好泥质土壤。有提高土壤耐侵蚀性和稳定性的效果。
- 一般出售形态是10.5P（1～2芽）等。栽植密度9～16株/m^2，栽植范围适合于水边～水深约0.5m。一年四季都可以栽植，但栽植适期是在1～3月。

植 物 名	32. 温带睡莲
科　　名	睡莲科
形态区分	直立水生 · 多年生草本植物
自然分布	北海道 · 本州 · 四国 · 九州

株高：50～120cm

花色：白色、黄色、粉色、红色等。

- 群生或栽培在湖沼、池塘中。
- 根茎越冬。花白天开放。
- 喜好泥质土壤。
- 一般出售植株等。栽植密度1～2株/m^2，栽植范围适合于水深约0.3～2.0m。一年四季都可以栽植，但栽植适期是在3～5月。

植物名	33.石菖蒲
科　名	天南星科
形态区分	湿生～直立水生・多年生草本植物
自然分布	本州・四国・九州

株高：20～60cm

花色・花期：淡黄色・3～5月。

- 群生于湿地、小河岸边。
- 根茎耐低温、常绿状态越冬。植物体（特别是地下茎）具有芳香。
- 干燥的根茎可作为中药的健胃剂、驱虫剂、镇痛剂等。
- 喜好泥质～沙质土壤。具有耐旱性。有提高土壤耐侵蚀性和稳定性的效果。
- 一般出售形态是10.5P（3芽）等。栽植密度4～16株/m^2，栽植范围适合于水边～水深0.3m。一年四季都可以栽植，但栽植适期是在1～2月、6～7月。

植物名	34.苦草
科　名	水鳖科
形态区分	沉水・多年生草本植物
自然分布	北海道・本州・四国・九州

株高：10～80cm

花色・花期：淡黄色・6～10月

- 群生在湖沼、池塘、小河的水流里。
- 种子和根茎越冬、繁殖。根茎横扎入地下。水媒花。
- 喜好沙质（略泥质）土壤。适合在流速1.0m/s以下的水流中生长。
- 一般出售植株（3芽）等。栽植密度9～16株/m^2，栽植范围适合于水深0.5～2.0m。一年四季都可以栽植，但栽植适期是在4～11月。

植物名	35.水芹
科　名	水芹科
形态区分	直立水生・多年生草本植物
自然分布	北海道・本州・四国・九州・冲绳

株高：20～80cm

花色・花期：白色・7～9月。

- 自然生长在河岸、湿地、水田中。
- 种子或根茎越冬。
- 有独特的香味，秋冬可作为蔬菜食用。此外，还是乌夜盗蛾、银条金翅夜蛾的食饵。
- 喜好泥质～沙质土壤。
- 一般出售形态是2～3芽、7.5P、9.0P、10.5P等。栽植密度25～49株/m^2，栽植范围适合于水边。一年四季都可以栽植，但栽植适期是在3～10月。

植物名	36. 凤仙花
科　　名	凤仙花科
形态区分	湿生 · 一年生草本植物
自然分布	北海道 · 本州 · 四国 · 九州

株高：50～80cm

花色 · 花期：紫红色 · 8～10月。

- 群生在水边。
- 花序斜立在叶的上方。
- 具有耐旱性。
- 一般出售形态是9.0P（1株）等。栽植密度9～25株/m^2，栽植范围适合于水边。栽植期在5～8月。

植物名	37. 水鳖
科　　名	水鳖科
形态区分	直立水生～浮游 · 多年生草本植物
自然分布	本州 · 四国 · 九州 · 冲绳

株高：30～50cm

花色 · 花期：白色 · 7～10月。

- 群生在平地的池沼、小河、水渠中。
- 种子或繁殖芽越冬。增殖芽4～5月发芽，迅速生长。花只开放一天。
- 有独特的香味，秋冬可作为蔬菜食用。
- 喜好泥质土壤。
- 一般出售植株（1芽）等。栽植密度4～16株/m^2，栽植范围适合于水边～水深约0.2m，或波浪影响小的流域。

植物名	38. 珍珠花
科　　名	报春花科
形态区分	湿生 · 多年生草本植物
自然分布	本州 · 四国 · 九州

株高：40～70cm

花色 · 花期：白色 · 7～8月

- 群生在湿地和河岸。
- 地下茎长。
- 喜好泥质～沙质土壤。具有耐旱性。有提高土壤耐侵蚀性和稳定性的效果。
- 一般出售形态是1～3芽、植株7.5P、9.0P等。栽植密度25～36株/m^2，栽植范围适合于水边。一年四季都可以栽植，但栽植适期是在4～10月。

植物名	39.水杨
科　名	杨柳科
形态区分	湿生·木本植物
自然分布	北海道·本州·四国·九州

株高：50～300cm

花色·花期：淡黄绿色·3～4月。

● 自然生长在日照好的河岸、湿地、丘陵的湿润裸地上。

● 喜好泥质～沙质土壤。具有耐旱性。有提高土壤耐侵蚀性和稳定性的效果。

● 一般出售形态是10.5P等，扦插容易。栽植密度1～2株/m^2，栽植范围湿地丘陵～水边。扦插时3～9月最容易发根。

植物名	40.荷花
科　名	睡莲科
形态区分	直立水生·多年生草本植物
自然分布	本州·四国·九州

株高：100～200cm

花色·花期：淡红色·6～9月。

● 自然生长或栽培在池沼、河流、水田里。

● 种子或根茎越冬。

● 种子、地下茎可食用。茎可纺纱。

● 喜好泥质土壤。有提高土壤耐侵蚀性和稳定性的效果。

● 一般出售形态是1～2芽、植株、15.0P等。栽植密度0.5～1株/m^2，栽植范围适合于水边～水深约1.5m。一年四季都可以栽植，但栽植适期是在3～6月。

植物名	41. 半夏
科名	鱼腥草科
形态区分	湿生・多年生草本植物
自然分布	本州・四国・九州・冲绳

株高：50～100cm

花色・花期：白绿色・6～8月。

● 群生于池沼、湿地。

● 地下茎繁殖。有臭气。

● 喜好泥质土壤。具有耐旱性。

● 一般出售形态是1芽、7.5P、9.0P、10.5P等。栽植密度9～25株/m^2，栽植范围适合于水边。一年四季都可以栽植，但栽植适期是在4～10月。

植物名	42. 钢毛鸢尾
科名	鸢尾科
形态区分	湿生・多年生草本植物
自然分布	北海道・本州（中部地区以北）

株高：20～70cm

花色・花期：紫色・7～8月。

● 群生于湿地里。

● 根茎越冬。

● 喜好泥质土壤。具有耐旱性。

● 一般出售形态是10.5P（1芽）等。栽植密度1～4株/m^2，栽植范围适合于水边～水深0.2m。一年四季都可以栽植，但栽植适期是在4～10月。

植物名	43.菱
科名	菱科
形态区分	浮叶·一年生草本植物
自然分布	北海道·本州·四国·九州

株高：100～200cm

花色·花期：白～微红色·7～10月。

●群生于池沼、池塘。

●种子越冬。

●果实被作为胃肠药。另外，还是斑蛾水明虫、羽虱类等的食饵。

●喜好泥质土壤。

●一般出售植株、种子等。栽植密度1～9株/m^2，栽植范围适合于水深0.5m～2.0m。栽植期为3～10月，但最适期是在3～6月。

植物名	44.睡莲
科名	睡莲科
形态区分	浮叶·多年生草本植物
自然分布	北海道·本州·四国·九州

株高：60～100cm

花色·花期：白色·6～11月。

●群生于湖沼、池塘里。

●种子或根茎越冬。白天开花。是日本唯一的温带睡莲固有种。

●花可作为镇痛剂、止血剂。另外，还是稻根长腿水叶甲的食饵。

●喜好泥质～沙质土壤。

●一般出售植株（1芽）等。栽植密度1～2株/m^2，栽植范围适合于水深0.3m～1.0m。一年四季都可以栽植，但栽植适期是在4～10月。

植物名	45. 眼子菜
科名	眼子菜科
形态区分	浮叶·多年生草本植物
自然分布	北海道·本州·四国·九州·冲绳

株高：50～100cm

花色·花期：黄绿色·5～10月。

- 群生于池沼、小河、水田里。
- 种子或增殖芽越冬。
- 喜好泥质土壤。有提高土壤耐侵蚀性和稳定性的效果。
- 一般出售植株（1芽）等。栽植密度1～4株/m^2，栽植范围适合于水深0.1m～1.0m。一年四季都可以栽植，但栽植适期是在5～11月。

植物名	46. 美洲灯心草
科名	具芒碎米莎草科
形态区分	直立水生·多年生草本植物
自然分布	北海道·本州·四国·九州·冲绳

株高：80～250cm

花色·花期：茶褐色·6～10月。

- 群生于湖沼、池塘等。
- 种子或根茎越冬。
- 喜好泥质～沙质土壤。具有耐旱性。有提高土壤耐侵蚀性和稳定性的效果。
- 一般出售形态是1～2芽、植株、7.5P、9.0P、10.5P等。栽植密度9～16株/m^2，栽植范围适合于水边～水深约0.5m。一年四季都可以栽植，但栽植适期是在12～3月。

植物名	47. 扁泽泻
科名	泽泻科
形态区分	直立水生·多年生草本植物
自然分布	北海道·本州·四国·九州·冲绳

株高：50～130cm

花色·花期：白色·7～10月。

- 群生于池沼、湿地、水田等。
- 种子或根茎越冬。
- 喜好泥质土壤。
- 一般出售形态是1芽、植株、7.5P、9.0P、10.5P等。栽植密度9～16株/m^2，栽植范围适合于水深0.1m～0.3m。一年四季都可以栽植，但栽植适期是在5～10月。

植 物 名	48.萤蔺
科　　名	具芒碎米莎草科
形态区分	直立水生·多年生草本植物
自然分布	北海道·本州·四国·九州·冲绳

株高：20～60cm

花色·花期：浅绿色·7～10月。

- 群生于池沼、水田等。
- 种子或块茎越冬。花只开放一天。
- 喜好泥质～沙质土壤。具有耐旱性。
- 一般出售植株3～5芽、7.5P、9.0P、10.5P等。栽植密度9～25株/m²，栽植范围适合于水边～水深约0.2m。一年四季都可以栽植，但栽植适期是在5～10月。

植 物 名	49.凤眼兰
科　　名	雨久花科
形态区分	浮游·多年生草本植物
自然分布	本州（福岛县以南）·四国·九州·冲绳

株高：30～60cm

花色·花期：浅紫色·6～10月。

- 群生于池沼、水渠里。
- 种子或增殖芽越冬。花只开放一天。原产于巴西，大正初期开始在日本繁殖。
- 水下是鱼类产卵的地方，叶是大雁、野鸭类的食饵。另外，还可以作为家畜的饲料和绿肥，纤维还可以作为纸和帽子的材料。
- 一般出售植株等。栽植范围适合于波浪影响小的水域。

植 物 名	50.蓬代代利亚
科　　名	雨久花科
形态区分	直立水生植物·多年生草本植物
自然分布	北美

株高：40～90cm

花色·花期：青紫色·7～10月。

- 栽培在日照好的池沼、水渠里。
- 落叶植物，在温暖地区可在户外越冬。具有耐寒和耐霜性。
- 一般出售形态是10.5P（1芽）等。栽植密度9～25株/m²，栽植范围适合于水边～水深约0.2m。一年四季都可以栽植，但栽植适期是在3～5月。

植物名	51. 茭白
科名	禾本科
形态区分	直立水生 · 多年生草本植物
自然分布	北海道 · 本州 · 四国 · 九州

株高：100～300cm

花色 · 花期：淡紫～淡绿色 · 8～10月。

● 种子或根茎越冬。

● 靠根部柔软的茎可食用。另外，还是茭白叶麦蛾、二化螟的食饵，白天鹅等鸟类食用起地下茎。

● 喜好泥质～沙质土壤。具有耐旱性。有提高土壤耐侵蚀性和稳定性的效果。

● 一般出售形态是1芽、植株、10.5p等。栽植密度1～9株/m^2、栽植群生于范围适合于水边～水深约0.5m。一年四季都可以栽植，但栽植适期是在12～3月。

植物名	52. 松藻
科名	松藻科
形态区分	沉水 · 多年生草本植物
自然分布	北海道 · 本州 · 四国 · 九州 · 冲绳

株高：30～100cm

花色 · 花期：红白色 · 5～8月

● 群生于湖沼、河流等。

● 种子或增殖芽越冬。容易增殖。没有根。

● 一般出售植株等。栽植密度16～25株/m^2，栽植范围适合于水边～水深约1.0m。一年四季都可以栽植，但栽植适期是在3～5月。

植物名	53. 黑三棱
科名	黑三棱科
形态区分	直立水生 · 多年生草本植物
自然分布	北海道 · 本州 · 四国 · 九州

株高：50～180cm

花色 · 花期：淡绿色 · 6～9月。

● 群生于池沼、小河。

● 种子或根茎越冬。根茎在泥中横生。

● 是水叶甲类的食饵。

● 喜好泥质～沙质土壤。具有耐旱性。

● 一般出售1芽、植株、7.5p、9.0p等。栽植密度1～4株/m^2，栽植范围适合于水边～水深约0.3m。一年四季都可以栽植，但栽植适期是在12～3月。

植物名	54. 雨久花
科　　名	雨久花科
形态区分	直立水生 · 一年生草本植物
自然分布	北海道 · 本州 · 四国 · 九州 · 冲绳

株高：40～100cm

花色 · 花期：碧青色 · 7～10月

●群生于池沼、休耕田等。

●全草无毛，地下井上有很多须状根。直立的总状花序。花只开放一天。

●喜好泥质～沙质土壤。

●一般出售植株(1～2芽)等。栽植密度9～16株/m²，栽植范围适合于水边～水深约0.3m。5～10月都可以栽植，但最适期是在5～6月。

植物名	55. 水连翘
科　　名	小连翘科
形态区分	直立水生 · 多年生草本植物
自然分布	北海道 · 本州 · 四国 · 九州

株高：30～60cm

花色 · 花期：淡红色 · 7～9月

●群生于池沼、池塘、河流、湿地等。

●种子或根茎越冬。

●喜好泥质～沙质土壤。具有耐旱性。

●一般出售植株、7.5p、9.0p等。栽植密度16～25株/m²，栽植范围适合于水边～水深约0.1m。一年四季都可以栽植，但栽植适期是在5～10月。

植物名	56. 水生美人蕉
科　　名	竹芋科
形态区分	湿生～直立水生 · 多年生草本植物
自然分布	北美、非洲

株高：80～200cm

花色 · 花期：淡紫色 · 7～9月。

●栽植在湿地、小河、池岸等。

●关东以南在户外越冬。

●喜好泥质～沙质土壤。具有耐旱性。

●一般出售植株（1芽）等。栽植密度2～4株/m²，栽植群生于范围适合于水边～水深约0.5m。一年四季都可以栽植，但栽植适期是在4～7月。

植物名	57. 水龙
科　　名	柳叶菜科
形态区分	直立水生～浮叶 · 多年生草本植物
自然分布	北海道 · 本州 · 四国 · 九州

株高：20～60cm

花色 · 花期：黄色 · 6～9月。

●群生于池沼和池塘。

●种子或根茎越冬。多数结种子。花只开放一天。

●喜好泥质土壤。

●一般出售植株等。栽植密度4～25株/m²，栽植群生于范围适合于水边～水深约0.2m。一年四季都可以栽植，但栽植适期是在5～10月。

植 物 名	58. 水木贼
科　　名	木贼科
形态区分	直立水生 · 多年生草本植物
自然分布	北海道 · 本州（中部以北）

株高：50～80cm

孢子囊 · 花期：茎顶生 · 5～6 月。

● 自然生长在湿地、浅水域。

● 孢子或地下茎越冬。地下茎可伸展到水下 3～4m。适合生长在有水为变动的水库等。

● 喜好泥质～沙质土壤。具有耐旱性。干燥状态下地下茎也能生存。在湿地上部常压有其他植物。有提高土壤耐侵蚀性和稳定性的效果。

● 一般出售植株、10.0p 等。栽植密度 8～25 株 /m^2，栽植范围适合于湿地～水深 20m。一年四季都可以栽植。

植 物 名	59. 水虎尾草
科　　名	紫苏科
形态区分	湿生 · 多年生草本植物
自然分布	本州 · 四国 · 九州

株高：30～50cm

花色 · 花期：淡红色 · 8～10 月。

● 自然生长在湿地里。

● 地下茎在横向生长。

● 喜好泥质～沙质土壤。具有耐旱性。有提高土壤耐侵蚀性和稳定性的效果。

● 一般出售植株（3 芽）等。栽植密度 9～25 株 /m^2，栽植范围适合于水边～水深约 0.1m。一年四季都可以栽植，但栽植适期是在 5～10 月。

植 物 名	60. 水芭蕉
科　　名	天南星科
形态区分	直立水生 · 多年生草本植物
自然分布	北海道 · 本州（兵库县以北）

株高：40～100cm

花色 · 花期：黄色（佛炎苞白色）· 4～7 月。

● 群生于降雪山岳地、湿地、山岳的池沼、北海道的平地、小河边等。

● 种子或根茎越冬。佛炎苞是指包裹花序的白色肉质部分。在叶子出来之前与花序一起先露出地面。

● 喜好泥质土壤。

● 一般出售形态是 9.0p、10.5p、12.0p、15.0p、等。栽植密度 4～16 株 /m^2，栽植范围适合于水边～水深约 0.1m。一年四季都可以栽植，但栽植适期是在 4～9 月。

植 物 名	61.千屈菜
科 名	千屈菜科
形态区分	湿生～直立水生・多年生草本植物
自然分布	北海道・本州・四国・九州

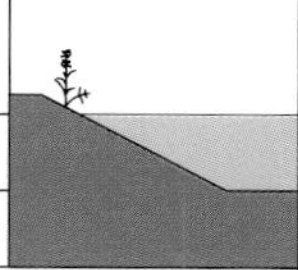

株高：50～100cm

花色・花期：紫红色・7～10月。

● 自然生长在湿地中。

● 耐水位变动。

● 喜好泥质～沙质土壤。具有耐旱性。有提高土壤耐侵蚀性和稳定性的效果。

● 一般出售1～2芽、9.0p、10.5p等。栽植密度9～25株/m^2，栽植范围适合于水边～水深约0.3m。一年四季都可以栽植，但栽植适期是在4～10月。

植 物 名	62.睡菜
科 名	睡菜科
形态区分	直立水生・多年生草本植物
自然分布	北海道・本州・九州北部

株高：20～40cm

花色・花期：白色・3～8月。

● 群生于低洼地或高低的湖沼、湿地中。

● 种子或根茎越冬。结种子多。

● 喜好泥质土壤。有提高土壤耐侵蚀性和稳定性的效果。

● 一般出售1芽、植株、10.5p等。栽植密度9～16株/m^2，栽植范围适合于水边～水深约0.3m。一年四季都可以栽植，但栽植适期是在3～9月。

植 物 名	63.狸藻
科 名	狸藻科
形态区分	湿生・多年生草本植物
自然分布	本州・四国・九州・冲绳

株高：8～10cm

花色・花期：黄色・8～10月

● 自然生长在湿地中。

● 食虫植物，地下茎具有捕虫囊，是狸藻中唯一为黄花的固有种。

● 喜好泥质～沙质土壤。

● 一般出售7.5p（1芽）等。栽植密度9～16株/m^2，栽植范围适合于水边～水深约0.05m。一年四季都可以栽植，但栽植适期是在3～6月。

植 物 名	64. 芦苇
科　　名	禾本科
形态区分	直立水生 · 多年生草本植物
自然分布	北海道 · 本州 · 四国 · 九州 · 冲绳

株高：100～300cm

花色 · 花期：紫褐色、黄褐色 · 8～10月。

● 群生在池沼、河流、湿地中。

● 种子或根茎越冬。群落要1～3年刈割或烧荒一次，否则容易造成干燥和禾本类的侵入。

● 喜好泥质～沙质土壤。具有耐旱性。有提高土壤耐侵蚀性和稳定性的效果。淡咸水域、强酸性的湖沼也可以生长。

● 一般出售植株、7.5P、9.0p、10.5p、15.0P等。栽植密度1～4株/m^2，栽植范围适合于水边～水深约1.0m。一年四季都可以栽植，但栽植适期是在12～3月。

植 物 名	65. 驴蹄草
科　　名	毛茛科
形态区分	直立水生 · 多年生草本植物
自然分布	北海道 · 本州 · 九州（熊本县以北）

株高：15～60cm

花色 · 花期：深黄色 · 4～7月。

● 群生在山地的池沼中。

● 种子或根茎越冬。

● 喜好泥质土壤。

● 一般出售1芽、植株、9.0p等。栽植密度4～16株/m^2，栽植范围适合于水边～水深约0.1m。一年四季都可以栽植，但栽植适期是在3～5月。

[主要参考文献]

1) 牧野富太郎（1961）：牧野新日本植物図鑑，北隆館
2) (財)日本野鳥の会（1972）：野外観察ハンドブック1・山野の鳥
3) 堀田満（1973）：カラー自然ガイド・水辺の植物，保育社
4) 宮脇昭編（1977）：日本の植生，学研
5) 大滝末男ほか（1980）：日本水生植物図鑑，北隆館
6) 宮地伝次郎ほか（1980）：原色日本淡水魚類図鑑，保育社
7) 桜井淳史（1981）：野外ハンドブック10・魚・淡水編，山と渓谷社
8) 大井次三郎（1983）：新日本植物誌・顕花編（改訂版），至文堂
9) 林弥栄ほか（1983）：日本の野草，山と渓谷社
10) 林弥栄ほか（1983）：日本の樹木，山と渓谷社
11) 大塚高雄ほか（1985）：野生魚を飼う，朔風社
12) 佐竹義輔ほか（1985）：日本の野生植物・草本，平凡社
13) 建設省土木研究所（1986）：環境からみた植生護岸とその評価，土木研究所資料2394号
14) 桜井善雄（1988）：水辺の植生による水質浄化，公害と対策 vol.24
15) 亀山章ほか（1989）：最先端の緑化技術，ソフトサイエンス社
16) 立花吉茂（1990）：水辺の草花，淡交社
17) (財)リバーフロント整備センター編（1990）：まちと水辺に豊かな自然を，山海堂
18) 日本緑化工学会編（1990）：緑化技術用語辞典，山海堂
19) (財)リバーフロント整備センター編（1992）：まちと水辺に豊かな自然をII，山海堂
20) 英国王立園芸協会監修（1992）：すべての園芸家のための花と植物百科，同朋舎出版
21) 杉山恵一ほか（1992）：自然環境復元の技術，朝倉書店
22) 佐竹義輔ほか（1993）：日本の野生植物・木本，平凡社
23) 建設省東北地方建設局（1993）：水質浄化に関する調査研究
24) (財)河川環境管理財団（1994）：河川の植生と河道特性に関する報告書
25) 横浜市環境科学研究所（1994）：キショウブによる水質浄化法
26) (財)リバーフロント整備センター編（1996）：まちと水辺に豊かな自然をIII，山海堂
27) 桜井善雄ほか（1996）：実験でわかる植物の水質浄化能，都市の中に生きた水辺を
28) (財)河川環境管理財団（1997）：河川管理のための植生の調査方法
29) 森文俊ほか（1997）：山渓フィールドブックス15・淡水魚，山と渓谷社
30) 真木広造（1998）：野鳥，永岡書店
31) 奥田重俊ほか：河川環境と水辺植物，ソフトサイエンス社
32) (財)ダム水源地環境整備センター：ダム湖岸法面緑化
33) 建設省近畿地方建設局ほか：多自然型護岸工法ガイドライン（案）

[主要资料提供者名单]

- 技研興業株式会社　資料1，4，11，12，13，14，16
- 日本道路株式会社　資料5，6，10，17，18，19
- 株式会社松花園　資料7
- 雪印種苗株式会社　資料8
- 株式会社熊谷組　資料9
- 日本ナチュロック株式会社　資料15
- 積水化成品工業株式会社　資料20，21
- 株式会社トップエコロジー　資料2
- 王子緑化株式会社　資料3

2. 平坦地空间的绿化

本章介绍的是不允许人在上面活动的平坦地的地面植被绿化，即：可以进行造景、地面覆盖、建造自然生态的植被绿化空间。因此，不需要考虑对栽植植物的压踏，也不用像允许人们进入的草地那样限制植物的高度。这里所采用的绿化技术，不仅适合于平坦地空间，也适合其他绿化场所。这里我将主要介绍平坦地使用这些绿化技术、施工方法时需要注意的一些事项。

2.1 平坦地绿化的内容

(1) 绿化目的和所要达到的效果

不允许人们在上面活动的平坦地的绿化，要达到以下的目的和效果：

① 以造景和观赏为目的的绿化

是为了创造良好的娱乐空间而进行的绿化，目的是构成景观和创造出造景空间，是公园、广场使用最多的一种绿化方法。这些绿化空间通过视觉感应，使人们的心情变得平和，并能改善城市景观，调节空间湿度等等。

② 以保护土壤表面为目的的绿化

是在地表面进行低矮而密集的覆盖，充分发挥地被植物的特性，并使表土稳定的绿化方法。可防止雨水对表土的侵蚀和尘土飞扬。虽然平坦地不会像坡地那样容易发生侵蚀，但这种绿化也很重要。比如在临海的强风地带建造绿化场地时，飞砂等会影响植物的生长，因此，防止飞砂和扬尘是非常重要的。

③ 以提高地力和提高生产力等有利于农业生产为目的的绿化

以生产为目的的农田，在休耕期种植地被植物作为绿肥来提高地力，这是一种传统的栽培方法。最近，有些地方为了提高城市的知名度，种上各种各样的花吸引游人。另外，还有近年来随着环境问题受到重视，为了控制线虫的密度，有些地方进行生物农药的绿化。

④ 为防止人们进入或在很难利用的特殊环境的场地进行绿化

在公园沿路等限制行人进入的地方，以及像道路中央的隔离带等那样禁止行人进入的特殊空间，进行以禁止人们进入为目的的绿地。这种绿化还要求兼有造景等多种功能。

⑤ 其他

· 闲置的裸地如果长时间放置，就会杂草丛生，为了防止杂草丛生，可用地被植物进行绿化。

· 地表面如果有植物茎叶的覆盖，会在一定程度上缓解地表面的冻结，所以可以利用常绿植物防止地表面结霜，通过绿化来调节地表面的微气象(寒暑)。

· 有时绿化空间的面积很大，为了减少绿化费用和降低管理费用可进行一部分地被植物的绿化。

(2) 绿化特征和注意事项

① 绿化特征

a) 绿化空间

以造景为主的绿化空间，不仅可以用于城市公园和自然公园的绿化，还可以用于民用地和交通运输用地等所有人们生活的空间。

绿化面积既有像机场那样大面积的，也有像花坛那样小面积的，多种多样。

b) 绿化期

绿化期根据其目的和绿化空间的特性，可分为短期(临时性的绿化)、中期(持续数年的绿化)、长期(永久性的绿化)等多种。

c) 使用的植物种类

用于绿化的植物包括所有的草本植物，有一年生和二年生草、宿根草、球根植物等等。还有灌木等木本植物和一部分藤本植物。使用的植物种类主要以市场上容易买到的园艺品种为主，但最近为了恢复自然状态，使用野生种的越来越多。

地被植物的特点，并不是观赏一茎一花，而是观赏整个群落的景观。

d) 养护管理

一般来说，绿化的面积都很大，因此，使用的植物大多是在较粗放的栽培管理条件下可以养护的种类。但也有一些在庭院等场所栽植的苔藓类和一部分野草类，要求的环境条件比较严格，需要进行特殊的养护管理。

② 绿化中的主要注意事项

a) 修整栽植基盘

在绿化过程中，最重要的是建造适合栽植植物的栽植基盘。首先判断现场的土壤是否可以使用，如果需要进行土壤改良，要探讨其改良方法(排水性的改善、保水性的改善、保肥性的改善等)。

b) 植物种类的选择

选择合适的植物种类也是绿化过程中重要的因素。要考虑与环境有关的耐寒性、耐暑性等，与利用条件有关的株高、花色、开花期等，与施工条件有关的栽植量、栽植时期等等，综合地对植物种类进行选择。

c) 养生管理

为了维护绿化空间，养生管理是不可缺少的。从设计时就要预测杂草的防除、灌水、割剪、施肥等管理作业，并掌握好预测与实际管理的差距。

2.2 平坦地的绿化对象空间

(1) 绿化空间的分类

根据地被植物的特性，可以将所要进行绿化的空间分为“公园 · 广场”“未利用地 · 特殊地”“自然地”三大类，每一大类中，又可以分为3～4种不同的类型，所以，一共可以分为11种类型。

表2.1 绿化空间的分类

绿化空间		备注
大分类	小分类	
①公园 · 广场	a）造景栽植地	
	b）园路栽植地	
	c）自然观察园等	· 包括为恢复自然，栽植的草本植被等。
	d）活动场所栽植地	· 包括栽植箱绿化。
②未利用地 · 特殊地	a）建造地	· 住宅地用地、事业用地等。 · 添埋地(临海地、废弃物等)。
	b）休耕农田	· 包括废弃耕地。
	c）娱乐休闲设施	· 滑雪场(非积雪期)。 · 高尔夫球场周边等。
	d）特殊地	· 联合工厂。 · 铁路沿线地、道路内侧、机场等交通运输用地。 · 古迹挖掘地等。
③自然地	a）树林地(林床)	
	b）河流填埋地(高处)	
	c）海滨沙丘地	

(2) 绿化空间的特性

① 公园 · 广场

公园 · 广场主要是为户外休息、休养、观赏等的娱乐休闲提供空间。另外，还包括为建造景观、环境保护、防灾等而设置的空间。

这里主要介绍城市公园，也包括自然公园和民用地等不对大多数人开放，但具有同样目的和功能的场所。

a）造景栽植地

是需要用美丽的色彩，增添景趣的栽植方法进行绿化的空间。造景栽植对于公园 · 广场来说，是一个必须具备的重要的构成要素，是用花和绿色装点美丽、迷人的空间。

栽植时，要注意使用适合栽植地自然环境的植物，根据空间的特性，进行植物的配置和设计，以创造出随季节变化的美丽空间。

坡地上的造景可以利用水边、水中，地被以及高大的木本植物进行多种组合的造景，但这里我们只介绍利用各种草本类植物(包括禁止人在上面活动的草地)和覆盖地表的灌木类的造景栽植。这里不包括小规模的花坛等。

b）公园道路栽植地

公园道路沿线的栽植地一般大多是线状 · 带状的绿化空间。

它既有造景功能，同时还有防止人们进入园内和引导行人行走路线的功能。其栽植结构和栽植方法等基本与造景栽植地相同，有些内容在造景栽植地里叙述。

c）自然观察园等

绿化的目的是为了建造自然观察园、自然生态、植物保护等的空间。其绿化对象既有城市空间，又有近乎原始的自然空间，面积有的只是公园造景花坛那么大，有的则是为了保护珍稀植物，保护环境的大范围的。栽植植物有现有植物，也有完全是复原和培育出来的。一般是从自然生态的角度进行栽植和养护管理，与其他公园 · 广场空间相比，人为的干预较少。

主要的设施有自然观察园、生态园、野草园、自然观察路和野外博物馆，主要的绿化空间为狗尾草等干性草原或树林地的野草群落，以及低矮木本植物的栽植地。

d）活动场所栽植地

近年来，随着人们对花卉、绿色植物的兴趣 · 关心和对环境问题认识的提高，各地除开展多种花卉和绿化相关的活动外，还广泛地进行花卉与绿色植物造景栽植的一些活动。从绿化空间上看，可以认为活动场所的栽植是造景栽植和园路栽植的组合，不同的是它要在开展活动期间，发挥其最大的效果。一般都是进行集约化的管理，使其形成具有特色的绿化空间，主要是一些大型的绿化栽植空间。

② 未利用地 · 特殊地

未利用地也可以叫做“现在未被利用的土地，没有进行绿化或正在进行绿化的空间”。“未被利用的土地”除了各种企业的建造地和废弃物的最终处理掩埋地外，还有休耕地和被放弃的耕地、积雪期以外的滑雪场、高尔夫球场周围等。

特殊地与未利用地类似，但它是“在确保某空间使用目的和功能的基础上，作为必要的附带空间”而存在的空间。例如，在机场内，为了确保飞机的起飞着陆，除直接利用的空间(跑道)外，还要确保更宽阔的面积，这样的空间用地被植物进行绿化，就叫作特殊地。另外，还有联合企业厂房的周围、铁路沿线、道路的中央隔离带、文物发掘地等。

这些空地一般人或多数人不能进入或利用，或不作为使用的场所。

a）建造地

在土地利用之前，或利用后的建造地暂时进行造景，或为了防止土壤侵蚀和尘土飞扬而进行绿化的空地。具体可分为“住宅地、事业用地等”和“填埋地”两大空间。

i）住宅地、事业用地等

这里是指作为住宅开发和道路建设等各种工程用地而建造的平坦地，或为确保土地规划事业等需要再次开发的预留地等，在工程开工期之前，为了造景和防止土壤侵蚀进行绿化的空地。

ii）填埋地(废弃物·临海地等)

是指一般废弃物·生产废弃物的最终处理场，在使用完掩埋并覆土后进行绿化的空地。还有临海地、湖沼、丘陵地、山谷地等。填埋地的特性是因填埋物，有的会产生沼气，对植物生长产生不良影响。临海地常受到盐害和强风等恶劣环境的影响。

b）休耕地(包括放弃地)

本来是进行农作物生产的空间，但由于水稻生产用地的调整和劳动力不足等原因，停止耕作或放弃耕作，而有意进行绿化的空间。

绿化目的一是在暂时停止耕作的休耕地里，为了维持地力而进行的绿化，二是在弃耕地里，为了防止杂草丛生影响景观而进行的绿化。近年来，也有些地区为了提高地区的知名度，从地方组织获得补助资金，将耕作前、后或休耕的农田变成“花圃”来改善景观，吸引游人。

小麦、水稻、家畜用饲料等农作物的栽培不属于绿化的目的，所以不作为本书的内容。

c）娱乐休闲设施用地

本来是作为户外娱乐休闲设施被利用的空间，但由于季节的限制等，需要进行造景、防止侵蚀的绿化。具体可分为“非积雪期的滑雪场”和“高尔夫球场球道外”两种空间。

i）滑雪场(非积雪期)

像滑雪场那样季节性利用的野外娱乐设施，在不能利用的季节里，为了吸引观光客人、防止土壤侵蚀，进行造景绿化。

ii）高尔夫球场(球道外的草坪)

高尔夫球场虽然是可以全年利用的娱乐设施，但在线路外的开球区和球道周围等人们不能进入的空地里，可以进行以造景为主要目的的绿化。

d）特殊地

对于比未利用地更加受到限制的特殊性很强的空地，最有效的绿化方法就是用地被植物进行绿化。其绿化目的与未利用地类似，可以认为是未利用地的一种变化形式，下面只列举一些特殊情况。

具体可分为“联合工厂的周围”、“铁路沿线地、机场等(交通运输用地)”“古迹挖掘地(覆土地)”三种空间。这些都需要进行确保各自的利用目的和功能的绿化。

i）联合工厂周围

在联合工厂周围等工业设施周边，为了限制行人的进入，用生物(植物)将无机化的环境变得柔和一些，抑制尘土和地表温度的上升，保护环境而进行的绿化。

ii）铁路沿线地、道路内侧、机场等

是指铁路沿线、道路的中央分离带、路边地带等线形的空间和机场周围那样的大面积空间。这些空间都是为了确保人和设施的安全，防止行人进入而进行的造景，防止飞沙的绿化。

iii）史迹挖掘地(覆土地)

在挖掘埋藏的文物(史迹等)时，一般是将植被和表层土壤全面地剥开，有的还需要将文物等埋回原地保存。在这种情况下，为了防止覆盖的土壤被侵蚀需要进行绿化，由于木本植物的根会侵入到地下很深处，有可能对埋藏的文物造成破坏，所以常用地被植物进行绿化。覆盖后的草地，也可以让人们在上面活动。

③ 自然地

自然地与“公园·广场”、“未利用地”相比是自然性较高的绿化空地。因此，大多数情况下，其栽植植物的种类是利用现有的自然生长的种类和野生种。

自然地既包括自然性较高的树林地和草原，也包括被野草类和矮竹类覆盖的空地，还包括河流的浅水处和海滨沙丘地等。自然公园及城市公园利用现有植被进行绿化的空间，也可以被视为自然地。但这里不包括没有人为干预、持续生长的原始野草群落。

a）树林地(林床)

树林地主要是指那些城市和农村近郊附近被称为平地林和丘陵的地方。

像郊区附近那样的次生林，为了更新树林和获取堆肥材料，定期进行砍伐管理，这里还生长着林地的野草类。但是，近年来很多树林地都放弃了养护管理，林地野草类也明显减少。林地中的野草有很多花色非常美丽。近年来，为了观赏和保护这些品种，有些地方正在积极地开展植物群落的培育和环境的整治。另外，对自然生长的矮竹类进行适当的剪割管理，不仅可以控制茎干高度，还可以保护表土。

b）河流地(浅水域)

浅水域是河流区域的一部分(堤外地)，在洪水发生期会遭水淹。

对于公园绿地不足的城市来说，河流地留有的大面积的平坦地是非常宝贵的。由于这些地方通常不会被水淹没，所以常被作为娱乐休闲用地来利用。为了维持河流的流水功能，常用地被植物进行绿化造景。

c）海滨砂丘地

海滨砂丘地除包括砂丘地带外，还包括飞沙防护林的林地、沿岸道路和公园等各种设施。

海滨砂丘地的盐害、强风、飞沙等对于植物生长是一个非常恶劣的环境条件。因此，重要的是要选择耐盐、耐干旱的植物，建造适合植物生长的基盘。

2.3 平坦地空间的绿化施工方法

(1) 绿化施工方法的分类

平坦地的绿化施工方法可以分为“栽植基盘工程”、“栽植工程”和“利用原有能力工程”(利用原有植被和埋在表土里的种子)三种。下面对这三种施工方法的工种进行分类，并整理了各种施工方法的特点。

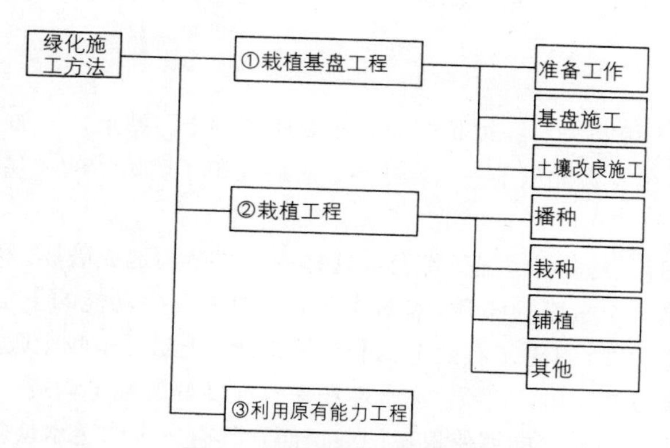

图 2.1 绿化施工方法分类图

(2) 绿化施工方法概要

① 栽植基盘工程

栽植基盘的施工方法可分为以下 3 个步骤，下面分别叙述各步骤的概要。

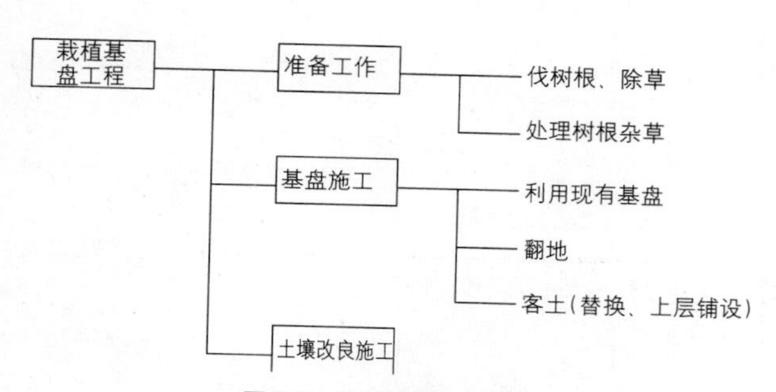

图 2.2 栽植基盘施工步骤

a) 准备工作

在制作栽植基盘时，如果存在原有植被，首先需要进行采伐、除草、拔根。

i) 拔根、除草

树木砍伐后，如果还留有树根会再次萌芽，所以需要将根拔除。大多数阔叶树木的发芽能力很强。除去宿根性杂草的根茎也是一项十分耗费劳力的作业，所以，在有些缺乏劳力的地方，可以使用茎叶处理型除草剂，当这些除草剂渗透到根部，就会使根茎枯死。这样既达到了省力的目的，又没有将药液直接灌入土壤，所以对以后的栽植几乎不会造成影响。但是，对茎叶处理后需要经过一段时间才能看出效果，而且需要在茎叶繁茂的时期进行处理，在冬季，没有茎叶的时期，处理起来很困难。

需要对土壤中的杂草种子进行处理时，可使用瓦斯剂或在栽植后使用土壤处理型除草剂，但要充分注意对环境的影响。

ii) 树根杂草等的处理

在大规模地制作基盘时，会产生大量的树根和植物残茬，所以要事先考虑好处理方法。因为放火焚烧已被法律禁止，所以应该寻找积极的废物再利用的方法。比如在现场进行粉碎，作为地面覆盖材料再利用，如果时间允许，可考虑进行堆积发酵处理。另外，树枝等可作为捆柴用于挡土和暗渠的材料。

b) 基盘施工

森林等自然地的土壤是岩石经过长期的风化变成了细土、粘土，再加上由植被产生的落叶等有机物被微生物分解，在表层堆积了一层腐殖质。这层堆积了腐殖质的表层土壤，可以为根系的生长提供必要的养分。

在建造人工绿地时，大多数情况下都会对这样的土层结构造成破坏。因此，在栽植基面施工时，如何确保有效土层是一个重要的课题。有效土层是指具有一定功能的土层构造。近年来，有人模仿图2.3所示的自然地土层，提出了有效土层的两层构造。上层是植物吸收水分和养分的吸收根分布的地方，由含有丰富的养分和腐殖质、透水性和保水性良好的细土构成；下层是支撑树木的支撑根伸展的部分，只要土壤松软，能够使根系伸展，而且具有一定的透水性就可以。

另外，除了湿地植物外，一般的栽植基盘都要求确保排水性，有时需要设置排水层。地被植物的植物体比较小，所以有效土层上层30cm、下层30cm就够了。

制作栽植基盘时，首先要进行土壤调查，选择合适的基盘施工方法。土壤分析结果的评价分级标准如表2.2所示。

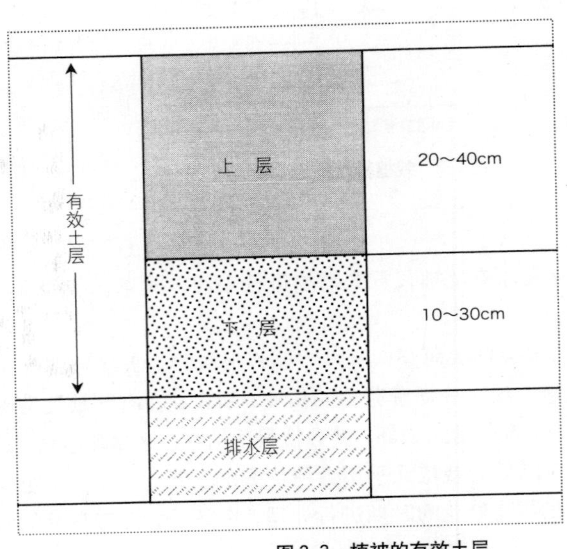

图2.3 植被的有效土层

表 2.2 土壤分析结果(评价因子)的分级

评价因子·分级	单位	1(优)	2(良)	3(不良)	4(极差)
粒径组成		(参照三角坐标)			
透水系数	cm/sec	10^{-3}	$10^{-3}\sim10^{-4}$	$10^{-4}\sim10^{-5}$	10^{-5} >
有效水分 *	1/m³	120	120～80	80～40	40 >
固相率 **	%	20 > (40 >)	20～30 (40～50)	30～40 (50～60)	40 < (60 <)
沙砾含有率	%		20～40	40～60	60 <
pH(H_2O)		5.6～6.8	4.5～5.6 6.8～8.0	3.5～4.5 8.0～9.5	3.5 > 9.5 <
全氮	%	0.12 <	0.12～0.06	0.06 >	
有效磷	mg/100g	20 <	20～10	10 >	
阳离子交换量	me/100g	20 <	20～6	6 >	
置换性石灰	me/100g	5.0 <	5.0～2.5	2.5 >	
氯离子	%	0.05 <	0.05～0.20	0.20 <	
电导度	ms	0.2 <	0.2～1.0	1.0～1.5	1.5 <

* ：有效水分 PF1.8～3.0
** ：矿质土壤用（ ）表示
日本造园学会土壤分会（1984）：绿化栽植基盘整备手册（分会试行案）造园杂志 48(2)133−145

这里对栽植基盘工程中的利用现有基盘、翻土、客土施工做一些说明。

i）利用现有基盘

自然地里分布着被称为 A 层的积有腐殖质的土层，这种土壤具有松软、保水性好、透水性好等物理性状，以及 pH 值适中，具有保持和供给养分等化学性状，而且存在着植物生长所必需的共生微生物，具备理想的各种形状。这种土壤被称为表土，在制作栽植基盘时，首先要对其使用目的进行探讨。表土中所含有的腐殖质的量，是无法通过堆肥等有机质土壤改良材料实现的，因此可以说它的经济价值也是很高的。

如果现有土壤是肥沃的表土，在用旋耕机进行耕作时，注意不要破坏土层。旋耕机的耕作深度是 20cm 左右，如果要进行更深的耕作或在石砾较多的土壤上耕作就不能使用旋耕机，而应改用小型挖土机等重型机器。

如果栽植之前要建造地基，为了保护表土，首先要把表土移至其他地方，建造好后，再将表土返回到表面。要对表土的分布状况、埋藏量、土壤特性等进行调查，制定挖取、保管方法等计划。

用重型机械施工时，土壤水分过多，会形成泥浆团，过干会使土壤耕作的过细，破坏其物理性状，所以在适当的土壤水分状态下作业是十分重要的。

ii）翻地

翻地可将杂草的种子和根茎埋在下层，抑制杂草的生长，还可以使下层的土层及土质得到改良。用小型挖土机挖出成列的壕沟，顺列将上层土和下层土翻转过来，也可以使用开沟机进行作业。

iii）客土

如果现有土壤不能使用，而表土又很容易获取，就可以使用客土制作栽植地盘。比如现有土壤是重粘性、强酸、强碱性土壤，不能进行土壤改良或改良成本过高的情况下，都可以使用客土制作栽植基盘的方法。

近年来，优质客土资源越来越少。由于挖取客土很可能会对农田及自然地环境造成破坏，所以今后应考虑利用建设残土。客土土质较差时，可混入堆肥等有机质土壤改良材料，调整客土成分。

国内使用的具有代表性的客土是东日本、九州南部的黑质土壤，中部、近畿、中四国、九州北部的掺沙粘土。这些土壤的物理性状，特别是透水性好，通过混入土壤改良材料和肥料，可以很容易地调节成优质客土。利用时要进行土壤分析，探讨改良方法。

【黑质土壤】

是腐殖质大量聚集的黑色土壤，主要来自火山灰表土。松软多孔隙，透水性、保水性好。由于土质轻，干燥时容易被风蚀，常发生霜柱现象。翻压较困难。由于活性铝丰富，对磷酸的吸收率高，容易造成碱基流失，形成酸化。使用时应注意施用磷酸肥料和钙镁，充分搅拌使之泥泞化。

【掺沙粘土】

是由花岗岩风化而来，含有石英和砂砾，多数属于沙砾土，沙土、沙壤土，具有良好的透水性。几乎不含腐殖质，养分贫乏。没有凝结力，容易干燥结块。可混入堆肥和珍珠岩等进行土壤改良。

黑质土壤(火山灰)和掺沙粘土的性状标准如表 2.3 所示。

【客土施工的注意事项】

用客土建造栽植基盘时，要注意因重型机械碾压引起的过度压实。为了确保有效土层，要取足够的厚度，如果客土前地基的排水性不好，应将不透水层破碎，设置暗渠或排水层，确保充分排水。

在植树槽和栽植带窄的地方，抬高地基困难时，可用客土。这种情况也要求下层排水良好。

表 2.3　客土材料的质量标准

项　目	单　位	火山灰	掺沙粘土	试验方法
粒径组成		参照三角坐标		JIS A1204 国际土壤学会法
饱和透水系数	cm/sec	10^{-4} <	10^{-4} <	定水位法、变水位法
有效持水量	$1/m^3$	100	60 <	吸引法、离心法
沙砾含有率	%	–	50 >	过筛
$pH(H_2O)$		5～7	4.5～7	玻璃电极法
阳离子交换量	me/100g	–	6 <	比其法、半微量分析法
腐殖质含量	%	5 <	–	秋林法、CN 编码法
全氮含量	%	0.18 <	–	基耶达测氮法、CN 编码法

日本造园学会土壤分会（1984）：绿化栽植基盘整备手册（分会试行案）造园杂志 48 (2)133−145

■用客土制作的栽植基盘实例

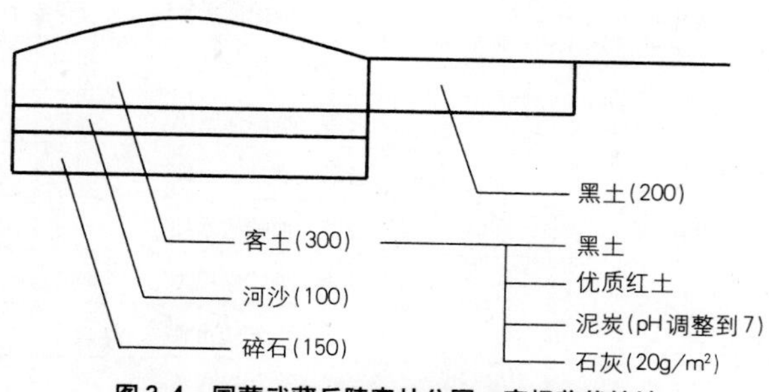

图 2.4 国营武藏丘陵森林公园·宿根草栽植地

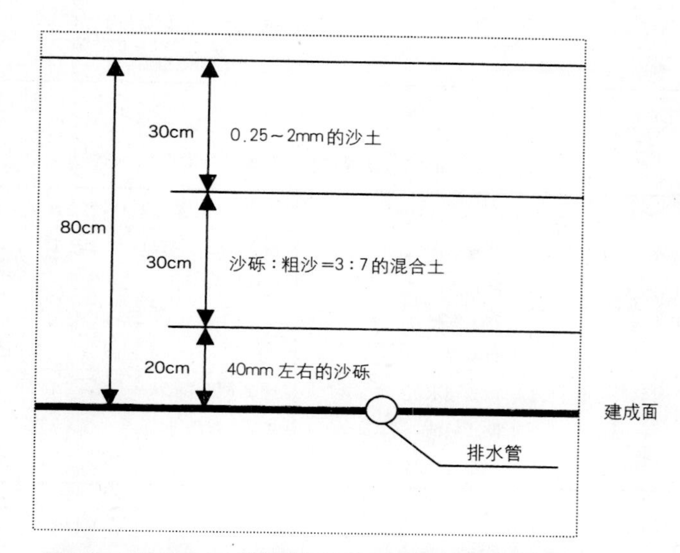

图 2.5 千叶县立中央博物馆生态园·海滨植物展示标本园

c）土壤改良工程

土壤改良工程是在现有不良土壤中混入土壤改良材料，改善土壤物理化学特性的方法。

土壤改良材料有有机质系列、无机质系列、高分子系列、微生物系列。大多数是增加地力行政法令指定的、标有品质和用途(主要效果)的产品，所以可以根据土壤的性质和栽植目的选用。

栽植地中腐殖质的作用很大，所以堆肥等有机质土壤改良材料是必不可少的，从持效性考虑一般都使用树皮堆肥。如果是为了改善土壤的物理性状，如重粘质土或海岸砂丘地那样的砂质土，只用有机质土壤改良剂改良是非常困难的，可加入一些无机质土壤改良材料。

为了使土壤改良材料与土壤充分混合，通常使用旋耕机。有机质土壤改良材料应加在有效土层内，一般是在30cm～40cm左右。另外，要注意的是土壤过湿会产生厌氧层，施用有机质后，土壤中的氧气被大量地消耗，有机质还会进行厌氧分解而产生有机酸，对植物根系有害。

表 2.4　增加地力行政法令指定的土壤改良材料的用途

种　类	用途（主要效果）
泥炭	土壤松软化，改善保水性，保肥力
树皮堆肥	土壤松软化
腐殖酸材料	改善土壤的保肥力
木炭	改善土壤的透水性
硅藻土烧成的颗粒	改善土壤的透水性
沸石	改善土壤的保肥力
蛭石	改善土壤的透水性
珍珠岩	改善土壤的保水力
膨润土	防止水田漏水
VA 菌根菌材料	改善土壤磷酸的供给能力
聚乙烯亚胺类材料	促进土壤形成团粒结构
聚乙烯醇类材料	促进土壤形成团粒结构

表 2.5　土壤改良材料的使用实例

土　壤	改良目的	土壤改良材料混合比率	
掺沙粘土	改善保水性 防止板结 增大保肥力 供给养分	树皮堆肥（细粒） 珍珠岩类	15% 15%
重粘质土壤	改善透水性 防止板结 供给养分	树皮堆肥（粗粒） 黑曜石珍珠岩	15% 15%

【堆肥的种类和质量标准】

堆肥有用各种各样材料制成的堆肥，其性质也不同，最好根据使用特性进行分类。表 2.6 将有机质用 C/N 比和木质素含量进行分类，比较容易理解。家畜粪便和污泥类的 C/N 比低，木质素含量也低，易分解 N 肥效容易发挥，属于速效肥。而树皮和锯末的 C/N 比高，木质素含量也高，难分解 N 肥效不容易发挥，属于缓效肥。麦秆和落叶等位于两者之间。

堆肥类的质量标准值如表 2.7 所示。

树皮等木质类的堆肥最好是在 C/N 比低于 40，可能的话最好低于 30 时使用，如果高于这个数值，有出现氮素缺乏症状的危险。

家畜粪便堆肥和污泥堆肥 N 过高或 EC 值高，会引起高浓度生长障碍，要注意施用量不能过多。

公园的造景花坛等植物更换频繁的地方，在制定施肥计划时，要有计划地施用有机物，将其与肥效易发挥的家畜粪便和污泥堆肥进行组合施用。树皮堆肥和草炭堆肥的肥效持久，建成后 2～3 年还可以作为肥源，所以可以多施一些，以增加土壤的肥沃性。

表 2.6 堆肥的分类

种 类	C/N 比	木质素含量	分解速度%/年	N 的肥效
家畜粪便、污泥	10 左右	少	40～80	大
麦秆、杂草、落叶堆肥	10～20	中	20～40	中～少
树皮、锯末堆肥	20～30	多	～20	少

表 2.7 根据有机质肥料等标准制定的堆肥质量标准

标准项目	单位等	树皮堆肥	家畜粪便堆肥	下水污泥堆肥	食品工业污泥堆肥
有机物	干物%比	*70 以上	*60 以上	*35 以上	*40 以上
碳－氮比(C/N)		*40 以下	*30 以下	*20 以下	*10 以下
全氮量(N)	干物%比	*1 以上	*1 以上	*1.5 以上	*2.5 以上
无机态氮(N)	干物比每 100g 中 mg	*25 以上			
磷酸(P_2O_5)全量	干物%比		*1 以上	*2 以上	*2 以上
钾(K_2O)全量	干物%比		*1 以上		
碱分	干物%比			*25 以下	*25 以下
水分	实物%比	60 以下	70 以下	50 以下	50 以下
电导率(EC)	实物 dSm^{-1}	3 以下	5 以下		
阳离子交换量(CEC)	干物%比 m_e/100g	70 以上			
pH	实物			8.5 以下	8.5 以下
幼小植物试验	(小松油菜试验发)	无异常	无异常	无异常	无异常

*：需要标明质量的项目，无记号：不需要标明的项目

② 栽植工程

栽植工程可分为 4 种。各种施工方法的特征和可使用的植物种类如下。

a）播种工程

【施工方法特征】

是将种子直接播在基盘上或喷播的施工方法，也包括剪取植物体地上茎进行插播的方法。施工成本低，而且进行速度快，但如果没有很好的防止飞散、流失、干燥的措施很难达到均匀栽植的目的，很可能导致失败。

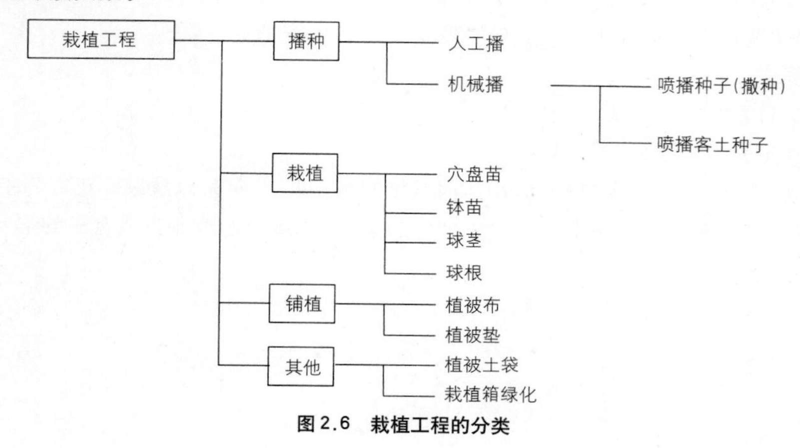

图 2.6 栽植工程的分类

【使用的植物种类】

所有种子植物。用地上茎、地下茎、球根等繁殖的植物。硬羊茅、细羊茅等草坪类、野花类。玉柏类的茎叶。

【播种的注意事项】

· 由于使用的是植物种子或根茎，所以必须在适当的时期内施工。使用种子时，在温暖地区的适期为3月～6月、9月下旬～10月，寒冷地区为3月下旬～6月。使用根茎时，如果施工后不能灌水，最好是在梅雨季节进行。

· 在坡面上播种时，需要铺上一层植被网或粗草席防止种子流失。

· 如果杂草大量繁殖，会影响植物的生长，所以播种前要对杂草进行彻底的处理。对于修整过的地面，如果是修整后放置了很长一段时间才播种，那么埋在土壤里的和从周围飞散过来的杂草种子也会使杂草大量繁殖，所以要充分考虑施工后杂草的控制方法。

1）手播法

【施工方法特征】

适用于小面积的平地或2成左右以下的坡面，土壤硬度在18mm以下的场所。

i 施入土壤改良材料、肥料，充分耕作(耕作深度10cm左右)。

ii 将施工场所按一定面积(100～200m^2)分成小区，用特殊的铁耙子作出播种沟。

iii 按面积计算好播种量后，混入适量的干沙均匀播种。

iv 播种后，用扫帚将播种沟扫平，兼覆土。

v 如果播的是种子，而且是在适期内进行的，播种后几乎不用浇水。如果播的是根茎则要考虑浇水。

2）机械播种(撒种法)

【施工方法特征】

是将种子、添加材料、化肥用机械混合播种的方法。

适用于大面积的平地或1.5成左右以下的坡面，耕作后土壤硬度在15mm以下，比较松软的地面。

最适施工期是梅雨季节。虽然施工后大多数种子被添加材料所覆盖，但也会有一部分暴露在地面上，所以不是梅雨季节时要进行浇水。

3）机械播种(客土喷播法)

适用于较大面积的平地或1.5成以下的坡面，土壤硬度在18mm以下时，喷播厚度要达到1cm左右，土壤硬度在20mm以下时，喷播厚度要达到2cm左右。

b）栽植工程

1）穴盘苗的移栽

【施工方法特征】

所谓穴盘苗，就是在连体的数cm小钵内栽培的苗，近20年来以蔬菜、花卉为主，在许多栽培植物育苗中得到了普及。穴(cell)是小室或细胞的意思，由多个小容器排成盘子的形状，因此而得名于穴盘。穴盘育苗可使播种、装钵、肥水管理以及苗的出售搬运，直到定植全过程都实现机械化，达到省力，批量生产，降低成本的目的。不仅实生苗可以利用穴盘育苗，扦插和分株苗也可以利用。

穴盘育苗的最大优势是可以达到苗的品质均一和批量生产，但机械化移植还有待开发。随着穴盘育苗的普及，蔬菜的移植机械已开发利用，例如甘蓝、白菜、生菜、大葱等叶菜类蔬菜已经开始使用机械移栽。花卉中的菊花、鲜切花也开始使用机械移栽。如果地被植物所育的苗与蔬菜、花卉的育苗大小相同，可以直接利用蔬菜的育苗设备和移栽机械，这样可大幅度地降低施工的成本。

问题是花坛苗使用的育苗钵比传统的育苗钵(3号)要小，苗龄期也较短。

另一方面，穴盘苗在移栽现场容易搬运，所以在坡面和林地里植苗时很方便。目前丝柏等已经开始利用穴盘育苗。另外，由于穴盘的根钵小，土壤不容易散落，所以可以用在土袋、地膜覆盖等开孔移栽的作业上。

【使用的植物种类】

所有花坛用花苗、草本、木本、实生、扦插、分株繁殖的植物。

2）钵苗的移栽

【施工方法特征】

营养钵苗的移栽是一颗一颗苗(或者说是一个钵一个钵)地进行移栽。施工成本高，但植物的生长要比直接播种快，移栽后的绿化效果好。目前，市场上出售的地被植物苗几乎都是用营养钵育成的，生产方面也逐步实现了标准化生产。这种方法的技术问题是需要优质苗时能否稳定地供应。

目前，在地被植物(包括花坛用花苗)生产过程中，除引进穴盘育苗技术外，还开始使用栽种机械、自动移栽机，逐步向设施化、规模化方向发展。今后，除提高栽培技术外，确保优质的栽植用土也是安定生产的一个重要方面。

最近，在流行的花园式绿化中又增添了芳香类植物和松柏类植物。另外，为了恢复自然状况，对当地植物种苗的需求量也越来越多。这些新添内容，一方面使绿化植物的利用范围扩大了，但因用途各异，各种植物的需求量都不多，所以不得不进行多品种的少量生产。针对这样新的需求，在生产方面如何同扩大生产规模取得平衡，如何根据需要接受订单，是今后要探讨的问题。

【使用的植物种类】

所有的植物。花坛、藤类植物、木本、竹叶类植物都可以使用这种方法。

3）根茎移栽工程

【施工方法特征】

根茎移栽是每次将1～数个根茎移栽到地里的施工方法。根据根茎的形状，有的也可以用喷播的方法进行移栽。有时采用与‘球根移栽’相同的方法进行移栽。

【使用的植物种类】

所有根茎植物(美人蕉、德国菖蒲、萎蕤、黄精、铃兰等)。

也包括鸢尾科和唐菖蒲那样的球茎，银莲花属和毛茛属那样的块茎植物。

4）球根的移栽

【施工方法特征】

球根移栽是每次将1～数个球根移栽到地里的施工方法。根据球根的形状，有的也可以使用喷播的方法进行移栽。

【使用的植物种类】

所有球根类植物(百合类、水仙类、郁金香、株顶红、风信子、番红花等)。

c）铺植工程

1）植被(苔藓)布

【施工方法特征】

这是一种新开发出来的，将栽培的苔藓做成布状铺植在地面上的施工方法。现在虽然只限于一部分苔藓种类(3种)，但今后其他种类也有可能应用这种方法。

【使用的植物种类】

苔藓类(砂藓类、灰藓类等)

2）植被垫

【施工方法特征】

是一种铺植垫状苗的施工方法，最有代表性的是草皮的铺植。现在虽然只限于草坪类、麦冬类、苔藓类等一部分植物种类，但今后其他种类的植物也有可能应用这种方法。单位面积的施工成本要比苗移栽高。

【使用的植物种类】

草坪类(细叶结缕草、结缕草、硬羊茅等)、麦冬类、景天类、玉柏、苔藓类、各种野草类等。

d）其他方法

1）植被土袋

【施工方法特征】

把种子和化肥与土壤混合在一起，装在通气性和浸透性良好的袋子里(植被袋)用于绿化。因为种子等装在袋子里可受到保护，不会造成种子等因雨水而流失的现象，所以多用于山腰等坡面的绿化(治山绿化)。在坡面上使用时，可以用金属线或竹签等串起来进行固定。

【使用的植物种类】

草坪类。还可以将杨柳类、溲疏类等萌芽性高的枝条串起来使用，进行木本类植物的早期育苗。

2）栽植箱绿化

【施工方法特征】

栽植箱绿化是指用容器栽培植物进行绿化的方法。容器除了花盆以外，还有播种箱，播种盘等。这里叙述的是用盆花以外的绿化容器栽培。

栽植箱绿化可用于城市广场、街道、购物中心、屋顶、屋内等普通栽植困难的空间。还可以在一些临时的活动会场内进行绿化，栽植一些只能在夏季展出的热带植物等，用于有时间限制的绿化场所。

大阪花卉博览会的‘花架’就是栽植箱绿化的实例。

栽植箱绿化可以不受铺装面等场所的限制，但在养护管理中灌水是一个很大的问题。

可以采用在箱体下部设置贮水槽，用绳子、垫子等从下方利用毛细管现象给水的方法。还可以采用基质栽培等营养液栽培系统。

【使用的植物种类】

所有植被植物。

③ 利用原有能力的工程方法(利用自然潜在能力的工程方法)

这种方法是利用原有的植被或埋在土里的种子，扶植自然的栽植方法。具体各种方法的特征和可利用的植物种类如图 2.7 所示。

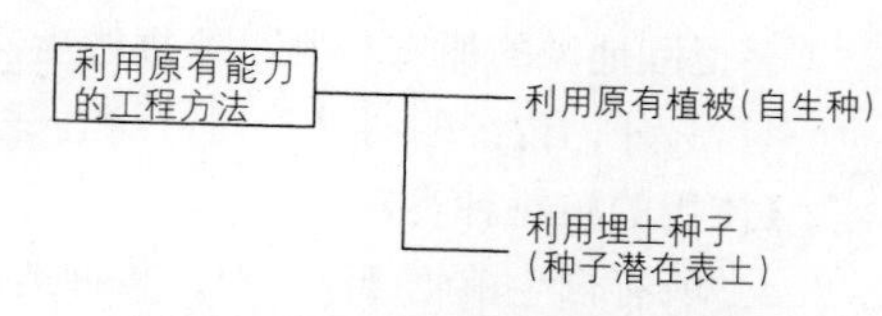

图 2.7　利用原有能力工程方法的分类

a) 利用原有植被的施工方法

【施工方法特征】

是在已经自然生长着资源丰富的野草类中，针对这里的植物种类或植物种群的生长环境进行调节，使现状得以维持或促进这些植物生长、开花、增殖的绿化施工方法。在草原和稀疏林、杂木林地中，有很多喜好光照环境的植物种类，这些种类常因传统的草地管理（烧荒）和树林管理（剪枝、搂落叶等）被遗弃而退化。因此要根据植物种类的生长环境特性和绿化的目标，采取各自不同的植被管理方法和技术。到目前为止，只有一些稀有植物利用这种方法进行了试验，但结果并不理想。近年来，有人从恢复生态功能的角度，利用这种方法进行绿化。

· 对林地等生长的植物种类采用的主要方法：疏伐、剪枝、铲除灌木、剪断藤蔓、搂落叶等。
· 对草地生长的植物种类采用的主要方法：铲除(特别是某一时期非常重要)、烧荒等。

另外，要想恢复某林地现在没有自然生长的植物种类(以前生长过)，可采用“自然恢复”的方法，也可以在当地采种进行人工栽植(广义的利用原有植被)的方法。具体的栽植方法，既可以采用播种的方法，也可以采用移苗的方法，这里不作详细介绍。

【使用的植物种类】

山慈姑、一轮草、鹅掌草、金盏花、铁色箭、吉祥草、富贵草、紫罗兰类、千叶萱草、石蒜、蝴蝶花、狗尾草、铃兰、玉柏类、刺柏、蒲公英类、小竹类等。

· 林地植物：所有在森林植被的地表部生长的植物。一般的林地植物主要是一些耐荫性强的低矮木本类、草本类、苔藓类植物，这里的草本类和苔藓类植物主要是指在草本层和苔藓层生长的植物。

b) 利用埋在土壤里的种子(种子潜在表土)的施工方法

【施工方法特征】

把含具有发芽能力种子的林地表土，像使用客土那样铺盖、撒播，或在原有地耙起，使埋在土壤中的种子发芽，是用自然的植物种类进行绿化的工程方法。这种方法的问题点在于埋土种子的种类和量等受采集土壤的植被生长情况的影响，很难正确预测可发芽的植物，不能明确地预测绿化后的情况。另外，埋在土壤里的不仅有草本类的植物种子，还会有木本类植物种子，也有可能被视为杂草类的种子首先发芽，看上去像没有进行管理的荒地。为了预测出芽种子，需要进行土壤种子的检测及发芽试验。

采用这种方法时，应以利用当地或附近的埋有种子的土壤为原则。如果使用远距离的土壤种子，会搅乱地域的原有种类，给周边生态环境带来影响，所以要充分注意。

另外，传统的树林管理方法之一，搂落叶也是促进埋土种子发芽的有效方法。

【使用的植物种类】

所有自生植物(野生种)，其种类因土壤采集地的植被条件等而有很大差别。

· 埋土种子：在表土中存在着很多具有发芽能力的种子，形成了一个种子库，这里统称为埋土种子集合体。这些是由结实后枯死、发芽、动物食后留下的种子构成。埋土种子集合体的量和种类组成是多种多样的，通过与地上部植被的种类组成进行对比可以知道。地上部的植物由于砍伐等原因，群落遭到破坏时，埋土种子中的这类种子会发芽，将其补充，恢复植物群落。一般来说，处于早期迁移阶段的树林，要比像原生林那样比较安定的树林埋土种子量多。从土壤资源性来看，被称为“种子潜在表土”。

(3) 绿化空间和绿化施工方法的对应关系

表2.8列出的是“绿化空间”和“绿化施工方法”的基本对应关系，不同的绿化空间可根据此表选择合适的施工方法。

另外，还要根据实施绿化处的土壤理化性质、水分条件等，以及栽植植物种类的特性，来选择合适的栽植基盘施工方法，栽植基盘施工方法与绿化空间没有明确的关联性，所以表中没有列出。

下几页是公园广场及未利用地的具体施工实例。

表2.8 绿化空间和绿化施工方法的对应关系

绿化空间 \ 绿化施工方法		栽植方法				利用原有能力	
		播种	栽植	铺植	其他	原有植被	埋土种子
公园广场	造景地(花坛等)	◎	◎	○	○	－	－
	公园道路周边	○	◎	○	○	－	－
	自然观察园等	△	△	△	－	◎	○
	活动场所	○	◎	○	○	－	－
未利用地	建造地(孔蒂)	◎	○	－	－	－	△
	建造地(填埋地)	◎	△	－	－	－	－
	休耕农田	◎	○	－	－	－	－
	娱乐休闲设施(滑雪场等)	○	○	－	－	－	－
	特殊地(联合工厂周边)	◎	△	－	－	－	－
自然地	树林地	△	△	－	－	○	○
	河流地(浅水域)	○	△	－	－	△	○
	海滨沙丘地	－	○	△	－	－	－

〔记号〕 ◎：应用的最多 ○：通常进行 △：必要时可进行 －：一般不进行

■ 绿化空间和绿化施工方法(事例)

绿化空间	公园广场(造景地)	绿化施工方法	播种(手播)	No.1
名称	国营昭和纪念公园(东京都)			
环境条件	年平均气温约 14℃，日照良好的广场。			
基盘修整	客土(从公园建成时的基盘修整约经过了 17 年)			
辅助材料	施肥、地面覆盖(养生材料)			
使用植物	紫花椰菜(春季) 粉萼鼠尾草、红花鼠尾草(秋季)			
管理概要	5 月下旬，紫花椰菜开花后，播种鼠尾草。冬季为防止结冻，使用地面覆盖材料。			
备注	两季型大面积草花造景地			

绿化空间	公园广场(造景地·公园道路周边)	绿化施工方法	栽植(钵苗)	No.2
名称	横须贺市 A 公园(神奈川县)			
环境条件	温暖地、靠近停车场、日照良好			
基盘修整	对现有土壤(高黏度山土)进行了土壤改良			
辅助材料	土壤改良材料(微生物堆肥)、肥料、除草膜			
使用植物	薰衣草：9 株 /m^2			
管理概要	3 月补植，7 月开花后整枝 · 修剪			
备注	虽然进行了土壤改良，但一部分根发生腐烂。栽植时使用了价格便宜的农用除草膜。			

绿化空间	公园广场(造景地 · 公园道路周边)	绿化施工方法	栽植球根	No.3
名称	国营昭和纪念公园(东京都)			
环境条件	年平均气温约 14℃，有阳光透过的林地(光叶榉树)			
基盘修整	(从公园建成时的基盘修整约经过了 10 年)			
辅助材料	施肥、地面覆盖(养生材料)			
使用植物	郁金香(约 50 个品种)、风信子：两种共 13 万球，还有水仙栽植地			
管理概要	设置了护栏，形成了林地花坛，适时管理 · 除草。			
备注				

绿化空间	公园广场(造景地)	绿化施工方法	铺植(植被皮)	No.4
名称	沼津御用邸纪念公园 · 西附属邸(静冈县)			
环境条件	温暖地、面向海岸日照良好的黑松林			
基盘修整	为确保排水性和保水性，铺设了碎石层 · 山沙层			
辅助材料	不锈钢 U 形卡(15～17cm 的钎子 18 根)			
使用植物	砂藓、灰藓类（苔藓皮）：铺植			
管理概要	铺植后适当灌水、碾压，夏季特别要注意灌水管理，如果冻的隆起来了要进行踏压。			
备注	旧御用邸的书院苔庭(御殿的主庭)			

2. 平坦地空间的绿化

绿化空间	公园广场(造景)自然地(保护固有种)	绿化施工方法	栽植(苗栽植)	No.5
名称	国营昭和纪念公园(东京都)			
环境条件	年平均气温约14℃，草原～疏林的林床			
基盘修整	耕耘(从公园建成时的基盘修整约经过了17年)			
辅助材料	施肥、地面覆盖(养生材料)			
使用植物	关东蒲公英(移植或用小型吸尘器采收种子·播种)			
管理概要	年割草3次(6月中旬、8月上旬、10月上旬)。开花～结实期间设置栅栏，禁止游人入内。			
备注	志愿者进行栽植作业，与自然分布地混生			

绿化空间	公园广场(自然观察园·恢复自然)	绿化施工方法	铺植(植被垫)/埋土种子	No.6
名称	鹤见绿地(大阪府)			
环境条件	温暖地、日照良好的水田·小河边			
基盘修整	培土等一般基盘建造			
辅助材料	植被垫(野草垫)			
使用植物	田埂等自然生长的野草			
管理概要	年割草3次，其他按常规的水田·畦畔管理。年维持管理费2638千日元/12000m²(包括水田等)			
备注	植被垫带有表土，是埋土种子发芽。在限畦畔景观。			

绿化空间	公园广场(活动空间)	绿化施工方法	播种(客土喷播)	No.7
名称	上古泽绿地·全国绿化展会场(神奈川县)			
环境条件	日照良好的广场			
基盘修整	人工喷客土(t=1cm)，现有基盘			
辅助材料	生长基盘材料、养生材料、粘结剂、团粒剂			
使用植物	系列花种(法国金盏草、百日草、矮牵牛、蓝色鼠尾草、大波斯菊等19种)			
管理概要	人工拔草(4次/年)、割草(2次/年)、追播(2次/年)，年维持管理费1320日元/m²			
备注	使用埋土种子时要吹除杂草。活动结束后仍每年播种两次，一年四季都可以利用。			

绿化空间	未利用地(建造地·空地)	绿化施工方法	播种(手播)	No.8
名称	樱木町站前的绿化·造景(神奈川县)			
环境条件	温暖地、日照良好、夜间有照明(站前)			
基盘修整	由于基盘较硬杂草丛生，用山土进行了客土覆盖(t=30cm)。			
辅助材料	微生物堆肥、缓效化肥、微量元素补充材料、保水材料、喷水器、防霜苫布			
使用植物	系列混合种子(野花)			
管理概要	由于播种期不是最适播种期(8月下旬)，所以进行了全面喷灌(年维持管理费约4500千日元/3000m²)。			
备注	为了延长开花期，延后了秋季追播，用防霜苫布保护发芽。由于有夜间照明，不能用短日照植物。			

绿化空间	未利用地(建造地·添埋地)	绿化施工方法	播种(手播)	No.9
名称	临海填埋地(暂定用于绿化)(东京都)			
环境条件	温暖、强风(特别是南风·潮风)、日照良好			
基盘修整	10cm 客土、耕耘(一般废弃物处理场)			
辅助材料	土壤改良剂、化肥			
使用植物	菜花(油菜花)(春):1g/m²、野花(罂粟、夏斯塔皱菊等)(春秋):0.3g/m²左右			
管理概要	人工拔草(1次/年)、割草(2次/年)、追播·耕耘(2次/年)、灌水,年维持管理费2200日元/m²。			
备注	绿化兼防止强风飞砂的两季型大面积草花造景地。			

绿化空间	未利用地(建造地·添埋地)	绿化施工方法	栽植(钵苗)	No.10
名称	临海填埋地(步行者专用道路沿线)(东京都)			
环境条件	温暖、强风(特别是南风·潮风)、日照良好			
基盘修整	10cm 客土、耕耘(一般废弃物处理场)			
辅助材料	土壤改良剂、化肥			
使用植物	圆柏25株/m²			
管理概要	必要时进行拔草、灌水(除草作业一项年维持管理费约1100日元/m²)。			
备注	绿化兼防止强风引起土壤流失、飞砂,生长良好如地毯状。			

绿化空间	未利用地(休闲地·高尔夫球场)	绿化施工方法	播种(手播)	No.11
名称	民间高尔夫球场(宫城县)			
环境条件	冬季寒冷、日照良好			
基盘修整	建造基盘时,由于地面过硬,用小型铲土机作业。			
辅助材料	土壤改良材料(微生物堆肥)、肥料、微量元素补充剂			
使用植物	系列混合种子(的郭小菊、虞美人草、滨菊、花棱草、紫花羽扇豆、矢车草、勿忘我草等22种)			
管理概要	年刈割2次、追播1次			
备注	为防止杂草侵入引起宿根草退化,边界铺15cm胶合板。			

绿化空间	未利用地(特殊地·港湾设施)	绿化施工方法	栽植(钵苗)	No.12
名称	与岛港(香川县坂出市)			
环境条件	温暖、潮风(盐害)、碱性土壤、日照良好			
基盘修整	利用沙土客土对现有土壤进行了改良。			
辅助材料	树皮堆肥、矿物质土壤改良剂(8t/15m²)			
使用植物	常春藤类(密植)			
管理概要	(自由管理)			
备注	进行了保水性、盐碱性改良,为吸引观光客人进行的港湾环境整治。			

2.4 平坦地空间的绿化方法

表2.9是“公园广场”“未利用地”“自然地”空间，作为“造景”“地被”“生态”功能利用的情况。

表2.9 空间的分类与主要绿化功能

性能＼空间	公园广场	未利用地	自然地
造 景	○	○	·
植 被	○	○	○
生 态	·	·	○

(1) 公园广场的绿化方法

① 公园广场的绿化空间和绿化目的

下面是具体的绿化空间与其相对应的绿化形态(目的)。

表2.10 绿化空间与利用功能的关系

空间的分类	具体的绿化空间	造 景	植 被	生 态
公园广场	造景地(花坛等)	◎	-	-
	公园道路周边	○	◎	-
	自然观光园等	-	-	◎
	举行活动的场所	◎	△	-

<记号>
-：一般不进行
△：必要时可进行
○：通常进行
◎：应用的最多

【造景绿化的用例】

· 环状空间等的花坛广场
· 在公园设施周边制作景观
· 举行活动时进行装饰

【地被绿化的用例】(主要是公园道路周边)

· 树木的根部
· 人不能进入或不希望让人进入的场所
· 公园道路的隔离带

【生态绿化的用例】

· 鸟类保护区周边
· 需要保护的自然林地或自然景观
· 治理蝶类、蝗虫类等昆虫类的生存环境

② 公园广场的环境特性和绿化中的注意事项

a) 造景地(花坛等)的环境特性和绿化中的注意事项

【环境条件和规划的注意事项】

· 温度：根据不同季节的气温和地温数据选择合适的植物。
· 日照：根据不同季节的日照时间数据，选择与日照条件相适应的植物。
· 排水：根据排水条件的数据选择适合土壤水分的植物。
· 土壤：根据土壤的物理、化学、养分等数据，探讨是否需要进行土壤改良。

【绿化施工的注意事项】

· 基盘：施工时注意不要破坏表土的排水性、通气性。
· 栽植：不要伤害植物根系，均匀地覆盖土壤，使根系顺利发育。
· 灌水：栽植后要立刻灌水，灌水设施的配备也应同时进行。

【养护管理的注意事项】

· 养生：为保证生根之前土壤不被雨水冲动，应进行必要的处置。
· 刈割：为防止杂草混入，开始时应频繁地进行刈割和除草。
· 施肥：针对生长状况，进行必要的施肥。

b）公园周边的环境特性和绿化中的注意事项

【环境条件和规划的注意事项】

· 环境条件基本与造景地相同，但因为这里有可能有行人从此通过，所以应设置栅栏或选用植株高的植物。

【绿化施工的注意事项】

· 基盘：公园周边道路的土壤容易变硬，所以要进行松土。
· 栽植：进行施肥，促进早期生长和发根。
· 灌水：栽植后立刻灌水，灌水设施的配备也应同时进行。

【养护管理的注意事项】

· 养护管理作业基本与造景地相同，路边比较容易管理，应认真进行割草、除草等作业。

c）自然观光园等的环境特性和绿化中的注意事项

【环境条件和规划的注意事项】

· 温度：参考气温和地温数据选择合适的植物。
· 日照：选择适合日照条件的植物。
· 排水：从栖息在那里的生物方面进行考虑，不人为地改变排水条件。
· 土壤：考虑到栖息在那里的生物，尽量避开土壤改良。

【绿化施工的注意事项】

· 基盘：为了不破坏土壤现状，尽量避免使用重型机械。
· 栽植：考虑对生物的影响，尽量不进行土壤改良和施肥。
· 灌水：除初期养生阶段外，尽量不灌水，保持自然状态。

【养护管理的注意事项】

· 养生：考虑到昆虫的进入，为保证土壤的通气性，不对土壤进行碾压。
· 刈割：为了保留作为鸟类，昆虫类食饵的种子(包括杂草类在内的草本植物种子)，应维持一定的株高，把修剪降低到最低限度。
· 施肥：考虑到对生物的影响，尽量不施肥。

d）举行活动用绿地的环境特性和绿化中的注意事项

【环境条件和规划的注意事项】

· 由于是在限定时间内进行栽植，所以不受环境条件的影响。

【绿化施工的注意事项】

· 摆设时应注意不使土壤崩坏。

【养护管理的注意事项】

· 由于只是摆设，可以进行的管理只有灌水。

(2) 未利用地的绿化方法

① 未利用地的绿化空间和绿化目的

下面是与具体的绿化空间相对应的绿化形态(目的)。

表2.11 绿化空间与利用功能的关系

空间的区分	绿化空间	造 景	植 被	生 态
未利用地	人工造地	△	○	－
	休耕农田	△	○	△
	娱乐消闲设施用地	△	○	△
	特殊用地	△	○	－

<记号>
－：一般不进行
△：必要时可进行
○：通常进行
◎：应用的最多

【造景绿化的用例】

· 在城市人工建造地上制作景观。
· 为提高观光地的形象制作景观。
· 为道路、铁路等交通运输利用者提供舒适感。

【地被绿化的用例】

· 防止飞砂和土壤侵蚀。
· 人不能进入或不希望让人进入的场所
· 交通运输相关设施等的环境保护绿化

【生态绿化的用例】

· 在野外自然型的娱乐休闲设施内，栽植诱导昆虫的植物
· 避免因轮作使地力下降，进行生物肥料、生物农药的绿化(除去土壤中的线虫类)

② 未利用地的环境特性和绿化中的注意事项

a) 人工建造地(花坛等)的环境特性和绿化中的注意事项

【环境条件和规划的注意事项】

· 温度：根据不同季节的气温和地温数据选择合适的植物。
· 日照：根据不同季节的日照时间数据，选择与日照条件相适应的植物。
· 排水：根据排水条件的数据，选择适合土壤水分的植物。
· 土壤：根据土壤的物理、化学、养分等数据，探讨是否需要进行土壤改良。

【绿化施工的注意事项】

· 基盘：施工时注意不要破坏表土的排水性、通气性。
· 栽植：不要伤害植物根系，均匀地覆盖土壤，使根顺利地发育。
· 灌水：栽植后立刻灌水，灌水设施的配备也应同时进行。

【养护管理的注意事项】

· 养生：为保证生根之前土壤不被雨水冲动进行必要的处置。
· 刈割：为防止杂草混入，开始时应频繁地进行刈割和除草。
· 施肥：针对生长状况，进行必要的施肥。

b) 休耕农田的环境特性和绿化中的注意事项

【环境条件和规划的注意事项】

· 掌握温度、日照、排水、土壤等条件，选择合适的植物。

【绿化施工的注意事项】

· 基本上不进行土壤改良，采用低成本的简易施工方法。

【养护管理的注意事项】

· 基本上不进行养护管理。

c）娱乐休闲设施用地的环境特性和绿化中的注意事项

【环境条件和规划的注意事项】

· 掌握温度、日照、排水、土壤等条件，选择合适的植物。

【绿化施工的注意事项】

· 只进行土壤改良程度的简单施工，采用低成本的简易施工方法。

【养护管理的注意事项】

· 基本上不进行养护管理。

(3) 自然地的绿化方法

① 自然地的绿化空间和绿化目的

下面是与具体的绿化空间相对应的绿化形态(目的)。

表2.12 绿化空间与利用功能的关系

空间的区分	绿化空间	造 景	植 被	生 态
自然地	树林地	△	△	○
	填埋河流地	△	△	△
	海滨沙丘地	△	○	△

<记号>
－：一般不进行
△：必要时可进行
○：通常进行
◎：应用的最多

【造景绿化的用例】

· 将野草等现有资源作为休闲空间(花的名所)来利用。

· 在确保必要的功能(河道的流水功能)的基础上，作为休闲空间来利用。

【地被绿化的用例】

· 防止飞砂和土壤侵蚀。

· 人不能进入或不希望让人进入的场所。

【生态绿化的用例】

· 保护逐渐减少的野草群落生长地。

· 保护野草生态系统，包括栖息在该系统的动物。

② 自然地的环境特性和绿化中的注意事项

a）树林地的环境特性和绿化中的注意事项

【环境条件和规划的注意事项】

· 根据温度、日照、排水、土壤等数据，选择合适的植物。

【绿化施工的注意事项】

· 基本上不进行土壤改良、客土覆盖等，只进行栽植。

【养护管理的注意事项】

· 基本上不进行养护管理。

b）填埋河流地的环境特性和绿化中的注意事项

【环境条件和规划的注意事项】

· 掌握淹水频率和程度，选择合适的植物。

【绿化施工的注意事项】

· 由于主要是粘性土壤，应进行土壤改良后再栽植。

【养护管理的注意事项】

· 基本上不进行养护管理。

c）海滨沙丘地的环境特性和绿化上的注意事项

【环境条件和规划的注意事项】

· 选择能适应强风、砂子移动、盐分、缺乏水分供给条件(土壤保水性和地下水位)等严峻环境条件的植物。

【绿化施工的注意事项】

· 为确保土壤的保水性，需要进行必要的土壤改良，然后再进行栽植。苗期要灌水。

【养护管理的注意事项】

· 基本上不进行养护管理，但如果因飞砂造成严重的植物埋没，应考虑设置防止飞砂的设施。

(4) 绿化施工方法的选择

下面是为了达到绿化目标功能，选择栽植方法时的基本指南。

除这些栽植方法外，还要考虑利用种类的特征和建造地的气象、土壤、施工的难易程度等相关的事项，在此基础上进行判断。

表 2.13 选择栽植方法的基本指南

检查项目 / 栽植方法	面积		土地利用			可见度		备注
	大	小	花坛	栽植	栽植箱	大	小	
1.播种工程	◎	○	○	○	○	△	○	
2.苗移植工程	–	◎	◎	◎	◎	◎	○	
3.铺植工程	○	○	○	○	–	○	○	
4.其他	△	○	–	○	○	○	○	扦插

检查项目的说明

· 面积：大→约1000m²以上的规模

小→约1000m²以下的规模

· 土地利用：花坛→栽植观赏用花和草

栽植→整体用植物覆盖的栽植地

栽植箱→种植箱，用栽植集装箱进行可移动的种植

· 可见度：大→在设施的入口附近，接近步行者的地方等，人的视线容易接触到的地方

小→一般，利用者不经常去的地方

2.5 平坦地绿化的课题

随着人们环境意识的提高和社会需求的增大，近年来，绿化的技术和相关事业的进步和变化非常醒目。在平坦地的绿化方面，今后有以下几个方面的课题还要进行研究。

(1) 生物技术等相关技术的应用

近年来，用生物技术改良品种，开发生物农药的研究非常盛行。我们相信，这些成果将在不远的将来应用于绿化现场。

例如，正在开发的转基因“超级植物”(农水省国际农林水产研究中心等报道开发成功了用荠菜转基因的“超级植物”)对于寒冷、干旱、高盐浓度这些通常会对植物产生胁迫的环境条件具有抵抗性。

应用这样的植物，即使在海滨沙丘和特殊的填埋地那样恶劣的栽植条件下，也可能获得良好的植被绿化效果。

(2) 利用地方种进行地面绿化的技术课题

到目前为止，还有很多的野草类地方种没有被作为地被植物利用或很难利用，这些植物种类，存在着缺乏景观魅力、育种难等很多问题，需要解决。

但是，利用这些地方种可以作为昆虫的食饵，创造出有利于生物栖息的环境，还可以起到地域环境保护和环境教育的作用，保护生态系统。

(3) 促进有利于地球环境的地被绿化

在进行绿化时，采用充分利用再生材料、减轻绿化的养护管理等节能技术，增强环境保护作用，从绿化施工到养护管理都应采用有利于地球环境的技术。

例如，在选择材料时，应考虑使用再生材料制成的产品、容易降解的材料、利用雨水、利用地方材料(包括植物苗等)。这样也可以减轻材料和管理的费用。

[主要参考文献]

1) 日本造園学会（1978）：造園ハンドブック，技報堂出版
2) 佐竹義輔他（1982/1982/1981）：日本の野生植物草本編Ⅰ/Ⅱ/Ⅲ，平凡社
3) 林弥栄他（1983）：日本の野草，山と渓谷社
4) 日本造園学会土壌分科会（1984）：緑化事業における植栽基盤整備マニュアル（分科会試案），造園雑誌 48（2）
5) 高橋理喜男，亀山章（1987）：緑の植生景観と植生管理，ソフトサイエンス社
6) 小沢知雄・近藤三雄（1987）：グラウンドカバープランツ，誠文堂新光社
7) (社)道路緑化保全協会関東支部自主調査研究委員会編（1990）：ワイルドフラワーによる緑化の手引—花による新しい空間演出—，(社)道路緑化保全協会
8) 近藤哲也（1993）：野生草花の咲く草地づくり，信山社サイテック
9) 沼田真編（1993）：生態の事典，東京堂出版
10) 高岡滋・三上常夫・浅見良一（1994）：グラウンドカバープランツ，ワールドグリーン出版
11) 建設省都市局公園緑地課監修（1995）：改訂版造園施工管理・技術編，(社)日本公園緑地協会
12) 亀山章編（1996）：雑木林の植生管理，ソフトサイエンス社
13) 中島宏（1997）：改定植栽の設計・施工・管理，(財)経済調査会
14) (財)日本緑化センター（1999）：植栽基盤整備マニュアル（案）
15) 港湾緑化技術WG編（1999）：港湾緑地の植栽・施工マニュアル，(財)港湾空間高度化センター港湾・海域環境研究所

3. 坡地空间的绿化

在本章里，我们把坡地的地面绿化大致分为土壤地面、岩石地面、混凝土覆盖面3种类型，分别叙述这3种类型坡地绿化时的注意事项、施工方法和施工实例。

坡地有山腰、山脚、丘陵、高地的末端；因河流和海的侵蚀形成的悬崖；公路、铁路、水库等施工时建造的坡面；采石场、土壤废弃场等多种类型。为了进行适合各自实际情况的绿化，首先要充分掌握坡地的环境特性，在此基础上根据基本方针，设定复原目标，考虑必要的生长基盘，选定使用植物和绿化施工方法。坡面空间的绿化要在坡面符合土木设计标准的前提下进行。

3.1 坡地绿化的内容

(1) 绿化目的和所要达到的效果

在坡地上利用地被植物进行绿化，希望达到以下目的和效果。

① 以保护坡面地表土壤及保护坡地环境为目的的绿化

将土壤表面用地被植物覆盖起来，达到靠植物根系束缚表土层，防止土砂移动，用缓解土壤表面气候的方法来达到缓解微气候（寒暑）的效果。防止因降雨等造成的土壤表面侵蚀，缓解土壤冻结·融解（在植物根系直接影响之外的土层中（1m以下）所发生的滑坡等，由于与植被的影响没有直接的关系，所以在这里不做叙述）。

② 以促进植被迁移和尽快恢复生态系统为目的的绿化

将土壤表面用地被植物覆盖起来后，可防止土砂移动，这样就可以达到使其他植物容易着生的效果。用各种各样的方法确保土壤水分，给于土壤适当的养分，调整植物的生长条件，促进植被迁移，恢复荒废的生态系统。

③ 以造景和观赏为目的的绿化

是以创造良好的娱乐休闲空间为目的的绿化。这种绿化一般要求形成景观和制作出造景空间。在城市近郊经常进入人们眼帘的坡地上，建造出给人们心理以安闲感的造景空间。

(2) 绿化特征和注意事项

① 绿化特征

a）绿化空间

坡地的绿化空间，有在自然条件下形成的荒山裸地上和因土木工程等人为建造的坡面上为恢复自然植被而进行的绿化，也有在城市到山区的道路上和城市内经常进入人们眼帘的坡地上为造景而进行的绿化。

其规模也有多种多样，有像采石场、水库那样大规模的，也有像花坛那样小规模的。

b）绿化期

绿化期根据其目的和绿化空间的特性，可分为短期（临时性的绿化）、中期（持续数年的绿化）、长期（永久性的绿化）等多种。

c）使用的植物种类

用于绿化的植物包括所有1年生和2年生的草本类植物、宿根植物、球根植物等各种各样的植物。另外，木本类的灌木和一部分藤类植物也可以利用。使用的植物主要是一些种子等在市面上容易买到的种类，但最近以恢复自然为目的的绿化，多采用野生植物。

还有很多坡地上导入了适合当地条件的植物群落（草原型、低矮林木型、高大林木型、特殊型）。

d）养护管理

坡地的绿化大多数情况下是大面积的，根据群落不同需要进行不同程度的养护管理。但是，由于坡地的养护管理存在很多困难，所以，一般情况下很少进行养护管理，而是设定永久性的、稳定的绿化目标。

② 绿化中的主要注意事项

绿化中的重要注意事项包括植物群落的再生目标、栽植基盘的修整和植物种类的选择以及植被管理的要点。为了达到与环境和谐的目的，应将从制定再生目标一直到植被管理联系起来考虑，进行设计施工。如果目标群落不明确，只是进行应对现场的绿化，有的施工后2～3年便退化变成裸地，最后完全报废。

a）植物群落的再生目标

坡地植物群落的再生目标，一般来说与周边植物群落相近的，效果比较好。从性能上来看，有以下几种。

i）不容易毁灭的群落（抗灾性能强的群落）

坡地的绿化，无论是从确保交通安全性方面，还是保护周围环境方面，都需要建造抗灾能力强、不容易毁灭的群落。

ii）与周边环境和谐的群落

从保护景观和改善周边环境的角度，需要建造与周边环境和谐的群落。

iii）有效恢复生态系统的群落

为尽快恢复被破坏的生态系统，需要建造有效恢复生态系统的群落。

iv）不需多加管理的群落

管理经费和管理作业少的群落。

v）景观美丽的群落

景观美丽的群落，包括自然景观美丽的群落（复杂性、多样性）和人工景观美丽的群落（单纯性、单一性）。

然而，目前的绿化技术对切实恢复富有多样性、复杂性的植物群落还有很多困难。在表3.1中，我们归纳了目前在坡地上建造植物群落的基本目标。

b）栽植基盘的修整

栽植基盘为硬质、软岩、硬岩、强酸性、强碱性等情况时，如果不进行改良就栽种上植物，会造成植物生长不良，植物不会长期生长下去。这种情况下，要首先调查坡地地面的肥力，是否有足够的土层供植物扎根。如果没有或土壤肥力不够，应采取施加客土、进行土壤改良等方法改善植物的生长条件。

坡地与平地不同，会因降雨发生地表面径流侵蚀地表。因此，需要用地面覆盖材料对地表面直

表3.1　建造倾斜地植物群落的基本目标

目标群落的类型	绿化目标	具体实例	适用地	使用植物	绿化基础工程	植被工程	植被管理
草原型（草本区）	以草本植物为主的群落	以栽种草本植物为主的群落（尽可能为常绿草地）	城市 城市近郊 田园地带 农地 牧草地	外来草种 结缕草 细叶结缕草	防止表土层滑动	以播种为主	定期割草 追肥 除草
低矮林木型（灌木林型）	接近自然景观的群落 富有多样性的群落	连接灌木和森林的群落	山地 自然景观地域	以当地种为主 部分外来种 低矮林木类 中高林木类 草本类	充分进行绿化基础工程 将来形成的表土层也应是安定的斜面	以播种为主 植被诱导工程	任其自然迁移 必要时追肥，追播
高大林木型（森林型）	具有特定环境保护功能的群落	防风林 防潮林 防雾林 遮荫林 防止剥蚀林	城市近郊 适合培土的特定设施	高大树木 低矮林木类 草本类	35°以下的斜面	播种和栽植并用	追肥 割藤 伐除 部分补植
特殊型	以造景造型为主的群落	花木 草木 常春藤等藤类植物	城市 立交桥附近 城市近郊	花木 草木 藤类	生长台 生长箱	播种 栽植	全面管理 换植 除草 追肥

农业土木事业协会编（1990）：坡面保护工程——设计·施工手册——

接进行保护或使用防止侵蚀剂，或在坡面上部设置排水沟，控制因降水产生的地表径流量。

c）植物种类的选择

根据绿化区域的气候条件、土壤条件，以及目标再生植物群落，选择合适的植物种类（耐寒性、耐旱性、耐阴性、耐暑性，对瘠薄土壤的适应性以及株高、植株伸展度、花色、开花期、草型等），确定播种量和播种时期。

d）养生管理

主要进行的养生管理有促进栽种植物尽快接近目标群落、尽快恢复被破坏的自然环境、维持植物群落的功能得到充分的发挥，以及保护植物不受外力的影响。

3.2 坡地的绿化对象空间

土壤过硬，植物的根系就不能正常伸长，这种情况下需要对土壤采取一些改善措施。这里我们将坡地按土质及岩质、山地的状态（土壤硬度和地表面的形状）分成3类。

(1) 土壤坡地

由土砂构成，经过了长期风化的坡地，用山中式土壤硬度计测试土壤硬度指数为27mm（$20kg/cm^2$）以下的。

(2) 岩石坡地

坡地的大部分是由坚硬的未风化的岩石构成，或大部分由经过某种程度风化的软岩构成。用山中式土壤硬度计测试土壤硬度指数在27mm（$20kg/cm^2$）以上的。

(3) 混凝土铺设的坡地

是指在岩石和土壤表面铺上混凝土、灰浆或混凝土块等的坡地。

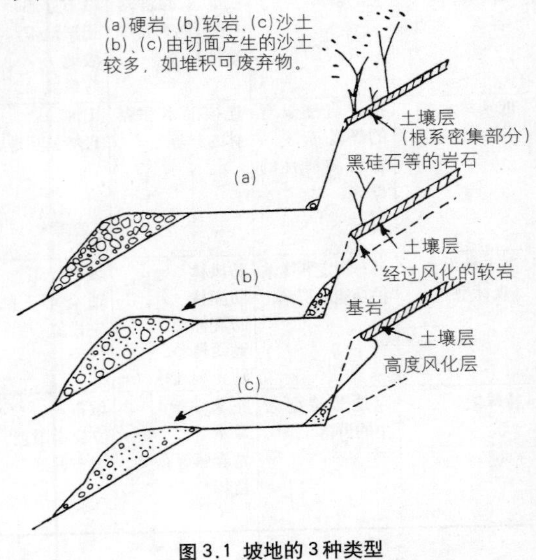

图3.1 坡地的3种类型
四手井等（1988）：坡面绿化

3.3 坡地空间的环境特征

不能笼统地说只要是坡地，植被的建成就困难。从一般山地森林的形成可以看出，只有贫弱植被恢复的地方，大多是由于土壤贫瘠所致。其原因与下述环境特性有很大关系。图3.2是坡地环境与贫弱植被的相互关系模式图。

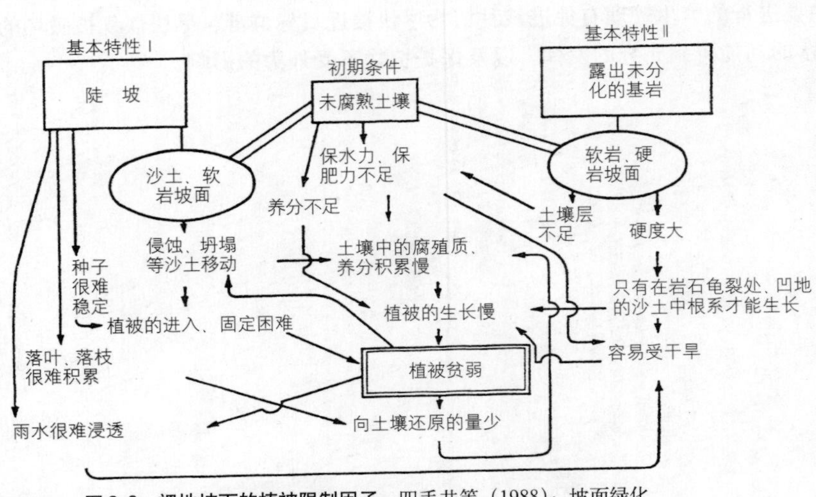

图3.2 裸地坡面的植被限制因子 四手井等（1988）：坡面绿化

（1）坡度

坡地于平地不同，具有一定的坡度。因此，在降水量相同的情况下，坡度越大平均坡面积的降水量越少，在水容易流动的斜面很难贮水，因此，植物的生长发育受到影响。

另外，有关坡度和植物生长状态的调查如表3.2所示，坡度越大根系越短，根层部越薄，越容易受异常气候的影响。

表3.2　坡度与草根长度的关系

坡度＼项目	根的长度	根层部的厚度
0°	100%	100%
30°	80%	77%
60°	60%	30%
90°	30%	13%

山寺（1996）：在岩石上喷撒有机质进行绿化施工的技术资料，引自日本岩石绿化施工协会

土壤坡地的斜面坡度在45° 以下，植物都能良好地生长。如果是靠周边植物的自然着生来建成植物群落的话，其最大坡度为35° 左右。超过35° 会引起表层侵蚀、损毁，所以为了使生长基础稳定，需要加设编织栅栏、网等辅助设施。

培土坡面的坡度，最大不能超过33°，因土质而异，一般标准为29° 左右。

岩石坡地的坡度在45° ～60° 时，植物的生长略有不良，为了使生长基盘稳定，需要用桩子固定金属网、框子等辅助设施。超过60° 植物的生长明显不良，绿化施工非常困难，而且施工费用高，所以，设计时不要设计成大的坡度。

（2）方位

在朝南～西的坡面容易因日照引起烧叶、干燥等。朝北的坡面冬季表土常结冻，化冻时会引起土壤侵蚀。夜间形成霜柱，如果温度更低则发生土壤冻结，由此引起土砂上升。在白天由于温度升高和日照溶解而从斜面滑落，这种情况在表土地温0℃左右时发生。然而，朝南的坡面，由于因日照加上的熔解热，即使白天最高温度在0℃以下也容易发生因冻土溶解而引起的侵蚀。

（3）土质（岩质）

坡面特别是切开坡面的土质是由山地的地质情况决定的，既有中·古生代地层风化岩或石砾含有量较多的土质，也有粘土土质，风化花岗岩和凝灰岩等，从硬岩到软岩多种岩质。除此之外，受地质影响的还有碱性和强酸性等PH值的差异。大规模的土地开采，有的甚至达到土质条件恶劣的基岩部，这样的土壤条件对于绿化来说是非常差的。

粘土土质由于板结和不透水性，特别是对挖穴进行苗木移栽的绿化效果不好。在硬岩和软岩的岩质坡面上，如果没有风化而产生的龟裂和裂纹，根系很难进入，不进行改良很难进行绿化。切开山体形成的坡面，其断面有表土层，上层、下层甚至有基岩，除只有一少部分的表土层外，大多部分几乎没有养分，土壤的物理性质也不良，而且很干燥。还有坡面侵蚀和岩石、石砾的崩落的问题，所以在这样的切土坡面上进行绿化时，需要采取一些必要的措施。

培土坡面的土质条件，因培土的土质、培土的施工方法和工程方法不同而异。所用培土一般是从现场取来的，所以与切开斜面相同，会有PH值异常、粘质、岩石、石砾多等问题，所用土壤的性质会对绿化产生很大的影响。

(4) 降雨量

植物枯死的原因大多数是由水分条件引起的，特别是大多受降雨量的影响。坡地与平地相比各方面的条件都很差，而且生长基盘薄，所以在坡地上进行绿化时，要充分注意栽培基盘的含水量、水分供给等条件。

由于日本列岛南北狭长，而且地形复杂，降水量多的地方为4000mm/年以上，少的地方为1000mm/年以下，差别很大。而且，纬度差和海拔高度差也很大，水分条件完全不同，因此绿化时要充分考虑到这些条件。

(5) 日照

对于植物来说，光是生长所不可缺少的因子，光的强度、光的照射时间、光质等光的各种属性会对光合作用、花芽形成、茎的伸长、分枝等形态形成产生影响。因此，坡面方位不好（朝北坡面）、有遮阳障碍物、植株过密、高大树木下的林地等日照条件不好时，要考虑去除障碍，如果不可能的话，要选择耐荫的植物。

(6) 气温

气温是大气的温度，是影响植物蒸腾、光合作用等代谢活动以及植物发芽、生长、开花、结实、休眠等生活现象的重要因子。超过一定温度或低于一定温度，会产生各种生理障碍，超过极限温度，植物便很难生长。

植物的分布和气温有着密切的关系，这不是由一时的温度状态决定的，而是受一定期间的温度的总和影响。按着一定期间内某一温度的标准进行积算，所得到的数值叫做积温。（积温中，有温暖指数和寒冷指数。温暖指数是指植物的生长温度，日平均气温在5℃以上，从各月的平均气温中减去5℃积算的数据，用月 · ℃来表示。同样寒冷指数是积算月平均气温5℃以下的月与5℃的差，用负数来表示。）在我国根据这一指数，规定了各种植物的生长范围。因此，要充分调查栽植地的气温（积温），选择适合不同地域的植物。

3.4 坡地空间的绿化施工方法

我们把坡地空间的绿化施工方法分为土壤坡地、岩石坡地、混凝土覆盖坡地3种类型，并制作了栽植基盘建造施工方法和栽植方法对应组合表。首先要掌握环境特性、施工地的现状、施工成本等，探讨如何在坡地上建造能使植物生长、固定的基盘。其次是决定栽植基盘的建造施工方法，根据对应组合表，将各项与设计条件等进行对照，选出合适的使用植物和栽植方法。以下是栽植基盘建造施工方法、栽植方法以及二者的对应组合关系和施工实例。

(1) 栽植基盘建造施工方法和栽植方法

① 栽植基盘建造施工方法的分类

栽植基盘的基本建造施工方法可以分为7种，下面是各种方法的概要。

a）利用现有基盘

是指栽植地的土壤肥沃，可直接播种或栽植的施工方法。这种施工方法只能用于坡度比较缓慢、很少被降雨侵蚀的场所。

b）土壤改良

是在当地山土中混入土壤改良剂，对栽植基盘土壤进行改良的方法。这种施工方法在加入土壤改良剂后，要使用旋耕机将土壤进行混合，所以土壤改良后容易被雨水侵蚀，不能用于坡度较大的场所。

c）全部施加客土

是用从其他地方搬运来的优质土壤（栽培用土）对全部栽植地进行培土的方法。多数情况下还混入土壤改良剂。与b）相同施入客土后容易被雨水侵蚀，所以不能用于坡度较大的场所。

d）局部施加客土

在栽植部分点施或线施客土，也叫穴施客土。这种施工方法在坡度比较大的地方也可以使用。

e）填充基盘材料

是在坡面上用混凝土块做成框子或用编织的栅栏，以及大型混凝土块围成护墙，在里边填充基盘材料（栽植用土等）的施工方法。一般来说施工成本比较高，多用于小面积的绿化。

f）喷盖基盘材料

是用泵或压缩空气把土壤类／有机质类的植被基盘材料喷盖到山地上，建造植被基盘的施工方法。一般来说，常在基盘材料中混入种子，使其发芽生长进行绿化。喷盖的厚度要根据山地的条件而定。坡度在60°左右的培土、切土岩石面、灰浆面都可以进行喷盖。

g）无基盘

在坡面上不能确保栽植基盘的情况下，可用坡面的上下侧或两侧的藤类植物进行绿化。

② 栽植方法

这里列举了9种栽植方法，下面叙述各种方法的特征和可使用植物种类的特征。

a）直接播种

【施工方法的特征】

是将种子直接播在栽植基盘上的施工方法。成本低、施工速度快，但如果没有很好的防止飞散、流失、干燥的措施，很可能导致失败。适用于土壤硬度23mm（山中式）以下的粘性土和27mm以下的沙质土。刚施工后几乎没有耐侵蚀性。

【使用的植物种类】

所有种子植物。用地上茎等繁殖的植物。硬羊茅、细羊茅等草类、野花类、玉柏类的茎叶。

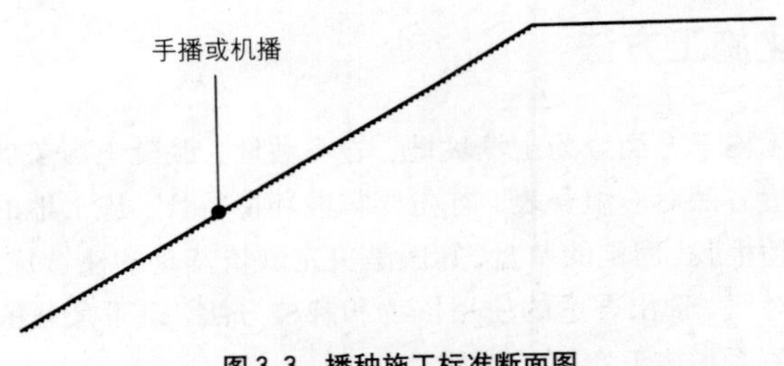

图 3.3　播种施工标准断面图

b）铺设植被垫

【施工方法的特征】

将装有种子、肥料等的席子、纤维制品、毡状垫等用人工的方法固定在山地上。适用于沙土、混有石砾的土砂坡面，也适用于干燥地和结冻的粘土坡面。垫子有防止种子流失和防止侵蚀的效果。

如果坡面上凹凸不平，容易使垫子浮起或被风吹跑，所以施工前要先平整凹凸。特别是要将垫子端部牢牢固定，同时埋入坡面上部的土中。可根据坡度、土质等现场条件选择不同材质的垫子。

【使用的植物种类】

所有种子植物。

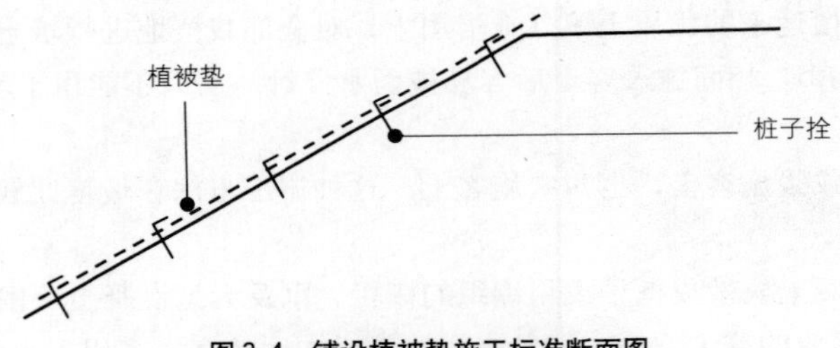

图 3.4　铺设植被垫施工标准断面图

c）铺设植被土袋

【施工方法的特征】

是把装有土壤、种子、化肥等的纤维袋进行固定的施工方法。适用于土壤硬度23mm（山中式）以上的硬质土。坡度45°以上容易滑落。刚施工后就具有很强的耐侵蚀性。

把土袋搬运到斜面上时，注意不要使袋子破损。如果是设置在坡面框里，要注意施工后的下沉和滚出。间隙可用粘土填充。

【使用的植物种类】

所有种子植物。

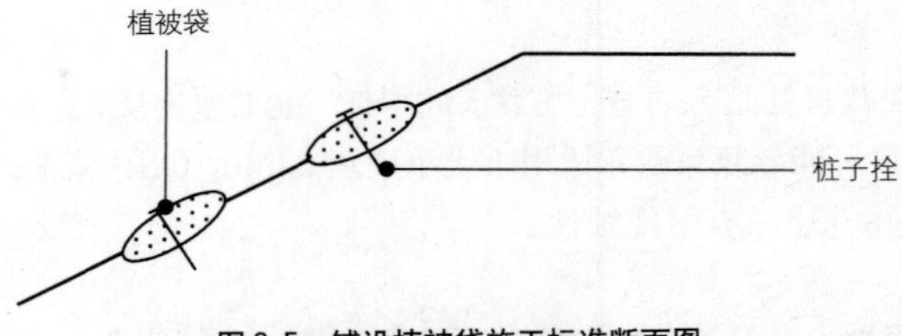

图 3.5　铺设植被袋施工标准断面图

d）铺设植被带

【施工方法的特征】

是把装有种子、化肥等的布、纸、切草、合成网、绳子等纤维带进行固定的施工方法。适用于小面积施工和土壤较多的培土地。刚施工后没有耐侵蚀性。有时还在固定纤维带的间隔处打土埂，再在水平方向上埋设。埋设深度因气候条件和土壤条件而异。

【使用的植物种类】

所有种子植物。

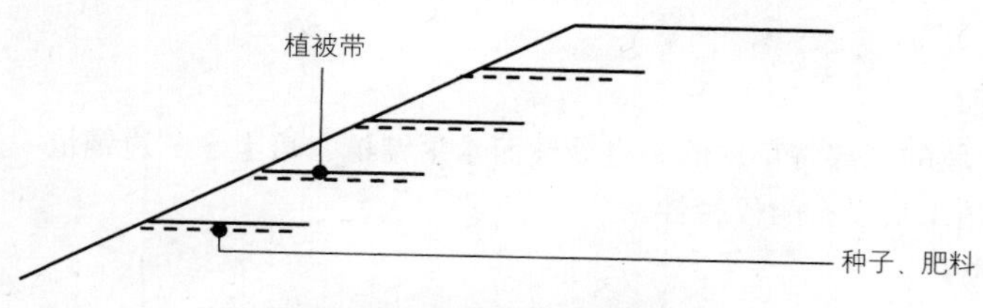

图 3.6 铺设植被带施工标准断面图

e）种子喷播

【施工方法的特征】

是用压力泵等把种子、肥料、防止侵蚀剂等混合物喷射在山地上的施工方法。适用于土壤硬度在23mm（山中式）以下的粘土和27mm以下的沙质土，坡度45°左右。在岩石、灰浆铺设面上，可采用与厚层的植被基材混合喷播的方法。

【使用的植物种类】

多花黑麦草、细羊茅等外来草种，三叶草、艾蒿、马棘、胡枝子、铁扫帚、鼬胡枝子等，还包括野花类的种子。

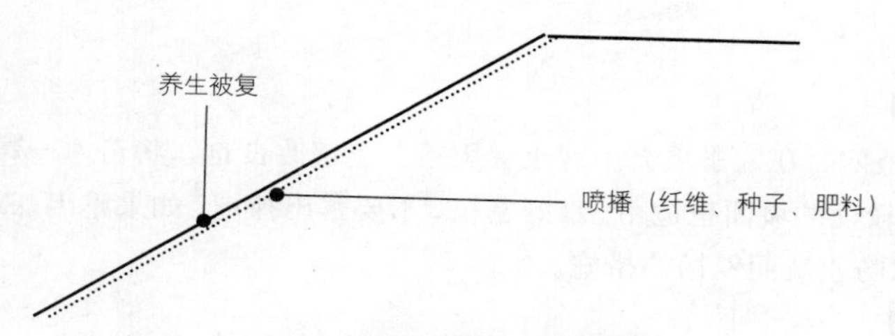

图 3.7 种子喷播施工标准断面图

f）铺植草皮

【施工方法的特征】

从坡的上部开始将草皮的长边沿水平方向铺植，为了使草皮与坡面紧密接触，铺植时要一边敲实，一边用土、钎子固定。也可以用成卷的草皮。适用于沙土、混有石砾的砂土坡面。刚施工后就具有耐侵蚀性。

近年来除草坪类外，其他使用垫状铺植施工的苗类也逐渐多起来，在本章里将穿插在铺植草皮施工中介绍。

【使用的植物种类】

结缕草、细叶结缕草、沿阶草、苔藓类。近来，球根类等也在进行垫状铺植苗的生产。

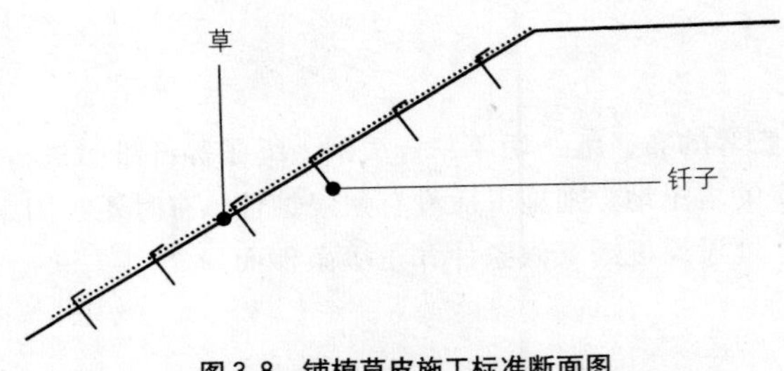

图 3.8　铺植草皮施工标准断面图

g）条铺植草皮

【施工方法的特征】

利用土埂土从坡的底部将草皮的长边沿坡面水平铺植、培土，一边铺植一边打土埂。适用于培土多的坡面。刚施工后没有耐侵蚀性。

【使用的植物种类】

结缕草、细叶结缕草等。

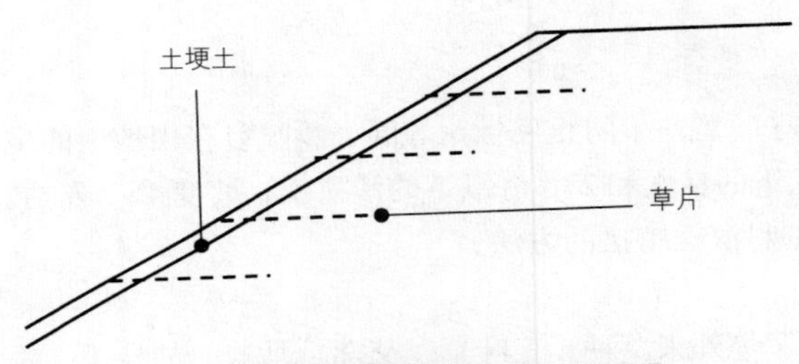

图 3.9　打土埂铺植草皮施工标准断面图

h）苗栽植

【施工方法的特征】

在坡面上挖栽植穴，在穴里填充上客土、肥料、土壤改良剂，将苗木一颗一颗地栽植到栽植穴中。即使是土质比较硬的坡面也适用。最好密植，不要露出裸地，如果露出裸地要用草等进行覆盖，另外，还需要采取防止坡面侵蚀的措施。

【使用的植物种类】

所有植物。木本类、矮竹类常用这种施工方法。

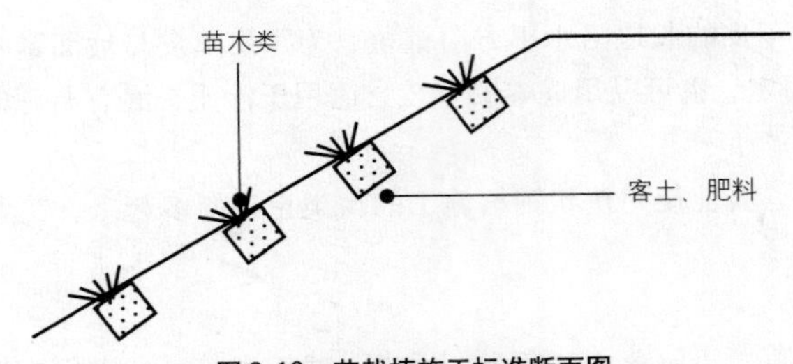

图 3.10　苗栽植施工标准断面图

i）球根栽植

【施工方法的特征】

每处栽植1～数个球根的施工方法。这种施工方法多用于造景工程。要与防止坡面侵蚀的施工相结合。

【使用的植物种类】

所有球根类植物。

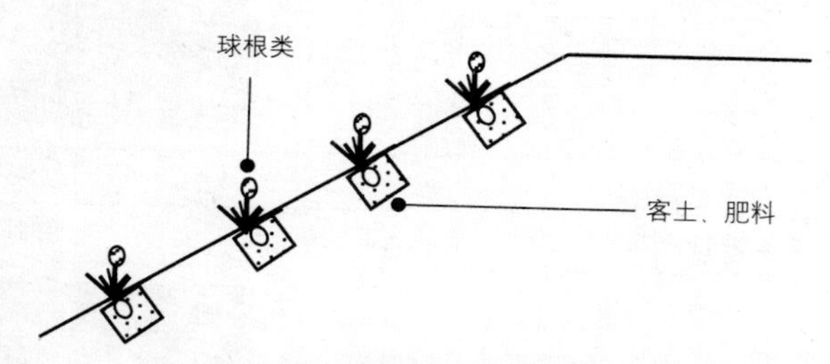

图3.11　球根移栽施工标准断面图

(2) 绿化空间与基盘建造施工方法·栽植方法的对应关系

表3.3中列出了上述的“绿化空间”和“基盘建造施工方法·栽植方法”的基本对应关系。不同的绿化空间可根据此表选择合适的施工方法。

表3.3　绿化空间和基础建造施工方法·栽植施工方法的关系

坡地的分类	基盘建造施工方法	栽植方法								
		直播	垫子	植被袋	植被带	喷播种子	铺植草皮	条铺草皮	苗栽植	球根栽植
土壤坡地	山地	○	○	○	○	○	○	○	○	○
	土壤改良	○	○	–	○	○	○	–	○	○
	全面客土	○	○	–	○	○	○	○	○	○
	局部客土	–	–	–	–	–	–	–	○	○
	填充基材	○	–	–	–	○	–	–	○	○
	喷基材	–	–	–	–	○	–	–	○	○
岩石坡地	填充基材	○	–	○	–	–	–	–	○	○
	喷基材	–	–	–	–	○	–	–	○	○
	无基盘	–	–	–	–	–	–	–	○	–
混凝土覆盖坡地	填充基材	○	–	–	–	–	–	–	○	○
	喷基材	–	–	–	–	○	–	–	–	–
	无基盘	–	–	–	–	–	–	–	○	–

基盘建造工程要充分考虑实施绿化处的土壤和水分条件等环境特性，选择合适的施工组合。

下几页是在土壤坡地、岩石坡地、混凝土覆盖坡地上的具体施工实例，供参考。

■ 绿化空间和绿化施工方法(事例)

绿化空间	土壤坡地（现有基盘）	绿化施工方法	植被垫	No.1
名称	宫城县黑川郡			
绿化目的	为防止掺沙粘土建造的坡面被侵蚀			
基盘修整	在现有基盘上（切土、培土坡面）喷播种子后，铺设防侵蚀垫。			
辅助材料	固定植被垫用的铁制卡子，Φ 4mm,L=170mmU字型			
使用植物	牛尾草、六月禾、高原牧草			
备注	施工2个月后，植被开始生长，起到了防止坡面侵蚀的作用，绿化也很成功。			

绿化空间	土壤坡地（现有基盘进行土壤改良）	绿化施工方法	喷播种子	No.2
名称	京都府舞鹤市			
绿化目的	在坡面上用野花造景			
基盘修整	在现有基盘上混入土壤改良剂			
辅助材料				
使用植物	喜林草、紫罗兰、勿忘草、虞美人草、松球菊、瞿麦、花菱草			
备注	3月上旬～9月中旬，没有受到杂草影响，效果很好。			

绿化空间	土壤坡地（全面客土）	绿化施工方法	苗栽植	No.3
名称	京都府宇治市			
绿化目的	植物公园内道路坡面的绿化			
基盘修整	在粘土中混入土壤改良材料，全面铺设客土。			
辅助材料				
使用植物	美女樱、花手球、石竹、金光菊、春星花、长春花、鸢尾兰			
备注	主要栽植的是宿根性地被植物，施工第2年就可以形成良好的景观。			

绿化空间	土壤坡地（局部客土）	绿化施工方法	苗栽植	No.4
名称	爱知县爱知郡长久手町			
绿化目的	大学设施内主要用于防灾的造景绿化			
基盘修整	在现有基盘上镶嵌上铁制的框，在框内装满碎石。再在碎石中设置塑料管，在管中填充砂子。			
辅助材料	碎石，塑料管			
使用植物	螺旋形常春藤			
备注	虽然生长顺利，但夏季日照引起的反射使温度升高对植物造成伤害，生长缓慢。			

绿化空间	土壤坡地（喷射基盘材料）	绿化施工方法	喷播种子	No.5
名称	富山县中新川郡			
绿化目的	刨土面裸地部分的绿化			
基盘修整	在铺设的金属网上喷5cm厚的基材，在铺设网上喷2cm厚的客土。			
辅助材料	将菌根菌材料（含有菌根菌、根粒菌、放线菌）混入喷射材料中。			
使用植物	赤杨、胡枝子、鼬胡枝子、绢毛胡枝子、牛尾草			
备注	形成了以赤杨、鼬胡枝子为主体的植物群落，也发现有禾木的混入，并融入周边环境。这里使用的菌根菌材料，是利用微生物在植物生长过程中发挥有力的作用，可大幅度减少化肥的使用量。			

绿化空间	土壤坡地（喷射基盘材料）	绿化施工方法	喷播种子	No.6
名称	东京都八王子市			
绿化目的	用野花进行高速道路坡面的造景绿化			
基盘修整	在铺设的植被网上喷射 1cm 厚的客土			
辅助材料	植被网、桩子			
使用植物	秋海棠、花菱草、满天星、水石竹、勋章菊、金光菊、蓝花鼠尾草等 19 种			
备注	喷种前彻底清除杂草。			

绿化空间	岩石坡地（喷射基盘材料）	绿化施工方法	喷播种子	No.7
名称	静冈县富士宫市			
绿化目的	裸地坡面的绿化			
基盘修整	在铺设的钢筋网上喷射厚层基盘材料			
辅助材料	保水剂、供水促进剂			
使用植物	牛尾草、弯叶画眉草、白花苜蓿、艾蒿、绢毛胡枝子			
备注	因为是 8 月份施工，担心水分不足，加入保水剂和供水促进剂后发挥出累加效果，植物生长顺利。			

绿化空间	岩石坡地（喷射基盘材料）	绿化施工方法	喷播种子	No.8
名称	三重县志摩市			
绿化目的	道路坡面的绿化			
基盘修整	在铺设的钢筋网上喷射厚层基盘材料			
辅助材料	菌根菌材料			
使用植物	胡枝子、鼬胡枝子、绢毛胡枝子、六月禾、白花苜蓿			
备注	植物生长良好，约 4 个月后全面绿化。			

3. 坡地空间的绿化

绿化空间	岩石坡地（喷射基盘材料）	绿化施工方法	喷播种子	No.9
名称	福井县腾山市			
绿化目的	水库周围道路坡面的绿化			
基盘修整	在铺设的钢筋网上喷射厚层基盘材料			
辅助材料	菌根菌材料			
使用植物	胡枝子、鼬胡枝子、绢毛胡枝子、六月禾等			
备注	植物生长良好，特别是木本植物生长良好。			

绿化空间	岩石坡地（填充基盘材料）	绿化施工方法	喷播种子	No.10
名称	东京都八神津村			
绿化目的	村道坡面的绿化			
基盘修整	在坡面上设置斜框和台阶式单元，在里面填充当地的土壤和树皮堆肥混合物。			
辅助材料	台阶式单元，保水剂			
使用植物	羊奶子、绿楤木、滨桧、六月禾			
备注	斜框多用于陡坡（1：0.3～1：0.6）			

绿化空间	岩石坡地（喷射基盘材料）	绿化施工方法	喷播种子	No.11
名称	滋贺县米原町			
绿化目的	试验施工（碎石地）			
基盘修整	先将绿化基盘材料做成泥浆，然后用泥浆泵喷出，同时混入连接纤维，使基盘快速稳定。			
辅助材料	连接纤维			
使用植物	海桐花、石斑木等木本类。			
备注	混入连接纤维，喷出时发出团粒反应，瞬间形成更高级的团粒结构，建造出稳定的生长基盘。			

绿化空间	混凝土覆盖坡地（填充基盘材料）	绿化施工方法	苗栽植	No.12
名称	高知县西土佐村			
绿化目的	停车场斜面的造景绿化			
基盘修整	在栽植用混凝土块中，填充掺沙粘土和土壤改良材料。			
辅助材料	栽植用混凝土块			
使用植物	大花六道木、日中花、金丝桃			
备注	喷水处的日中花生长不良。			

绿化空间	混凝土覆盖坡地（填充基盘材料）	绿化施工方法	苗栽植	No.13
名称	长崎县平户市			
绿化目的	道路坡面的造景绿化			
基盘修整	在栽植用混凝土块中，填充掺沙粘土和土壤改良材料。			
辅助材料	栽植用混凝土块			
使用植物	杜鹃			
备注	平成5年建造，耐当地干旱，生长良好。			

绿化空间	混凝土覆盖坡地（填充基盘材料）	绿化施工方法	苗栽植	No.14
名称	爱知县名古屋市			
绿化目的	道路坡面的造景绿化			
基盘修整	在栽植用混凝土块中，填充掺沙粘土和土壤改良材料。			
辅助材料	栽植用混凝土块			
使用植物	珍珠花、绢毛胡枝子			
备注	绢毛胡枝子的生长比珍珠花旺盛，所以珍珠花的生长受到影响。			

绿化空间	混凝土覆盖坡地（填充基盘材料）	绿化施工方法	喷播种子	No.15
名称	鹿儿岛县和给良郡			
绿化目的	道路改造工程刨开岩石坡面的绿化			
基盘修整	在厚层金属网上，铺设角铁网，喷射5～10cm厚的基础材料			
辅助材料	厚层金属网，角铁网			
使用植物	牛尾草、弯叶画眉草、白花苜蓿、艾蒿、绢毛胡枝子、胡枝子、鼬胡枝子			
备注	在陡坡岩石和混凝土面上，铺设厚层金属网、角铁网，确保充分的栽植基盘。			

（3）土壤坡地绿化施工方法

将土壤坡地绿化施工方法，按栽植基盘建造施工方法做成以下对应组和表。在充分考虑坡面土壤地状况及再生植物群落等基础上，选定栽植基盘建造施工方法和栽植方法。

表 3.4　土壤坡地绿化施工方法对应组合表

栽植方法 \ Check 项目		坡面种类		坡　度		土　壤		周边环境			可视度		备　注
		切土	培土	小于30℃	小于45℃	良	差	市区	田园	山岳	大	小	
利用现有基盘	1 直播	△	△	△	×	○	×	△	○	○	△	○	
	2 植被垫	◎	◎	◎	◎	○	×	△	○	○	△	○	
	3 植被袋	◎	◎	◎	○	○	△	△	○	○	△	○	
	4 植被带	△	△	△	○	○	×	△	△	△	△	○	
	5 喷播种子	◎	◎	◎	△	○	×	△	○	○	△	○	
	6 铺植草皮	○	○	○	△	○	×	○	△	×	◎	○	
	7 条铺草皮	×	○	△	×	○	×	△	△	×	△	△	
	8 苗栽植	△	○	○	△	○	×	○	△	△	○	△	
	9 球根栽植	×	△	△	×	○	×	△	×	×	△	×	
土壤改良	1 直播	△	△	△	×	–	–	△	○	○	△	○	
	2 植被垫	○	○	○	×	–	–	△	○	○	△	○	
	3 植被带	△	△	△	×	–	–	△	△	△	△	○	
	4 喷播种子	◎	◎	◎	×	–	–	◎	◎	○	◎	△	
	5 铺植草皮	◎	◎	◎	×	–	–	◎	△	×	◎	○	
	6 苗栽植	◎	◎	◎	×	–	–	◎	○	△	◎	△	
	7 球根栽植	○	○	○	×	–	–	○	△	×	○	×	
全面客土	1 直播	–	–	△	×	–	–	△	○	○	△	○	
	2 植被垫	–	–	○	×	–	–	△	○	○	△	○	
	3 植被带	–	–	△	×	–	–	△	△	△	△	○	
	4 喷播种子	–	–	○	×	–	–	○	○	△	○	△	
	5 铺植草皮	–	–	◎	×	–	–	◎	△	×	◎	△	
	6 条铺草皮	–	–	△	×	–	–	△	△	○	△	○	
	7 苗栽植	–	–	◎	×	–	–	◎	○	△	◎	△	
	8 球根栽植	–	–	○	×	–	–	○	△	×	○	×	
局部客土	1 苗栽植	–	–	◎	○	–	–	◎	○	△	◎	△	
	2 球根栽植	–	–	○	△	–	–	○	△	×	○	×	
填充基材	1 直播	–	–	○	○	–	–	×	○	○	×	○	
	2 喷播种子	–	–	○	○	–	–	×	○	○	×	○	
	3 苗栽植	–	–	◎	○	–	–	◎	○	×	○	△	
	4 球根栽植	–	–	○	○	–	–	○	○	×	○	×	
喷基材	1 喷播种子	–	–	◎	◎	–	–	△	◎	◎	△	◎	坡面45℃以上◎
	2 苗栽植	–	–	○	○	–	–	○	△	△	○	△	坡面45℃以上△
	3 球根栽植	–	–	○	△	–	–	○	△	×	○	×	坡面45℃以上△

〈Check 项目的说明〉

坡面种类：切土→由切土工程产生的坡面，在切开面上暴露出来的是其场所的地层。
培土→由培土工程产生的坡面，在培土面上暴露在外面的是培土材料。

坡　　度：30°以下为缓坡。45°以下为略陡坡。45°以上为陡坡。

土　　壤：良→土壤硬度 23mm（山中式）以下的粘性土，27mm 以下的砂质土。
差→上述条件之外的土壤。

周边环境：市街→对象区域的大部分被建筑物等覆盖的场所。过往人群多，要求整治后马上出现完美的绿化造型，成本允许略高一些。
田园→对象区域的大部分被农地、草地等覆盖的场所。要求整治后马上有一定程度的造型美。
山丘→比较陡的倾斜地，被草地覆盖的场所。要求经过一段时间逐渐地自然融于周边环境。

可 视 度：大→通行量多，离步行者比较近等，容易被人们观察到的场所。
小→一般步行者通行量不多的场所。

〈符号说明〉

◎：最适合。　　○：适合。　　△：虽然可以，但不是普遍应用。
×：不可能或不适当。　　－：在此项目里不恰当。

专栏

关于自然植被和防侵蚀垫

鹿儿岛县屋久岛公园被列为了世界遗产，因此，大家认识到今后还用喷射厚层基盘材料、种子及化学肥料的传统施工方法，会扰乱屋久岛的原有生态系统。

但是，这个地区年降雨量非常多，而且公园内的土质为粘质土，在坡地比较陡的地方，雨水和自然塌方的侵蚀严重。

在上述这样严峻的条件下，有很多裸露的坡地，导致植物不能顺利地着生。其原因有多种多样，但最主要的原因是由于坡面表层部分的土砂移动造成的。由于坡面的不稳定，结果造成植物着生困难。

为了解决坡面不稳定的问题，这里采用了在坡面上铺设可降解的、对环境负面影响小的自然纤维，防止侵蚀。铺设这种纤维垫后，防止了因雨水冲击而造成的土壤团粒结构的破坏和土壤流失。其结果，稳定了土壤坡面，形成了植物的扎根环境，即使不进行播种（喷播种子），经过一定的时间（时间主要受当地气候等环境条件影响）也会恢复自然植被。

这种施工方法特别是在自然公园内恢复自然植被时，效果非常好。当然这种方法有时也受到坡地土质、坡度等的限制。如果时间允许的话，在当地采种，进行播种或喷播会降低施工成本（但是施工规模非常小时，也会出现造价高的情况）。

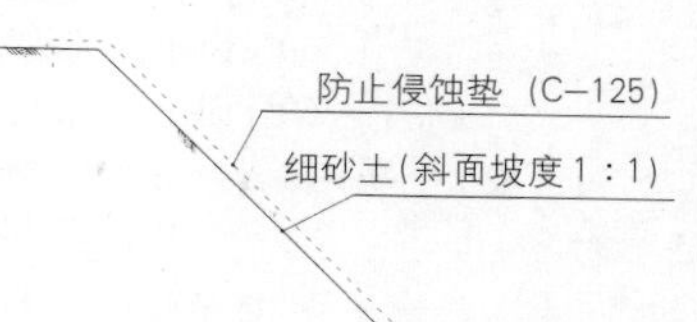

图 3.12 施工断面图

照片 3.1　铺设完纤维垫的状况

照片 3.2　植被着生情况

照片 3.3　植被着生情况（特写）

（4）岩石坡地绿化施工方法

将岩石坡地绿化施工方法，按栽植基盘建造施工方法做成以下对应组合表。在充分考虑岩石坡地表面状况（岩质、裂缝等）及再生植物群落等基础上，选定栽植基盘建造施工方法和栽植方法。

表 3.5　岩石坡地绿化施工方法对应组合表

Check 项目 / 栽植方法		坡　度				地　质		土　量		周边环境			可视度		备　注
		小于30℃	小于45℃	小于60℃	大于60℃	软岩	硬岩	大	小	市区	田园	山岳	大	小	
填充基材	1 直播	○	○	△	△	○	△	○	△	×	○	○	×	○	
	2 植被袋	○	○	◎	◎	○	○	–	–	×	○	◎	×	○	
	3 苗栽植	○	○	○	○	○	○	○	△	○	○	×	○	×	
	4 球根栽植	○	○	○	○	○	○	○	△	○	○	×	○	×	
喷基材	1 喷播种子	◎	◎	◎	△	○	◎	–	–	○	◎	◎	○	◎	
	2 苗栽植	○	○	△	△	○	△	–	–	○	○	△	○	△	
	3 球根栽植	○	○	△	×	△	×	–	–	○	△	×	○	×	
无基盘	1 苗栽植	○	○	◎	◎	○	◎	–	–	○	○	○	○	○	

〈Check 项目的说明〉

坡　　度：30°以下→为缓坡。
45°以下→为略陡坡。
60°以下→为陡坡。
60°以上→为特别陡坡。

地　　质：软岩→主要是靠凿石作业，不用爆破就可以挖掘略有凝固的软岩。一般是为凝结岩和半凝结岩。地质时代为第三纪新统～藓新统。是古第三纪以前的堆积岩和火山岩等的强风化层和破碎带。
硬岩→比软岩硬的岩。压缩强度400kg/cm以上，弹性波速度2.5km/s以上，施密特锤的弹回度为60以上（不一定是统一的标准）。一般来说，我国的古代三纪以前的新鲜的花岗岩类、砂岩、黑硅岩、石灰岩及火山岩的安山岩、玄武岩等都是硬岩。

土　　量：大　→能确保较大的基盘材料（客土等）的容量。
小　→只能确保较小的基盘材料（客土等）的容量。

周边环境：市街→对象区域的大部分被建筑物等覆盖的场所。过往人群多，要求整治后马上出现完美的绿化造型，成本上允许略高一些。
田园→对象区域的大部分被农地、草地等覆盖的场所。要求整治后马上有一定程度的造型美。
山丘→比较陡的坡地，被草地覆盖的场所。要求经过一段时间逐渐地自然融于周边环境。

可 视 度：大　→通行量多，离步行者比较近等，容易被人们观察到的场所。
小　→一般步行者通行量不多的场所。

〈符号说明〉

◎：最适合。　　○：适合。　　△：虽然可以，但不是普遍应用。
×：不可能或不适当。　　–：在此项目里不恰当。

专栏
将坡面建成群落生境

我们说“将坡面建成群落生境”，肯定大家会想“说什么呢？这怎们可能？”但这是我们将来所要进行的技术开发。

到目前为止坡面绿化多使用草本植物的原因是容易着活，而且成本低。草本植物的优点是初期生长快，初期的防侵蚀效果好，能使表土层快速形成，使生态系统的恢复开始启动。但是，草本植物群落单一，根系对风化土层的保持力弱，而且因为容易衰退，使土壤坡面容易塌方。还有，生态系统的恢复很难持续下去。

植物的生长基盘有用有机材料的，也有用土砂的。按着“制造土壤，从种子开始培育”的理念，1983年开发了高级团粒喷射技术，这是一种通过建造具有团粒结构耐侵蚀的基盘，进行播种，实现快速绿化，促进植物迁移，快速恢复生态系统的施工方法。下面介绍一下这种施工方法。

这种施工方法是用高级团粒喷射技术，在坡面上建造出具有团粒结构（在农田和良好的森林表土层中常见的土壤结构）的生长基盘。具体做法是首先把粘性土壤做成泥浆（照片3.4），然后一边加进土壤一级粒子和长链状的超高分子（团粒剂）及空气使其进行混合反应，一边使具有粘着性的植物纤维交织在一起，依靠土壤一级粒子和超高分子的离子结合，形成具有耐侵蚀性的高级团粒结构，建造出靠模拟根系实现良好土壤保持效果的植被生长基盘（照片3.5）。

这种具有良好的耐侵蚀性植被生长基盘，由于可以在土壤表面制作出间隙（如果形成良好的团粒结构，土壤粒子不分散，维持很高的渗透性能，控制在土壤表面流出，防止土壤侵蚀），缓解雨滴的冲击，所以就没有必要进行植物的密植（目前由于栽种草本类的密植，使周边植物着生困难，延缓了植物群落的迁移）。使用这种方法，土壤表面的间隙成为接受周边植物着生的场所，成为植物群落迁移的契机（照片3.6）。这里有一个施工后10年的实例，当时建造的基面是5cm。经过种植红桤木、山桤木和从周边自然迁移过来的红松等13种树类，已形成树高4～5m的木本群落。另外，还在3cm的基盘上，形成了4cm的F · H层（被分解的有机质层）和3cm的落叶堆积，形成了森林土壤特有的有机质层。F · H层的存在，说明其相关分解者的存在，是落叶被蚯蚓、壁虱等土壤小动物粉碎和搅拌而成，这说明有机物的循环已经恢复。

遵循自然形成规律，对自然生态系统中的自然恢复能力给予支持。按着自然规律，首先制作地基，即从制作植物生长的土壤，作为土壤小动物、微生物巢穴的土壤开始，建立物质循环、食物链、植被迁移的整个系统。这时才可以说是群落生境的创建、复原。目前，再生群落技术以及群落的养护管理技术还很不成熟，今后还有必要进行研究。

照片3.4　土壤泥浆

照片3.5　土壤混合反应后

照片3.6　滋贺县米原町碎石场的植物群落迁移情况

(5) 混凝土覆盖坡地绿化施工方法

将混凝土覆盖坡地绿化施工方法，按栽植基盘建造施工方法做成以下对应组合表。与土壤、岩石坡地相比，大多数混凝土覆盖坡地的植物生长环境恶劣，景观也不够美观。要充分考虑与周围环境的协调，来决定栽植基盘建造施工方法和栽植方法。

表 3.6　混凝土覆盖坡地绿化施工方法对应组合表

Check 项目 栽植方法		坡　度				土　量		周边环境			可视度		备　注
		小于 30℃	小于 45℃	小于 60℃	大于 60℃	大	小	市区	田园	山岳	大	小	
填充基材	1 直播	○	○	△	△	○	△	×	○	○	×	○	
	2 苗栽植	◎	◎	◎	◎	◎	△	◎	○	○	◎	○	
	3 球根栽植	○	○	○	○	○	△	○	○	×	○	×	
喷基材	1 喷播种子	○	○	○	△	−	−	△	○	○	△	○	
无基盘	1 苗栽植	○	○	◎	◎	−	−	○	○	○	○	○	

〈Check 项目的说明〉

坡　　度：30° 以下→为缓坡。
45° 以下→为略陡坡。
60° 以下→为陡坡。
60° 以上→为特别陡坡。

土　　量：大　→能确保较大的基盘材料（客土等）的容量。
小　→只能确保较小的基盘材料（客土等）的容量。

周边环境：市街→对象区域的大部分被建筑物等覆盖的场所。过往人群多，要求整治后马上出现完美的绿化造型，成本上允许略高一些。
田园→对象区域的大部分被农地、草地等覆盖的场所。要求整治后马上有一定程度的造型美。
山丘→比较陡的倾斜地，被草地覆盖的场所。要求经过一段时间逐渐地自然融于周边环境。

可 视 度：大　→通行量多，离步行者比较近等，容易被人们观察到的场所。
小　→一般步行者通行量不多的场所。

〈符号说明〉

◎：最适合。　　○：适合。　　△：虽然可以，但不是普遍应用。
×：不可能或不适当。　　－：在此项目里不恰当。

专栏
用花造景的坡面绿化

到目前为止，在城市等人群来往较多的场所里，为了使坡面稳定，防止坡面侵蚀，一般情况下是先栽种上草坪草。其后的培育目标及对应的管理则很不明确，其结果经常出现杂草丛生的现象。

目前的坡面绿化几乎都是采用治山绿化时所开发出来的方法，没有经过任何改造，就应用在城市地区，所以才会造成上述的结果。

在城市经常进入人们眼帘的坡面上，应该积极地采用用花造景的绿化，使人们看到后感觉很美丽，提高其景观效果。因此，在设计时，要充分考虑到绿化对象的坡面形状、周边状况等，探讨如何提高绿化景观。为了达到和维持绿化景观的目的，还要对栽种的植物材料有充分的了解，进行认真的平整土地和养护管理等，使栽种的植物不被杂草压倒，保持持续的健壮生长。

绿化对象的坡面有各种各样，这里主要介绍土壤坡地和利用栽植用混凝土块进行施工的实例。

利用野花，进行高速公路出入口坡面的造景绿化（照片3.7）。其施工方法是事先将土壤坡地的杂草彻底清除，然后在铺设的植被网上喷播混入野花种子的客土材料。另外，管理方法是一年进行1～2次除草和开花后的剪枝，2年进行1次左右的追播、追肥。

近年来，采用栽植用混凝土块保护坡面及造景的例子越来越多。

利用栽植用混凝土块的施工方法是将其堆积起来，利用产生的空隙部分栽植植物，栽植基盘受制作空隙大小的影响，由于土壤量受到限制，除下雨外都处在干燥状态。另外，用混凝土构建物围起来之后，夏季晴天地温会显著上升，使干燥更加严重。

绿化成功与否与植物种类的选择有很大关系。特别是要选择耐干旱的植物种类，还要加上防止干旱的措施。另外，为了促进栽种植物的健壮生长，还要进行施肥管理。

照片 3.7 用野花进行高速公路出入口坡面造景绿化

照片 3.8 用栽植用混凝土块进行道路坡面的造景绿化

3.5 坡地绿化的课题

坡地的绿化虽然在我国只有30年的历史，但现在不但在岩石面上，甚至已经发展到了在认为绿化不可能的地方进行绿化的阶段。随着植被的迁移、成熟，绿化植被今后如何变迁还有很多不明确的地方。随着时代的进步，对坡地的绿化要求越来越高，因此也要求开发出相应的技术。下面叙述的是今后需要研究的有关课题。

（1）有关多样群落再生技术的课题

随着今后绿化质量的提高，要求有各种各样的再生群落，如花木及草花等观赏性高的群落、具有丰富的生物多样性的群落、防风效果好的群落、土壤保护群落、单一的具有永久性的群落、具有很高的改善环境能力的群落、使鸟·昆虫·动物聚集的群落等等。所以，需要增加植物的种类，这样就必须开发出适合各种植物群落的植被施工方法。今后，要对各种植物的发芽及整个生长过程与施工方法的关系，进行详细的调查研究，降低现有施工方法的成本，开发出更好的绿化施工方法。

（2）有关群落养护管理技术的课题

要求开发并确立防止上述再生群落发生灾害的管理方法，以及维持观赏植被状态，促进迁移等技术。

（3）有关开发地球环境保护技术的课题

"环境与开发联合国会议"明确指出，今后世界应保持环境保护与开发的平衡，达到可持续发展的目的。这里所说的"可持续发展"是指资源的循环利用，积极实施资源的再利用、有效利用，创造与自然和谐生存的体系。

近年来在坡地的绿化中，利用以往被烧掉或填埋的树皮、污泥、建筑用副产品等作为栽植基盘材料，将其还原于土壤，进行再利用。但是大多数施工基本还处于试验阶段，对植物生长状况的确认和如何预防生长障碍物质的发生方面研究的还不够。今后，希望能对各种方法进行跟踪调查，进一步完善各种技术。

[主要参考文献]

1) 倉田益二郎（1979）：緑化工技術，森北出版
2) 四手井綱英ほか（1982）：斜面緑化，鹿島出版会
3) 亀山章ほか（1989）：最先端の緑化技術，ソフトサイエンス社
4) 農業土木事業協会編（1991）：のり面保護工—設計・施工の手引，(社)農山漁村文化協会
5) 中島宏（1993）：植栽の設計・施工・管理，(財)経済調査会
6) 山寺喜成ほか（1993）：自然環境を再生する緑の設計—斜面緑化の基礎とモデル設計，(社)農業土木事業協会
7) 小橋澄治ほか（1995）：のり面緑化の最先端—生態，景観，安定技術，ソフトサイエンス社
8) 村井宏ほか（1997）：新編治山・砂防緑化技術—荒廃環境の復元と緑の再生，ソフトサイエンス社
9) 輿水肇ほか（1998）：緑を創る植栽基盤—その整備手法と適応事例，ソフトサイエンス社
10) 地盤工学会編（1998）：緑化・植栽工の基礎と応用，(社)地盤工学会

4. 道路空间的绿化

在本章里，我们把道路绿化空间大致分为人行道、隔离带、隔音壁、高架道路4种类型，分别叙述各自绿化时的注意事项、施工方法和施工实例。

人们期望道路绿化能够起到防止事故、造景、保护环境的作用。虽然道路两旁栽植的大多是高大树木，但我们这里要介绍的是在道路沿途导入地被植物，给过往行人和沿途的居民带来一些情趣和安闲的心理感觉。介于这一宗旨，最重要的是要掌握道路的环境特性，考虑到必要的生长基盘，选定使用植物和绿化施工方法。

4.1 道路绿化的内容

(1) 绿化目的和所要达到的效果

在道路空间利用地被植物进行绿化，希望能够达到以下的目的和效果。

① 以提高景观为目的的绿化

栽植具有自然树形的树木改善景观，将外观不太美观的场所及建筑物隐蔽起来，或是为了保护个人隐私，阻止行人视线进入内部私人空间，除此之外，还可以防止汽车尾气。另外，对于道路两旁无序立起的广告牌等影响景观的杂物，可以通过道路两旁的树木，给人以统一的感觉。在道路与周边自然环境及隧道口等人工建筑物之间栽植树木，使道路、自然环境、人工建筑物融为一体，创造出良好的景观。

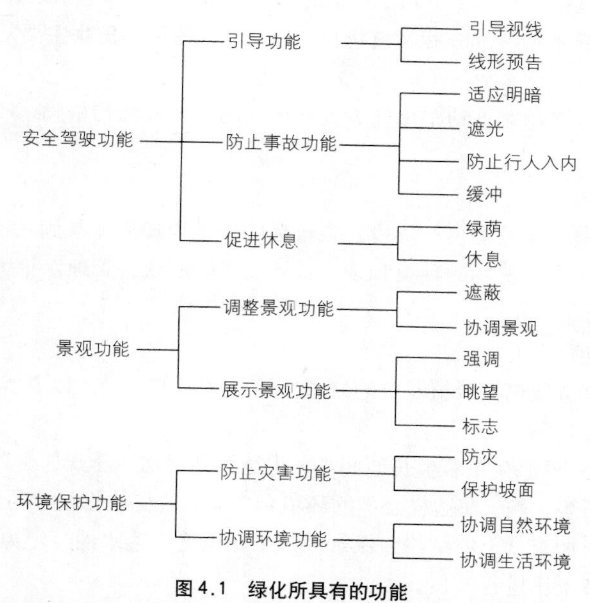

图 4.1 绿化所具有的功能

道路绿化保养协会（1977）：道路绿化业务——栽植篇，昭和52年版

② 以保护生活环境为目的的绿化

栽植树木对道路及沿途建筑物具有防风、防雪、防雾、防止飞砂、防火等功能。另外，为了保护沿途居民的生活，利用树木的吸声、隔声及使声音的传播途径绕射的作用，达到减轻噪声和缓解噪声的目的，通过树木对大气中CO_2和NO_2等气体污染物的吸收和对粉末状污染物的吸附，净化空气，缓解因机动车造成的大气污染。

③ 以交通安全为目的的绿化

沿道路的线形有规则地进行道路绿化，可以帮助机动车驾驶员弄清道路的地形和线形，中央隔离带的树木可以遮蔽对面机动车前灯的光线，防止晃眼，起到安全的作用。用低矮树木进行密植，还可以缓和道路飞出车辆的撞击，拦截车辆飞出道路外。

另外，栽植低矮树木和篱笆，可将步行者和自行车与机动车分离开，防止乱穿马路和在马路上停留。

(2) 绿化特征和注意事项

① 绿化特征

a) 绿化空间

道路绿化空间，给城市生活带来了方便和安全，增添了湿润和安闲的感觉，人类的舒适生活越来越离不开生物的存在了。

道路的绿化与公园、河流的绿化一样都是城市环境的重要环节。为了扩大绿化量，在人行道、中央隔离带、交叉点、交通岛、隔声壁、高架道路上下能栽植的地方都设计上绿地，根据居民生活多样性的要求，建造一个充满绿色情趣的城市，提高人们的生活质量。

b) 绿化期

绿化期根据其目的和对象空间的特性，可分为短期（临时性的绿化）、中期（持续数年的绿化）、长期（永久性的绿化）等多种。

c) 使用的植物种类

用于绿化的植物包括所有1年生和2年生的草本类植物、宿根植物、球根植物等各种各样的植物。另外，木本类的灌木和一部分藤类植物也可以利用。使用的植物主要是一些种子等在市面上容易买到的种类。

特别是道路绿化应选择对机动车尾气等大气污染物抵抗性强的植物，建筑物遮荫处则应选择耐阴的植物。

d) 养护管理

道路环境并不是植物生长的良好环境，栽植后的养护管理应尽量满足植物的生长要求。

根据道路的绿化形态、植物的种类和量、栽植场所的形状、管理水平等，结合实际采取切实可行的管理方法。

② 绿化中的主要注意事项

绿化中的重要注意事项包括栽植基盘的修整、植物种类的选择，以及养生管理要点。

a) 修整栽植基盘

道路的绿化场所几乎都存在着生长地面小、土壤条件恶劣、干燥、大气环境恶劣、被通行人们踩压等城市特有的严峻问题。在这样恶劣的环境条件下，栽植植物很容易发生生理障碍。因此，事先要对栽植基盘进行调查（土壤结构、保水性、干燥程度、透水性、肥力、排水性等），必要时还要对栽植地的构造及土壤进行改良。

b）植物种类的选择

选择合适的植物种类（耐寒性、耐旱性、耐阴性、耐暑性、对大气污染的抵抗能力以及株高、植株伸展度、花色、开花期、草型等），确定播种量和播种时期。

c）养生管理

主要进行去除杂草、灌水等的管理。

4.2 道路的绿化空间

根据道路构造的类型，将绿化空间分为人行道、隔离带、隔声壁、高架道路4种类型。

（1）人行道

人行道绿化空间是在人行道靠车道一侧，栽种上树木等植物，以路缘石为界的带状绿化空间（照片4.1、4.2）。

照片4.1　人行道绿化空间

照片4.2　人行道绿化空间

（2）隔离带

隔离带绿化空间是在来往方向的车道中间，以及为确保侧方空地而设计的带状道路部分的绿化空间。另外，还包括为了确保车辆的安全和通行顺畅，以及步行者过马路安全，在交叉点和车道分支处设计的岛状的绿化空间（照片4.3、4.4）。

照片4.3　隔离带绿化空间

照片4.4　隔离带绿化空间

(3) 隔音壁

隔音壁绿化空间主要是指在机动车专用道上，为防止车辆发生的噪音而设置的墙壁上的绿化（照片4.5、4.6）。

照片 4.5　隔音壁绿化空间

照片 4.6　隔音壁绿化空间

(4) 高架道路

高架道路绿化空间按高架道路的构造可分为：高架道路上的隔离带、收费所周围的栽植草部分、高架道路下的立面、高架道路的下面（雨水直接淋不到的地方）（照片 4.7、4.8）。

照片 4.7　高架道路绿化空间

照片 4.8　高架道路绿化空间

4.3 道路空间的环境特征

道路是以机动车和人通行为主要目的的，栽植地以外的地面被沥青覆盖着。另外，在人行道的地下，埋设着上下水道，地面上耸立着高楼，地下部和地上部的空间都受到限制。还有，机动车排出的尾气和粉尘，混凝土地面的热辐射等都会使植物产生生理障碍。

可见，道路空间无论是土壤条件还是气候条件，都要比自然树林和公园恶劣得多。以下分别介绍一下各自的环境特征。

(1) 人行道的环境特征

人行道的绿化环境有以下特性：

· 土壤被建筑物和铺装材料围起，只有局部露在外面，土壤的自然堆积方式和水循环被搅乱，一般情况下都会出现干燥和碱性化的问题。
· 由于落叶等都被清扫掉了，所以失去了伴随有机物还原所进行的养分自然循环，土壤肥力逐渐减弱。
· 市内由于高层建筑的遮挡，白天也很少有直射光，夏季混凝土面的反射和夜间照明是城市特有的环境。
· 大气污染物浓度一般都比较高，严重的地方会对植物生长造成影响。
· 有些地方，还会遭到人们的践踏。
· 空间大多受行人通行、信号灯、高架线的制约。

（2）隔离带的环境特征

隔离带的绿化环境有以下特征：
· 因宽度不同，情况各异，一般来说，土壤被人为移动、搅乱的情况比较多。
· 一般地，大气污染物浓度较高，在交通量多的地方会对植物生长造成影响。
· 夏季沥青和混凝土的反射强烈，还有夜间照明等城市特有的环境。
· 空间大多受信号灯、路标、视距等的制约。

（3）隔音壁的环境特征

隔音壁的绿化环境有以下特征：
· 日照条件受隔音壁方向的影响。一般来说，朝东的问题不大，朝南、朝西阳光强烈，反射也强，夏季白天最高表面温度可达到60℃左右。相反，朝北的几乎没有直射光，容易发生日照不足。
· 隔音壁本身几乎不具有保水性，在隔音壁的下部或上部（非常少）种植植物，水分条件是最大的问题。
· 隔音壁绿化处的土壤，几乎都不是植物生长的良好土壤（有效土层不足；水分、空气、养分不足；碱性土壤、坚硬土壤等），所以要根据情况进行换土、土壤改良等，改善土壤条件。

（4）高架道路的环境特征

高架道路的绿化环境有以下特征：
· 在高架道路的上部，由于栽植基盘是人工基盘，水分条件是最大的问题。
· 在高架道路的下部，虽然土壤一般是自然土壤，但经过施工的土砂移动、搅乱、建设残土和垃圾的混入、混凝土铺设等，一般都会发生碱性化等土壤不良现象。
· 因桥墩、桥梁等的遮荫，造成日照不足。
· 雨水和地下水被桥墩、桥梁挡住，容易干燥。
· 在高架道路的上部，机动车尾气污染物浓度高，植物容易发生生理障碍。

表 4.1 道路栽植地的环境条件、空间特性、需要考虑的树种特性

栽植地	环境条件	空间特性	树种特性
1. 人行道	· 土壤干燥 · 土壤肥力低 · 高浓度的大气污染 · 噪声 · 步行者的践踏 · 水泥、沥青的反射	· 栽植空间受到制约（因建筑物、住宅、道路的信号灯、路标等上、侧、下方都受到制约） · 构成街道的景观、形象	· 耐旱性 · 耐瘠薄性 · 对大气污染有一定的抵抗能力 · 减噪声效果 · 遮蔽效应 · 耐修剪，生长慢 · 观赏性
2. 中央分离带	· 高浓度的大气污染 · 土壤干燥，碱性化 · 土壤肥力低 · 水泥、沥青的反射	· 栽植空间受到制约（因道路的信号灯、路标等受到制约，有时不能让枝叶向侧方伸展） · 构成街道的景观、形象	· 对大气污染有一定的抵抗能力 · 耐旱性 · 耐瘠薄性 · 耐修剪，生长慢 · 观赏性
3. 斜面	· 高浓度的大气污染 · 土壤干燥，碱性化 · 土壤的侵蚀，塌方	· 增加城市绿地 · 提高城市景观 · 开旷空间	· 对大气污染有一定的抵抗能力 · 生长快 · 耐瘠薄性（特别是初期）
4. 交叉点，交通岛	· 高浓度的大气污染 · 温度上升和干燥 · 强风 · 土壤肥力低	· 需要确保透视性 · 窄小的栽植空间 · 城市景观上的重点	· 对大气污染有一定的抵抗能力 · 耐旱性 · 耐风性 · 耐瘠薄性 · 耐修剪，生长慢 · 观赏性
5. 隔音壁等墙壁	· 日照条件的制约 · 强风 · 干燥、过湿等水分条件不安定 · 高浓度的大气污染	· 垂直方向宽，水平方向窄 · 增加城市绿地 · 提高城市景观 · 种植植物防止隔音壁的反射光 · 种植植物防止壁面老化	· 耐阴性 · 耐风性 · 耐旱性 · 对大气污染有一定的抵抗能力 · 攀缘性（藤类植物） · 观赏性
6. 环境设施带	· 高浓度的大气污染	· 具有隔断噪声，减轻振动、尾气、粉尘等高浓度的大气污染，对环境起到保护作用 · 具有分离车道和人行道的作用 · 城市中间大的绿化空间	· 对大气污染有一定的抵抗能力（特别是要求靠近道路的植物有这种能力）
7. 人行过街天桥	· 高浓度的大气污染 · 温度上升和干燥 · 强风	· 人行过街天桥上是人工基面，桥下部因桥柱、桥梁遮荫 · 窄小的栽植空间 · 城市景观的重点	· 对大气污染有一定的抵抗能力 · 耐旱性 · 耐风性 · 耐阴性 · 耐瘠薄性 · 耐修剪，生长慢 · 观赏性
8. 步行平屋顶	· 高浓度的大气污染 · 温度上升和干燥 · 强风 · 建筑物遮荫	· 人工基面 · 窄小的栽植空间 · 构成城市景观形象	· 对大气污染有一定的抵抗能力 · 耐旱性 · 耐风性 · 耐阴性 · 耐瘠薄性 · 耐修剪，生长慢 · 观赏性
9. 高架桥下	· 土壤不良 · 日照不足 · 高浓度的大气污染 · 雨水、地下水被隔断 · 步行者的践踏	· 空间窄而长，可增加绿化量 · 有压迫感的空间	· 耐瘠薄性 · 耐阴性 · 对大气污染有一定的抵抗能力 · 耐旱性 · 遮蔽效果
10. 停车场	· 高浓度的大气污染 · 土壤干燥，碱性化 · 水泥、沥青的反射	· 大气污染物的排放源 · 宝贵的开旷空间 · 增加城市绿化量	· 对大气污染有一定的抵抗能力 · 耐旱性 · 观赏性
11. 沿路铺设的空地	· 高浓度的大气污染 · 噪音 · 土壤干燥，碱性化 · 步行者的践踏	· 构成城市景观形象 · 构成交流的场所 · 生活空间的一部分	· 对大气污染有一定的抵抗能力 · 减噪音效果 · 遮蔽效果 · 耐旱性 · 观赏性

公害预防协会编（1995）：引自大气净化树木手册

4.4 道路空间的绿化施工方法

我们把道路空间的绿化施工方法分为人行道、隔离带、隔音壁、高架道路4种类型，并做出了它们的栽植基盘施工方法和栽植方法对应组合表。首先要掌握环境特性、施工地的现状、施工成本等，探讨如何在道路上建造能使植物生长、固定的基盘工程。其次是决定建造栽植基盘的施工方法，根据对应组合表，将各项与设计条件等对照，选出合适的植物和栽植方法。以下是栽植基盘施工方法和栽植方法对应组合及施工事例。

(1) 栽植基盘建造方法和栽植方法

道路绿化一般是在栽植地盘狭窄、土壤条件恶劣、干燥、大气环境恶劣、常被行人们践踏的城市特有的严峻环境下进行的。建造栽植基盘时，要充分考虑到以上环境特性，建造出植物能够良好生长的基盘，创造出良好的栽植环境。

① 栽植基盘施工方法的分类

栽植基盘的基本建造工程可以分为5种，下面是各种方法的概要。

a）土壤改良

土壤改良是在原有不良土壤内加入土壤改良剂，改善土壤的物理性状、化学性状以及生物状况，使其符合植物生长的要求。土壤改良剂有多种类型，要根据栽植地的土壤特性进行选择。另外，肥料也是重要因素之一，这里将把肥料作为土壤改良剂之一进行介绍。

土壤改良剂有有机质系列、无机物系列、高分子系列、微生物系列，其中常用的是有机质系列。栽植基盘上腐殖质（有机质成分）的作用很大，是不可缺少的。在酸性土壤中，需要将有基质材料和石灰一起施用。在低洼地和湿地中施入有机质材料，容易引起烂根，所以最好使用无机物系列和高分子系列的土壤改良剂，使用时要根据材料的不同特性进行选择。

b）全部施加客土

是用从其他地方搬运来的优质土壤（栽培用土）对全部栽植地进行换土的方法。多数情况下还混入土壤改良剂。

客土一般是用黑褐色腐殖质多（含腐殖质5%以上）的土壤，土壤性质应为沙质壤土·壤土·粉沙质壤土·沙质壤土·沙质粘壤土·粘壤土，pH值在5.5～5.6左右，没有瓦砾和有害物质的混入，水分状态为手握有潮湿的感觉，硬度为耕作时可散开（山中式硬度计测试硬度最好为7以下，最大不能超过20）为准。

c）局部施加客土

在栽植部分点施或线施栽植用土。

d）填充基盘材料

是用容器（栽植箱）等制作栽植基盘的方法。这种方法可以用于垂直面和壁面。但是，多数情况下，很难确保植物生长足够的栽植土壤，而且水分供给也十分困难，所以，选择使用栽植土壤和栽植箱等时，要充分考虑环境特性。

e）无基盘

在绿化面上不能确保栽植基盘的情况下，可用藤类植物从壁面等的下侧进行绿化。

② 栽植方法

这里列举了7种基本栽植方法，下面叙述各种方法的特征和可使用植物种类的特征。

a）直接播种

【施工方法的特征】

是将种子直接播在栽植基盘上的施工方法。成本低、施工速度快，但如果没有很好的防止飞散、流失、干燥的措施，很可能导致失败。适用于土壤硬度23mm（山中式）以下的粘土和27mm以下的沙质土。刚施工后几乎没有耐侵蚀性，多用于小规模的栽植地。已经铺设的道路一般不使用。

【使用的植物种类】

所有种子植物。用地上茎等繁殖的植物。硬羊茅、细羊茅等草类、野花类。玉柏类茎叶。

b）铺设植被垫

【施工方法的特征】

是将装有种子和肥料等的席子、纤维制品、毡状垫等用人工的方法固定在栽植处的施工方法。适用于沙土、混有石砾的砂土，也适用于干燥地和结冻的粘土。垫子有防止种子流失和防止侵蚀的效果。

如果栽植地凹凸不平，容易使垫子浮起或被风吹跑，所以施工前要先平整凹凸。特别是要将垫子端部牢牢固定。可根据土质等现场条件选择不同材质的垫子。

【使用的植物种类】

所有种子植物。

c）铺设植被带

【施工方法的特征】

是把装有种子和化肥等的布、纸、切草、合成网、绳子等纤维带进行固定的施工方法。适用于土壤较多的培土地的小面积施工。刚施工后没有耐侵蚀性。

【使用的植物种类】

所有种子植物。

d）种子喷播

【施工方法的特征】

是用压力泵等把种子、肥料、防侵蚀剂等混合物喷在栽植地上的施工方法。适用于土壤硬度在23mm（山中式）以下的黏土和27mm以下的沙质土。

【使用的植物种类】

多花黑麦草、细羊茅等外来草种。三叶草、艾蒿、马棘、胡枝子、铁扫帚、鼬胡枝子等。还包括野花类的种子。

e）铺植草皮

【施工方法的特征】

先将栽植地内的树根、杂草、石块等清除干净，平整好土地，然后在上面铺草皮。在坡地上，为了使苗在扎根之前不发生移动，要用钎子等固定。铺完草皮后，用磙子碾压，均匀地覆土。然后充分灌水。刚施工后就具有耐侵蚀性。

近年来除草坪类外，其他使用垫状铺植施工的苗类也逐渐多起来，在本章里将穿插在铺植草皮施工中介绍。

【使用的植物种类】

结缕草、细叶结缕草、沿阶草、苔藓类。现在，球根类等也在进行垫状铺植施工苗的生产。

f）苗栽植

【施工方法的特征】

在栽植地上挖栽植穴，在穴里填充上客土、肥料、土壤改良剂，将苗木一颗一颗地栽植到栽植穴中。最好不要露出裸地，如果露出裸地要用草等进行覆盖，另外，还需要采取防止栽植地侵蚀的措施。

【使用的植物种类】

所有植物。木本类、矮竹类常用这种施工方法。

g）球根栽植

【施工方法的特征】

每处栽植1至数个球根的施工方法。这种施工方法多用于造景工程。道路空间中，多用于花坛的绿化，与钵苗一起使用。

【使用的植物种类】

所有球根类植物。

(2) 绿化空间与基盘建造施工方法·栽植方法的对应关系

表4.2中列出了上述的“绿化空间”和“基盘建造施工方法·栽植方法”的基本对应关系。不同的绿化空间可根据此表选择合适的施工方法。

基盘建造工程要充分考虑实施绿化处的土壤和水分条件等的环境特性，选择合适的施工组合。

下几页是在人行道、隔离带、隔音壁、高架道路上的具体施工实例，供参考。

表4.2　绿化空间和基盘建造施工方法·栽植方法的关系

道路空间的分类	基盘建造施工方法	栽植方法						
		直播	植被垫	植被带	喷播种子	铺草皮	苗栽植	球根栽植
人行道	土壤改良	○	○	○	○	○	○	○
	无基盘	○	–	–	–	–	○	–
	全面客土	○	○	○	○	○	○	○
	局部客土	–	–	○	–	–	○	○
	填充基材	○	–	–	–	–	○	○
隔离带	土壤改良	○	○	○	○	○	○	○
	无基盘	○	–	–	–	–	○	–
	全面客土	○	○	○	○	○	○	○
	局部客土	–	–	○	–	–	○	○
	填充基材	○	–	–	–	–	○	○
隔音壁	填充基材	–	–	–	–	–	○	○
	无基盘	–	–	–	–	–	○	–
高架道路	全面客土	○	○	○	○	○	○	○
	局部客土	–	–	○	–	–	○	○
	填充基材	○	–	–	–	–	○	○
	无基盘	○	–	–	–	–	○	–

■ 绿化空间和绿化施工方法（事例）

绿化空间	人行道（局部客土）	绿化施工方法	苗栽植	No.1
名称	东京都港区			
绿化目的	道路造景绿化			
基盘修整	农田土（黑土）			
辅助材料	绿化篱笆			
使用植物	迎春花			
备注	篱笆的上部枝叶繁茂，下部绿化需要一定的时间。			

绿化空间	人行道（全面客土及土壤改良）	绿化施工方法	苗栽植	No.2
名称	爱知县名古屋市			
绿化目的	人行道的栅栏上的绿化			
基盘修整	在现有土内混入珍珠岩（30cm深）后，再在上面均匀地覆盖上山砂中混入树皮、蛭石堆肥的客土（50cm）。			
辅助材料	网篱笆			
使用植物	常春藤、荀子、迎春花			
备注	生长旺盛，有些过于繁茂（特别是迎春花）。			

绿化空间	人行道（全面客土及土壤改良）	绿化施工方法	苗栽植	No.3
名称	爱知县名古屋市			
绿化目的	绿化带中人行道的造景绿化			
基盘修整	均匀地覆盖上山砂中混入树皮堆肥、蛭石的客土。			
辅助材料	管状栅栏			
使用植物	金丝桃、常春藤等			
备注	由于人们的践踏，有几处发生了衰退。			

绿化空间	隔离带（全面客土及土壤改良）	绿化施工方法	苗栽植	No.4
名称	爱知县名古屋市			
绿化目的	中央分离带的造景绿化			
基盘修整	撤去以前的草坪后，在原有地面上混入树皮堆肥。			
辅助材料				
使用植物	墨西哥玉柏			
备注	生长繁茂，抑制了杂草的生长。由于栽种的是墨西哥玉柏（耐旱性强的植物），既使不浇水效果也很好。			

绿化空间	隔离带（无基盘）	绿化施工方法	苗栽植	No.5
名称	东名高速			
绿化目的	中央隔离带遮光绿化			
基盘修整				
辅助材料	新型金属篱笆			
使用植物	野木瓜、宿根麝香豌豆花、日本络石、凌霄、铁线莲、迎春花、木香花、金银花、比格诺滕、扶芳藤			
备注	施工一年半后，绿化量增加，充分起到了遮光作用。			

绿化空间	隔离带（无基盘）	绿化施工方法	苗栽植	No.6
名称	爱知县名古屋市			
绿化目的	车道隔离带的隔离栅栏绿化			
基盘修整				
辅助材料	管状栅栏			
使用植物	常春藤			
备注	常春藤缠绕栅栏的良好状态。			

绿化空间	隔离带	绿化施工方法	植被垫	No.7
名称	爱知县名古屋市			
绿化目的	车道隔离带的抑制杂草试验			
基盘修整	均匀地覆盖上山砂中混入树皮堆肥、蛭石的客土。			
辅助材料	铺植植被垫（与覆盖材料一体的植被、垫状的植被）			
使用植物	松叶菊（与覆盖材料一体的植被）、常春藤（垫状的植被）			
备注	由于周边杂草的侵入和缺水，出现了枯萎和生长不良。			

绿化空间	隔离带	绿化施工方法	植被垫，基盘一体型	No.8
名称	爱知县名古屋市			
绿化目的	车道隔离带的抑制杂草试验			
基盘修整	使用透水苫布（不织布），将下层地面和栽植基盘分离开，然后在上面均匀地铺上火山砂砾，铺植景天类植被垫。			
辅助材料				
使用植物	景天类、 芳香草类（雏菊、瞿麦等）			
备注	由于夏季因缺水，出现了芳香草类枯萎及景天类的衰退。使用透水苫布，出现了薄层状态，抑制了大型杂草的侵入，但是杂草根穿透了透水苫布，所以用有孔塑料效果也许会更好。			

绿化空间	隔音壁（填充基盘材料）	绿化施工方法	苗栽植	No.9
名称	茨城县筑波市			
绿化目的	隔音壁实验装置			
基盘修整	在用固体的甘蔗残渣、纤维垫做成的东西中加入人工土壤和高分子混合剂等。			
辅助材料	雨水管			
使用植物	墨西哥玉柏、松叶菊、金钱掌			
备注	雨水灌溉区，生长持续。墨西哥玉柏生长最好。			

绿化空间	隔音壁（无基盘）	绿化施工方法	苗栽植	No.10
名称	千叶县（京叶道路）			
绿化目的	隔音壁的造景绿化			
基盘修整	沙质土壤，坡顶朝南培土			
辅助材料	网			
使用植物	爬山虎			
备注	5年后约有75%被覆盖，呈密集状态，没有发现病虫害。			

绿化空间	隔音壁（无基面）	绿化施工方法	苗栽植	No.11
名称	千叶县（京叶道路）			
绿化目的	隔音壁的造景绿化			
基盘修整	沙质土壤，坡顶朝南培土			
辅助材料	网眼篱笆			
使用植物	常春藤			
备注	5年后呈斑点状态。附着性强，密生。			

绿化空间	高架道路（全面客土）	绿化施工方法	苗栽植	No.12
名称	爱知县名古屋市			
绿化目的	高架道路下中央隔离带的绿化			
基盘修整	均匀地覆盖上山砂中混入树皮堆肥、珍珠岩的客土。			
辅助材料	自动灌水装置			
使用植物	富贵草			
备注	由于有自动灌水装置，生长良好。			

绿化空间	高架道路（全面客土）	绿化施工方法	苗栽植	No.13
名称	东京都江东区			
绿化目的	高架道路下空间的绿化			
基盘修整	将现有土层耕30cm，然后均匀地铺上20cm厚的壤土。			
辅助材料				
使用植物	珊瑚木、绣球花、海桐花、八角金盘、连翘、日本六道木、毛瑞香、雪球杜鹃、常春藤、沿阶草、宽叶矮竹、富贵草、橐吾、蝴蝶花、细叶结缕草等			
备注	实施日常管理，经过10年仍生长良好。			

绿化空间	高架道路（填充基盘材料）	绿化施工方法	苗栽植	No.14
名称	东京都大田区			
绿化目的	高架道路栏杆等的绿化（实验施工）			
基盘修整	使用黑土和4种人工土壤			
辅助材料	隔热栽植箱，非隔热栽植箱，金属网桶			
使用植物	常春藤、松叶菊			
备注	用栽植箱底面给水的方式，为了便于施工和管理，容器内外可分开。			

绿化空间	高架道路（填充基盘材料）	绿化施工方法	苗栽植	No.15
名称	奈良县大和高田市			
绿化目的	高架道路上路边的绿化带			
基盘修整	摆设装有50%砂土和50%珍珠岩混合改良土壤及100%人工轻质土壤的栽培箱。			
辅助材料	地面覆盖材料			
使用植物	细叶结缕草、萱草、南天竹、矮桧、松叶菊、丛生福禄考			
备注	改良土壤区和人工土壤区匀生长良好。			

(3) 人行道绿化施工方法

将人行道绿化施工方法，按栽植基盘建造施工方法做成以下对应组合表。在充分考虑人行道栽植地状况及环境特性等基础上，选定栽植基盘建造施工方法和栽植方法。

表4.3 人行道绿化施工方法对应组合表

栽植方法 \ Check项目		道路种类		周边环境			可视度	
		干线	其他	市区	田园	山岳	大	小
全面客土及土壤改良	1 直播	△	△	△	○	○	△	○
	2 植被垫	△	△	△	○	○	△	○
	3 植被带	△	△	△	○	○	△	○
	4 喷播种子	△	△	△	○	○	△	○
	5 铺植草皮	◎	◎	◎	○	○	◎	○
	6 苗栽植	◎	◎	◎	◎	△	◎	△
	7 球根栽植	○	○	○	△	×	○	×
无基盘	1 直播	△	△	△	△	×	△	×
	2 苗栽植	◎	◎	◎	△	×	◎	×
局部客土	1 植被带	△	△	△	○	○	△	○
	2 苗栽植	◎	◎	◎	◎	△	◎	△
	3 球根栽植	○	○	○	△	×	○	×
填充基盘材料	1 直播	△	△	△	△	△	△	△
	2 苗栽植	◎	◎	◎	◎	△	◎	△
	3 球根栽植	○	○	◎	△	×	◎	×

〈Check 项目的说明〉

道路种类：干线→车辆、行人不断来往的道路。
其他→上述以外的道路。

周边环境：市街→对象区域的大部分被建筑物等覆盖的场所。过往人群多，要求整治后立即出现完美的绿化造型，成本允许略高一些。
田园→对象区域的大部分被农地、草地等覆盖的场所。要求整治后立即有一定程度的造型美。
山丘→比较陡的倾斜地，被草地覆盖的场所。要求经过一段时间逐渐地自然融合于周边环境。

可 视 度：大 →通行量多，离步行者比较近等，容易被人们观察到的场所。
小 →一般步行者通行量不多的场所。

〈符号说明〉

◎：最适合。 ○：适合。 △：虽然可以，但不是普遍应用。
×：不可能或不适当。 －：在此项目里不恰当。

(4) 隔离带绿化施工方法

将隔离带绿化施工方法，按栽植基盘建造施工方法做成以下对应组合表。在充分考虑隔离带栽植地状况及环境特点基础上，选定栽植基盘建造施工方法和栽植方法。

表4.4　隔离带绿化施工方法对应组合表

栽植方法	Check 项目	道路种类		周边环境			可视度	
		高速	普通	市街	田园	山岳	大	小
全面客土及土壤改良	1 直播	△	△	△	○	○	△	○
	2 植被垫	△	△	△	○	○	△	○
	3 植被带	△	△	△	○	○	△	○
	4 喷播种子	△	△	△	○	○	△	○
	5 铺植草皮	○	◎	◎	◎	△	◎	△
	6 苗栽植	◎	◎	◎	◎	◎	◎	◎
	7 球根栽植	×	○	○	△	×	○	×
无基盘	1 直播	×	△	△	△	×	△	×
	2 苗栽植	◎	◎	◎	△	△	◎	△
局部客土	1 植被带	△	△	△	○	○	△	○
	2 苗栽植	◎	◎	◎	◎	◎	◎	◎
	3 球根栽植	×	○	○	△	×	○	×
填充基盘材料	1 直播	×	△	△	△	△	△	△
	2 苗栽植	×	◎	◎	◎	△	◎	△
	3 球根栽植	×	○	◎	△	△	◎	△

〈Check 项目的说明〉

道路种类：高速→机动车专用道路

普通→上述以外的道路

周边环境：市街→对象区域的大部分被建筑物等覆盖的场所。过往人群多，要求整治后立即出现完美的绿化造型，成本上允许略高一些。

田园→对象区域的大部分被农地、草地等覆盖的场所。要求整治后立即有一定程度的造型美。

山丘→比较陡的倾斜地，被草地覆盖的场所。要求经过一段时间逐渐地自然融合于周边环境。

可 视 度：大　→通行量多，离步行者比较近等，容易被人们观察到的场所。

小　→一般步行者通行量不多的场所。

〈符号说明〉

◎：最适合。　○：适合。　△：虽然可以，但不是普遍应用。

×：不可能或不适当。　－：在此项目里不恰当。

专栏
人行道绿化要点

· 在人行道较宽的情况下，栽植带可尽量设置宽一些，将常绿树、落叶树、高大树木、中高树木、低矮树木、地面植被进行合理组合，形成多层次、多叶量的树林带，对污染气体和粉尘扩散起到吸收和吸附作用。
· 在上述可以设置较宽树林带的地方，靠车道侧应主要栽植对大气污染抵抗力强、一年四季都具有净化效果的常绿高大树木，以增加绿叶面积。靠人行道侧则可以栽植一些落叶树和观花、观果的花木，创造出有四季变化、有情趣的空间。
· 为了提高对污染气体的隔断、扩散、吸收效果，可以在人行道栽植带的车道侧，用对大气污染抵抗力强的常绿树建成树墙。树墙在栽植带较窄的地方也可以使用，是一种很有效的方法。
· 为了与邻接公园等的绿地、公共设施、已有绿地保持连续性，希望能够从整体上考虑，建成一条有规模的绿化带，提高大气净化能力和城市景观效果。
· 人行道较窄，没有多余的栽植空间时，不要在车道两侧设置栽植带，只在一侧设栽植带，这样可以有较大的余地，来栽植高大的树木。

专栏
隔离带绿化要点

中央隔离带

· 选择对大气污染抵抗性强、一年四季都有隔断效果和吸收效果的常绿树，最好是枝叶繁茂、耐修剪、叶子光滑、不容易附着油污等的树种。
· 隔离带较窄的地方，应以中低矮树木和地被植物为主，栽成一行。隔离带较宽的地方，可将常绿树、落叶树、高大树木、中高树木、低矮树木、地面植被合理组合，形成多层次、多叶量的树林带，构成城市景观。
· 人行道的绿化因为有信号灯、路标、电线、电话线等障碍，还要考虑沿街的日照权等问题，给绿化带来了各种各样的不便，但中央隔离带这些问题就比较小。所以，可以采取缩小人行道绿化带的宽度，增加中央隔离带宽度的方法，在中央隔离带中栽种高大的树木。
· 在靠近斑马线的交叉点处，为了确保步行者的视线和安全，应栽种低矮树木和地被植物。

交叉点，交通岛

· 由于大气污染浓度高，所以要选择常绿树中对大气污染抵抗力强的树种。
· 在比较宽的交通岛上，可以进行高大树木、中高树木、低矮树木的组合，增加绿化量，但交通岛最主要的功能是确保安全，重要的是要确保视线不受影响，所以在比较窄的地方，应种植低矮树木和地被植物。
· 栽种高大树木时，要确保枝下空间在2.5m以上，所以要注意树种的选择和剪枝等管理。为了确保视线不受影响，当然栽种伸展幅度小的树种是一种方法，但叶量越多对大气的净化效果越好。
· 在交叉点的角形地带等制约比较小的地方，可以进行常绿树、落叶树、高大树木、中高树木、低矮树木、地面植被的合理组合，形成多层次、多叶量的树林带，建造成像公园一样的绿化带，提高大气的净化效果。

(5) 隔音壁绿化施工方法

将隔音壁的绿化施工方法，按栽植基盘建造施工方法做成以下对应组合表。与人行道和隔离带相比，隔音壁的植物生长环境一般都比较恶劣，景观效果也不理想。要充分考虑环境特性决定栽植基盘建造施工方法和栽植方法。

表 4.5　隔音壁绿化施工方法对应组合表

Check 项目 / 栽植方法		道路种类		周边环境			可视度	
		高速	干线	市街	田园	山岳	大	小
填充基盘材料	1 苗栽植	○	○	○	○	△	○	△
	2 球根栽植	△	△	○	△	△	○	×
无基盘	1 苗栽植	◎	◎	◎	◎	◎	◎	○

〈Check 项目的说明〉

道路种类：高速→机动车专用道路
干线→车辆、行人不断来往的道路

周边环境：市街→对象区域的大部分被建筑物等覆盖的场所。过往人群多，要求整治后立即出现完美的绿化造型，成本上允许略高一些。
田园→对象区域的大部分被农地、草地等覆盖的场所。要求整治后立即有一定程度的造型美。
山丘→比较陡的倾斜地，被草地覆盖的场所。要求经过一段时间逐渐地自然融合于周边环境。

可 视 度：大　→通行量多，离步行者比较近等，容易被人们观察到的场所。
小　→一般步行者通行量不多的场所。

〈符号说明〉

◎：最适合。　○：适合。　△：虽然可以，但不是普遍应用。
×：不可能或不适当。　－：在此项目里不恰当。

专栏

隔音壁绿化要点

· 隔音壁等壁面的绿化多用藤本类植物，绿化能否成功与壁面的形状、选用的藤本类植物以及攀缘辅助材料或下垂辅助材料有关。

· 由于藤本类植物的攀缘方式和伸长量因种类不同而差异很大，所以要根据壁面的构造和材料以及规模、栽植地的位置等，选择绿化方式和植物种类。藤本类植物年伸长量较大的有爬山虎、紫藤等，每年平均伸长2.5m（最长约5m）；生长速度中等的有常春藤、野木瓜等每年平均伸长1～1.5m；生长速度慢的有叶子花、日本络石等，每年平均伸长1m左右。要想把高约5m的壁面全部覆盖上，生长快的大约需要2年，生长慢的大约需要4年。

· 卷须和卷藤类的藤本类植物需要有攀缘材料，所以要设置网、格子、棚子等辅助材料。利用格子状辅助材料时，要根据藤本类植物的种类选择格子的大小，如通草、常春藤类在小格子上容易攀登（5～10m左右），紫藤、葡萄等在大格子上容易攀登（20cm以上）。一般来说，格子的大小以植物叶子容易穿过为准。还要考虑对重量、风压的承受能力，由于栽植后不容易移栽，如果是长期使用，还要具有一定的耐久性。

· 利用有气生根、吸盘等吸着型植物时，在混凝土块和混凝土搭放的多孔、凸凹不平的壁表面上容易攀登，相反在光滑的壁面上，则要进行表面处理，使壁面形成粗孔质地，或加辅助格子等。但是，当植物在壁面上下垂时，由于风吹会造成摩擦，引起植物生长障碍，从这一点来考虑最好是壁面光滑。

（6）高架道路绿化施工方法

将高架道路的绿化施工方法，按栽植基盘建造施工方法做成以下对应组合表。与人行道和隔离带相比，高架道路的植物生长环境一般都比较恶劣，景观效果也不理想。要充分考虑环境特性决定栽植基盘建造施工方法和栽植方法。

表4.6 高架道路绿化施工方法对应组合表

栽植方法 \ Check 项目		栽植场所			周边环境			可视度		备注
		高架桥上	高架桥立面	高架桥下	市街	田园	山岳	大	小	
全面客土及土壤改良	1 直播	×	×	△	△	△	×	△	×	
	2 植被垫	×	×	△	△	△	×	△	×	
	3 植被带	×	×	△	△	△	×	△	×	
	4 喷播种子	×	×	△	△	△	×	△	×	
	5 铺植草皮	×	×	○	○	△	×	○	△	
	6 苗栽植	×	×	◎	◎	△	×	◎	△	
	7 球根栽植	×	×	○	○	△	×	○	×	
局部客土	1 植被带	×	×	△	△	△	×	△	×	
	2 苗栽植	×	×	◎	◎	△	×	◎	△	
	3 球根栽植	×	×	○	○	△	×	○	×	
填充基盘材料	1 直播	△	×	△	△	△	×	△	△	
	2 苗栽植	△	×	◎	◎	△	×	◎	△	
	3 球根栽植	△	×	○	○	△	×	○	×	
无基盘	1 直播	×	×	△	○	×	×	○	×	
	2 苗栽植	×	◎	◎	◎	△	×	◎	×	

〈Check 项目的说明〉

栽种场所：高架桥上→高架桥上的隔离带，收费站周边等

高架桥立面→高架桥的立面

高架桥下→高架桥下，雨水直接淋不到的地方

周边环境：市街→对象区域的大部分被建筑物等覆盖的场所。过往人群多，要求整治后立即出现完美的绿化造型，成本上允许略高一些。

田园→对象区域的大部分被农地、草地等覆盖的场所。要求整治后立即有一定程度的造型美。

山丘→比较陡的倾斜地，被草地覆盖的场所。要求经过一段时间逐渐地自然融合于周边环境。

可 视 度：大 →通行量多，离步行者比较近等，容易被人们观察到的场所。

小 →一般步行者通行量不多的场所。

〈符号说明〉

◎：最适合。 ○：适合。 △：虽然可以，但不是普遍应用。

×：不可能或不适当。 －：在此项目里不恰当。

专栏
高架道路绿化要点

高架道路上

· 由于高架道路上都是人工基盘，所以存在着载重量、坡度、排水设施、防水等问题。特别是载重量与植物栽植基盘的厚度有很大关系。大多数情况下，不能铺设较厚的土壤，使植物生长受到影响。因此，在这样不利的环境条件下，要选择保水能力强的土壤和耐旱性强的植物，还要考虑大气污染和风的影响等。

高架道路下

· 高架道路下日照和降水多不足，所以一定要选择耐阴性、耐旱性强的植物。另外，在光照条件比较好的苗圃中育成的植物，如果直接移栽到光照条件不好的场所，会出现生长不良等现象，最好事先在弱光下进行驯化。

· 由于基本上接受不到降雨，所以原则上要设置灌溉设施进行人工灌溉。灌溉装置最好是喷灌，以弥补不能靠降雨冲洗叶面的缺欠。最近多采用自动灌溉系统。还可以考虑利用高架桥上贮存的雨水过滤后使用等经济有效的方法。

· 高架道路下的环境条件对植物生长非常不利，再加上过往人群的破坏和践踏，植物生长明显受到影响。因此，应进行适当的密植，设置低栅栏，防止行人进入绿地。

· 由于高架道路下的绿化植物处在上述不利条件下，所以在一般栽植地不会造成太大伤害的病虫害，在这里可能会造成毁灭性的灾害。经常可以看到，本来是为了美化环境的绿化，却因生长不良，变成一片荒废的景象。因此，应定期巡视，进行灌水、施肥、除草、病虫害防治、补植、清扫等管理。

高架道路立面

· 高架道路立面比隔音壁的降雨、日照条件更差，要选择更耐干旱、耐阴的藤类植物。

· 其他可按隔音壁绿化要点实施。

[主要参考文献]

1） 亀山章ほか（1989）：最先端の緑化技術，ソフトサイエンス社

2） 中島宏（1993）：植栽の設計・施工・管理，(財)経済調査会

3） (株)プレック研究所編（1995）：大気浄化植樹マニュアル，公害健康被害補償予防協会

4） 三沢彰（1995）：道路の緑の機能―環境緑地帯の構造と効果―，ソフトサイエンス社

5） (財）都市緑化技術開発機構特殊緑化共同研究会編（1996）：②新・緑空間デザイン技術マニュアル，誠文堂新光社

6） 亀山章ほか（1997）：エコロード―生き物にやさしい道づくり，ソフトサイエンス社

7） 輿水肇ほか（1998）：緑を創る植栽基盤 その整備手法と適応事例，ソフトサイエンス社

8） 中島宏ほか（1999）：道路緑化ハンドブック，山海堂

9） 日本造園学会（1978），造園ハンドブック，技報堂出版

5. 城市设施空间的绿化

在本章里，我们把城市设施地被绿化空间大致分为人工地面·屋顶、坡面屋顶、壁面3种类型，分别叙述各自绿化时的注意事项、施工方法和施工实例。

城市设施既有高楼及住宅等的屋顶，也有壁面及污水场等土木建筑物上面的人工地面等。在这些设施上，如果没有人为的帮助，植物是不可能良好地生长的。要根据这些实际情况，掌握城市设施的环境特性，充分考虑到必要的生长基盘，选定使用植物和绿化施工方法。

5.1 城市设施绿化的内容

(1) 绿化目的和所要达到的效果

在城市设施上利用地被植物进行绿化，希望达到以下目的和效果。

① 以改善居住环境和商业空间为目的的绿化

a) 改善物理环境条件

在改善物理环境条件方面，可以利用植物的生理功能，吸收或吸附从机动车、住宅、办公室等排出的大气污染物，达到净化大气的效果。还可以在屋顶·人工地面和墙面上进行绿化，调节太阳辐射，抑制气温的上升，同时还可以达到调节湿度的效果。另外，虽然植物本身的隔音、吸音效果并不是很大，但绿色给人们带来的心理效应，会超出实际降低噪声的效果。

b) 生理·心理效果

高度人工化的城市生活会给人们带来各种各样的生理·心理上的负担。为了减轻在这样的城市中生活的人们的精神负担，使人们过上有情趣的生活，在城市的人工设施上创造出绿色，会起到消解压力的效果。另外，混凝土和钢铁等人工建筑物，也会因为有了绿色而变得柔和，起到更好的造景效果。

c) 防火·防热效果

表5.1 藤类植物的耐火性

树 种	起火界限 (kcal/m²·H)	起火界限 (℃)
日本络石	19,700	340～420
洋常春藤	19,400	360～450
常春藤	19,400	310～400
葛藤	19,000	200～340
爬山虎	18,000	340～400
常绿阔叶树	13,400*	455
落叶阔叶树（着叶时）	13,900*	407
针叶树	12,020*	409

* 由于实验条件不同，不能直接进行比较。

城市绿化技术开发机构 特殊绿化协同研究会编（1995）：①新·绿空间设计普及手册，诚文堂新光社

有些植物具有很强的耐火性，特别是利用藤类植物进行绿化的壁面，其植物有抑制火灾发生和火灾发生时大幅度降低辐射热的效果。也许可以利用这些特性，选择和配置适当的植物种类，提高火灾等避难逃路的安全性。

② 以提高经济性为目的的绿化

a）建筑物的保护效果

在人工地面上或墙面上等进行绿化，会减轻酸雨、紫外线等对防水层和墙面等的侵蚀，提高建筑物的耐久性。以下介绍的是调查实例。

屋顶绿化部分挖掘调查（公团K团地 调查：城市绿化开发机构）

照片5.1 绿化部分的混凝土表面
表面很新，像刚施工完一样

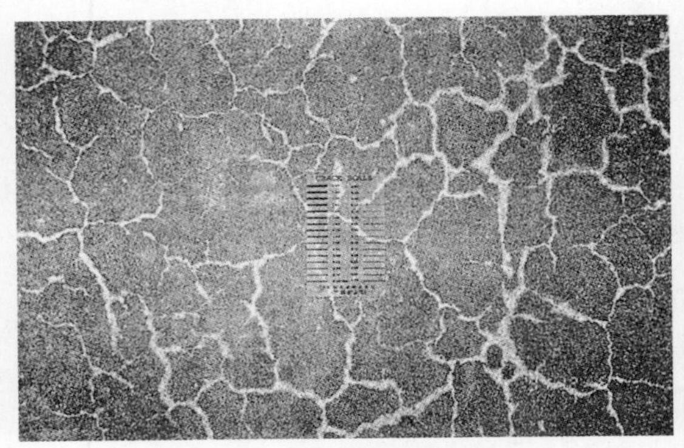

照片5.2 露出部分的混凝土表面
裂缝很多，老化程度很高

另外，在人工地面的混凝土上绿化时，要培10cm左右的土壤，培土下面几乎没有温度的变化。因此，减轻了温度变化对建筑物的影响，从而也提高了建筑物的耐久性。

b）节约空调费用的效果

通过对屋顶和墙面的绿化，在夏季可使屋顶最多降低温度15℃，下面房间的室温降低2.0～2.4℃，冬季可增加室内的保温性。起到节约空调费用，节省能源的效果。

专栏
关于夏季节省能源的效果

有试验对绿化屋顶进行了夏季节省能源的计算，其结果表明晴天时，下面6张榻榻米的房间，一天可以节省54日元的空调费（电费）。另外，松永大楼进行了墙面绿化，经过实际测算夏季晴天时，绿色植物一天可以遮断328000kcal的热量。经过折算一天可节省空调费（电费）22日元/m^2。如果东京都市区都将可绿化的屋顶、壁面都进行绿化，大约可以节省2.9亿日元的费用。

c）有效利用城市空间的效果

将城市设施中还没有被利用的高楼屋顶、地下停车场和污水处理等设施上部的人工地面进行绿化，作为公共娱乐空间或是职员的福利设施等，既可以用于各种目的的活动，也提高了整个城市的绿化率。

表 5.2 居住环境、商业空间绿化效果一览表

<table>
<tr><th colspan="3" rowspan="2">场　所</th><th colspan="3">屋　顶</th><th colspan="3">壁　面</th></tr>
<tr><th>建筑物等的屋顶</th><th>人工地面</th><th>高架上</th><th>高楼、住宅等的墙面</th><th>高架等的壁面·柱面</th><th>围墙、挖掘的壁面</th></tr>
<tr><td rowspan="9">A 形成舒适的空间</td><td rowspan="3">①防火·防热效果</td><td>防止火灾漫延</td><td colspan="6">·减少辐射热·蒸发地下水分</td></tr>
<tr><td>火灾时保护建筑物</td><td colspan="6">·减少辐射热·防止过分干燥</td></tr>
<tr><td>确保避难通道</td><td colspan="6">·通过减少辐射热来确保避难安全空间</td></tr>
<tr><td rowspan="3">②改善物理环境效果</td><td>净化净化</td><td colspan="6">·吸收 CO_2、NO_2、SO_2（吸收重金属）</td></tr>
<tr><td>改善微气候</td><td colspan="6">·抑制气温上升·调整湿度
·防风·形成绿荫·防止阳光反射</td></tr>
<tr><td>降低噪音</td><td colspan="3">·降低噪音</td><td colspan="3">（降低噪音）</td></tr>
<tr><td rowspan="3">③生理·心里效果</td><td>使心情放松</td><td colspan="3">·减轻精神疲劳和紧张感
·恢复视觉疲劳
·调整心情</td><td colspan="3">·减轻精神疲劳和紧张感
·恢复视觉疲劳
·调整心情
（·缓和工作中过度集中）</td></tr>
<tr><td>园艺疗法</td><td colspan="3">·提高呼吸器官活性·镇静作用
·通过园艺作业稳定心情
·提高运动能力</td><td colspan="3">·提高呼吸器官活性·镇静作用</td></tr>
<tr><td>造景效果</td><td colspan="3">·淡化人工建筑
·使建筑物看上去很远
·创造出绿色轮廓</td><td colspan="3">·淡化人工建筑
·使建筑物看上去很远</td></tr>
<tr><td rowspan="6">B 经济效果</td><td rowspan="2">①保护建筑物</td><td>防止老化</td><td colspan="3">·防止屋顶老化</td><td colspan="3">·防止壁面老化</td></tr>
<tr><td>减轻温度变化</td><td colspan="6">·通过减轻建筑物的温度变化，提高耐久性</td></tr>
<tr><td rowspan="2">②节省能源</td><td>夏季</td><td>·降低空调费用</td><td colspan="2">·降低温度</td><td>·降低空调费用</td><td colspan="2">·降低温度</td></tr>
<tr><td>冬季</td><td>·降低暖气费用</td><td colspan="2"></td><td></td><td colspan="2"></td></tr>
<tr><td>③宣传效果</td><td></td><td colspan="2">·可以聚集客人
·提高企业、高楼的知名度</td><td></td><td>·可以聚集客人
·提高企业、高楼的知名度</td><td colspan="2"></td></tr>
<tr><td>④空间利用</td><td></td><td colspan="3">·为公司职员提供福利设施
·可作为庭院等娱乐休闲设施利用</td><td colspan="3"></td></tr>
</table>

城市绿化技术开发机构 特殊绿化协同研究会编（1995）：①新·绿空间设计普及手册，诚文堂新光社

③ 以改善城市环境为目的的绿化

a）建造低负荷型的城市

将大城市的所有高楼屋顶、墙面、人工地面都进行绿化。①可提高城市整体的大气净化效果，特别是对CO_2、NO_2、SO_2的吸收和对粉尘的捕捉，以及对O_3的吸收和对重金属的吸收。②通过对气温、湿度等微气候环境的改善，可以达到改善城市整体气候的效果，缓解热岛现象。③可达到使整

表5.3　CO_2吸收效果的估算

1．东京都市区部CO_2释放量

全日本的CO_2释放量（272,000,000 t·CO_2）×东京都市区部的白天人口（9%）=24,480,000 t·CO_2

（数字出于OECD环境白皮书 1992）

根据通商产业省的估算，二氧化碳释放量的年增长量为1.3%，年释放量的增加量为，

24,480,000 t·CO_2 × 0.013=318,240 t·CO_2。

2．特殊空间绿化的固定量计算

绿化面积		绿化形式
屋顶（平屋顶）	2065ha	中高大树木0.4棵/m^2
屋顶（坡面）	896ha	花盆
墙面	174,64ha	藤本类植物覆盖
高架上	138ha	中高大树木0.4棵/ m^2
高架下	58.8ha	

根据以上的估算，总绿化面积是6,878.8ha，相当于4m高的树1007万棵。土木研究所的研究表明，树木的CO_2固定量为11.5kg·CO_2/年/棵。

CO_2的固定量（11.5kg·CO_2/年/棵）× 10,070,000棵=115,805,000 kg·CO_2/年=115,805 t·CO_2/年

由以上数值可以得出，对整个CO_2释放量的吸收率为：

115,805 t·CO_2/年 ÷ 24,480,000 t·CO_2=0.0047≒0.47%

对年增长量的吸收率为：

115,805 t·CO_2/年 ÷ 318,240 t·CO_2=0.364≒36.4%

城市绿化技术开发机构 特殊绿化协同研究会编（1995）：①新·绿空间设计普及手册，诚文堂新光社

表5.4　减轻热岛现象的计算方法

根据特殊绿化技术开发研究会平成3年的年度(1991年)报告估算，东京23区内，平面屋顶占总面积的7.5%，其中可以绿化的屋顶为1.5%（占整个平屋顶的20%）。土木研究所平成5年度的调查估算，可以绿化的平屋顶为3.8%（占整个平屋顶的50%）。

用这些数值计算出绿化对城市气温的降低效果如下表。

气温降低效果值	整个平屋顶的20%	整个平屋顶的50%	整个平屋顶的86%
−2.2℃/绿化率10%	气温降低0.33℃	气温降低0.84℃	气温降低1.41℃
−1.4℃/绿化率10%	气温降低0.21℃	气温降低0.53℃	气温降低0.90℃
−0.3℃/绿化率10%	气温降低0.05℃	气温降低0.11℃	气温降低0.20℃

气温降低效果值，使用了以下数据。

（模拟值）

对象区域	单　位	效　果	文　献
萨克拉门托（美国）	绿化率增加10%	−2.2℃	U.S.Environmental P.A(1992)
菲尼克斯（美国）	绿化率增加10%	−1.4℃	U.S.Environmental P.A(1992)

（实测值）

对象区域	单　位	效　果	文　献
东京都杉并区	绿化率增加10%	−0.23℃	山田，丸田（1989），造园杂志 52-5
长野县长野市	绿化率增加10%	−0.27℃	山田等（1992），造园杂志 55-4-4

城市绿化技术开发机构 特殊绿化协同研究会编（1995）：①新·绿空间设计普及手册，诚文堂新光社

个城市节省资源的效果，例如：夏季的最高气温上升1℃，整个日本的用电量就会增加400万kW。如果能够使热岛现象得到缓和，抑制气温的上升，那么就可以达到巨大的节省能源的效果。

b）建造循环型城市

绿地有贮存雨水，然后使其慢慢流出的效果。因此，在高楼和住宅的屋顶上以及人工地面上进行绿化，既可以提高绿化率，也可以缓解整个城市的雨水流出。如果按东京23区内20%的平屋顶上都覆盖了12cm厚的土壤进行了植被绿化来计算，那么就可以贮存17万t的雨水。这个雨水量是东京都最大的多功能游泳池妙正寺游泳池容量的5.7倍。

c）建造共生型城市

在污水处理厂、垃圾处理厂、停车场等大规模城市设施上面，以及高楼的屋顶、住宅的屋顶等城市设施上面进行绿化，既可以扩大绿地面积，也可以解决用地难的问题，确保大城市的开放空间。另外，随着绿化量的增加，可以遮盖影响城市景观的设施，使设施上的绿化与街道上的绿化融为一体，创造出和谐的周边环境，给人们以丰富多彩、富有情趣、富有亲切感的良好的生活空间。通过这样的绿化，不仅为人类，也为其他生物提供了舒适的栖息空间，像野鸟等会在这里筑巢、采食、休息。野鸟和昆虫的数量及种类都会增加。通过绿地的多样性，达到提高整个城市生态系统的目的。

（2）绿化特征和注意事项

① 绿化特征

a）绿化空间

城市设施绿化空间，是用传统的绿化施工方法很难创造出良好绿化景观的场所。例如，高楼屋顶和污水处理场上的人工地面等建筑物、土木构建物上是不适合植物生长的环境，在这些空间上进行绿化时必须采用新的绿化技术。

b）绿化期

绿化期根据其目的和对象空间的特性，可分为短期（临时性的绿化）、中期（持续数年的绿化）、长期（永久性的绿化）等多种。

c）使用的植物种类

用于绿化的植物包括所有1年生和2年生的草本类植物、宿根植物、球根植物等各种各样的植物。另外，木本类的灌木和一部分藤类植物也可以利用。使用的植物主要是一些种子等在市面上容易买到的种类。用于绿化的植物包括1年生和2年生所有的草本类、宿根草、球根植物等各种各样的植物。

特别要注意的是城市设施的绿化，其植物生长环境与普通地面绿化的环境相比要恶劣，所以，要根据绿化目的、绿化形式、生长环境等，选择适合的植物种类。

d）养护管理

城市设施环境并不是植物生长的良好环境，栽植后的养护管理应尽量满足植物的生长。根据城市设施的绿化形式、植物的种类和量、栽植场所的形状、管理水平等，结合实际进行切实可行的管理方法。

② 绿化中的主要注意事项

绿化中的重要注意事项包括栽植基盘的修整和植物种类的选择，以及养生管理的要点。

a）修整栽植基盘

城市设施的绿化场所几乎都是没有植物生长土壤的状态。因此，要求施入适合植物生长的良好的客土，确保生长基盘。但高楼屋顶等因为有荷载的限制，所以要根据情况选择自然土壤或是改良土壤或是人工土壤。

b）植物种类的选择

选择适宜的植物种类（耐寒性、耐旱性、耐阴性、耐暑性、对大气污染的抵抗能力以及株高、植株伸展度、花色、开花期、草型等），确定播种量和播种时期。

c）养生管理

主要进行去除杂草，灌水等管理。

5.2 城市设施的绿化对象空间

城市设施绿化空间是人为制作的空间，由于种种原因很难进行绿化，这里将这些到目前为止还没有被积极地进行绿化的场所，按其结构和利用特性分为人工地面 · 屋顶、坡面屋顶、壁面3种类型。

（1）人工地面 · 屋顶

人工地面是指地下停车场上面、贮水槽上面、污水处理场上面、用于步行的平面等土木建筑物（下面没有人居住的空间），屋顶是指建筑物的平屋顶面，其倾斜排水坡度不超过2%（照片5.3、5.4）。

照片5.3 人工地面绿化空间

照片5.4 屋顶绿化空间

（2）坡面屋顶

坡面屋顶是指混凝土建筑物上的坡面和土木建筑物上的坡面，坡度在45度以内的屋顶（照片5.5、5.6）。

照片 5.5 倾斜屋顶绿化空间

照片 5.6 倾斜屋顶绿化空间

(3) 壁面

壁面是指土木墙壁、篱笆、燃料罐等垂直或接近垂直的面，以及建筑物的墙面（照片 5.7、5.8）。

照片 5.7 壁面绿化空间

照片 5.8 壁面绿化空间

5.3 城市设施空间的环境特征

城市设施几乎都是人工建造的，到目前为止很少有被作为绿地来利用的。但是，随着环境问题逐渐在全球范围内受到特别的关注，有必要通过城市设施空间的绿化，来增加城市整体的绿化面积。

由于城市设施绿化空间的栽植基盘是人工土壤，所以与普通绿地相比缺乏有效土层，而且由于没有地下水的供应，很容易造成干旱。加上高楼产生的局域风以及屋顶上面的风力本来就比下面的风力强等原因，植物生长处在十分困难的环境中。以下叙述的是各种情况下的环境特性。

(1) 人工地面・屋顶及坡面屋顶的环境特征

① 作为基座的建筑物的特征和绿化上的注意事项

a）荷载条件

・屋顶绿化不仅与建筑物上层的荷载有关，而且还会影响到下面各层。不仅有垂直荷载，在发生地震时，施加在建筑物各个部位上的水平力的所有荷载都会集中在最下层，所以需要更大的构件断面。为了尽量设计得经济一些，屋顶绿化在不影响植物生长的前提下，最好尽量减轻重量，另外，要均匀地分布荷载。

· 栽植荷载（土壤、排水层、树木的总重量）要作为建筑物固定荷载的一部分计算进去。所以，在制定建筑物基本规划时，就应该设计屋顶绿化，与建筑构造设计者一起，根据绿化计划确定栽植荷载。另外，最大载重量应使用法定数值。

· 根据建筑标准法实施法令，用于结构计算的最大载重量是根据“房间的种类”决定的，因地面构造、大梁·柱·基础用·抗地震用等用途不同，其最大载重量也不同。屋顶广场和阳台的最大载重量，除学校和商店以外的建筑物，都定为相当于住宅的较小的数值。

表5.5　建筑标准法实施令第85条

房间的种类	地面的构造计算	大梁、柱或基础的构造计算	计算地震力
①住宅的居室，住宅以外建筑物的寝室或病室	180kg/m²	130kg/m²	60kg/m²
②事务所	300kg/m²	180kg/m²	80kg/m²
③百货店或店铺的	300kg/m²	240kg/m²	130kg/m²
④屋顶广场或阳台	用①的数值。但是，学校和百货店的建筑物用②的数值。		

城市绿化技术开发机构 特殊绿化协同研究会编（1996）：②新·绿空间设计普及手册，诚文堂新光社

· 已经建成或设计已经结束，重新要在屋顶追加绿化时，要选择设计荷载能够承受的绿化方式。要从探讨最小值的抗地震力的荷载入手。如果用最大值的地面构造最大载重量来判断栽植方式的合适与否，会导致构造计算超出荷载，引起建筑物构件耐力不足。另外，还要注意最大载重量除考虑栽植荷载外，还要考虑利用者进入等其他荷载，留有一定余地。

· 土壤重量，可根据使用土壤的密度以及栽植大小不同树木所需要的土壤厚度进行计算。

表5.6　土壤、排水层等的荷载实例

施工方法	栽植基盘	草坪	低矮树木	中高树木(约2m)	高大树木(约4m)	高大树木(约6m)
自然土壤施工方法	自然土	30cm	40cm	50cm	70cm	90cm
	排水层	8cm	10cm	15cm	20cm	30cm
	荷载	528kg/m²	700kg/m²	890kg/m²	1240kg/m²	1620kg/m²
改良土壤施工方法	改良土	30cm	40cm	50cm	70cm	90cm
	排水层	8cm	10cm	12cm	15cm	20cm
	荷载	438kg/m²	580kg/m²	722kg/m²	1000kg/m²	1290kg/m²
人工轻质土壤施工方法	轻量土	15cm	20cm	30cm	50cm	70cm
	排水层	7cm	10cm	12cm	15cm	20cm
	荷载	147kg/m²	200kg/m²	282kg/m²	440kg/m²	610kg/m²
薄层人工轻质土壤施工方法	轻量土	8cm	15cm	25cm	40cm	60cm
	板	3cm	3cm	3cm	3cm	3cm
	荷载	74kg/m²	123kg/m²	193kg/m²	298kg/m²	438kg/m²

注）自然土壤的相对密度：1.6；改良土壤的相对密度：0.7；含水时排水层的相对密度：0.6；含水时的排水壁板重按18kg/m²计算。使用薄型人工轻质土壤时，要设置灌水设施，使用在薄型栽培的树木。

城市绿化技术开发机构 特殊绿化协同研究会编（1996）：②新·绿空间设计普及手册，诚文堂新光社

b）防水工程

· 本来为了保护人工地面，必须迅速地将雨水排除，但在人工地面上栽植了植物后，则要求保证土壤水分恒定。栽植与人工地面的保养产生了矛盾，为了解决这一问题，需要进行防水处理。根据建筑要求的防水性能和屋顶用途以及施工条件，在充分考虑防水性、耐久性等的基础上，决定防水施工方法。以下是适合绿化的具有代表性的防水施工方法。

表 5.7　屋顶防水的种类

	沥青＋保护层防水	沥青防水	氯乙烯膜防水	氨基甲酸乙酯＋FRP 复合涂膜防水
耐用年数	●12～15 年	●10～12 年	●10～12 年	●10～12 年
特　征	●防水性能好，能维持70年以上。 ●用混凝土等保护。	●防水性能好，能维持70年以上。	●具有稳定的物理性状和灭火性。	●能够很好地弥补裂纹，形成无缝防水层。
与客土的关系	●从客土上部到防水层底部约有 150mm 以上距离。	●从客土上部到防水层底部约有 150mm 以上距离。	●从客土上部到防水层底部约有 150mm 以上距离。	●从客土上部到防水层底部约有 150mm 以上的距离。
重　量	●190～286kg/m²	●8～10kg/m²（热） ●4～6kg/m²（喷）	●4kg/m²	●5～6kg/m²
耐根性	●铺设耐根屋面材料或防根苫布	●铺设耐根屋面材料或防根苫布	●没问题	●没问题。对土中的细菌和药品具有良好的耐性。
接缝的有无	●防根苫布有接缝，苫布的搭接要在 300mm 以上。	●防根苫布有接缝，苫布的搭接要在 300mm 以上。	●膜上有接缝，施工时要注意仔细热熔接。	●无接缝

城市绿化技术开发机构 特殊绿化协同研究会编（1996）：②新・绿空间设计普及手册，诚文堂新光社

c）排除雨水

· 屋顶实施绿化后，会出现雨水缓慢流出或蓄积的现象，雨水排除情况与没有进行绿化的屋顶不同。这里要探讨的是将剩余雨水迅速排除的方法和排水坡度。另外，由于伴随着雨水还会有土壤和枝叶的排出，所以，容易将排水栓堵住，设计和管理时要特别注意。

d）安全栅栏等

· 有人进入的屋顶，要设置安全栅栏。要注意安全栅栏的高度在加上栽植基盘后是否达到了标准安全高度。

② 气象条件等的特性和绿化上的注意事项

a）风

· 风速是随着地面高度的增加而增加的，由于屋顶的风速较大，植物蒸腾过盛，容易给植物造成生理障碍，特别是强风和台风的时候风速非常大，因此，需要有比陆地更好的防风措施，设置防风栽植，选择耐风的植物等。地面绿化时一般不会担心树木被刮倒，但在屋顶上采用的是薄层一体型栽植基盘，有可能被风刮起，要考虑固定的方法。还有屋顶绿化使用的是人工轻基质，容易被风刮起，所以要进行地膜覆盖，防止飞散。

b）温度

·夏季屋顶温度可达到50～80℃，植物处在炎热的环境中。屋顶没有进行绿化的部分，还会产生反射引起高温，所以要特别注意选择好植物的种类。

c）湿度（干燥）

·虽然屋顶湿度与地面湿度没有太大的差异，但屋顶地面与陆地地面不同，没有地下水的供给，再加上风力强，很容易引起干燥。所以，要注意选择耐旱植物，设置灌水设施，使用保水性好的改良土壤和人工轻质土壤。

d）日照

·屋顶上和人工地面上周围没有建筑物时，一整天的日照量都很大，特别是加上墙面和地面的反射，容易引起叶片烧伤，所以，选择植物种类时要特别注意。

·屋顶上和人工地面上周围有建筑物、屋顶的坡面朝北时，要选择耐阴的植物种类。

e）海风

·在屋顶等突出的场所上栽植的植物，容易受到海风的伤害。特别是台风过后和有海潮的地方、海岸没有遮蔽的地方、季风常从海面吹来的地方等，应选择具有耐潮性的植物，并经常进行清洗管理。

f）建筑设备等的影响

·空调冷却水的飞散、设备的排气等可能会对植物产生生理障碍，有这种影响的地方，应采取一些措施，选择具有耐性的植物种类和栽植位置等。

（2）壁面的环境特征

① 基座建筑物的特征和绿化上的注意事项

a）荷载·安装强度

·壁面绿化大致可分为直接在壁面上安装栽植基盘和安装诱导藤类植物的辅助材料两种。前者栽植载荷（土壤、排水层、树木的总重量）较大，后者辅助材料与藤类植物缠绕，容易受到强风的影响。因此，要事先对壁面的构造、最大载重量条件、支持强度进行调查，选择适合的辅助材料和设置方法。

b）防火构造的调整

·特殊绿化研究会对藤类植物的耐火性进行了试验，结果表明，藤类植物具有和以往使用的防火树相同能力的耐火性。但是，不能否定会有因火灾的辐射热使干燥的叶子和枯枝加重燃烧的可能性，因此，在决定绿化规模、绿化位置、绿化植物时有必要对周边建筑物的耐火性进行调查。

c）防水

·特别是在已经建好的建筑物墙面上开孔，常会引起漏水，要格外注意。施工时，要对墙面构造、裂纹等进行调查，必要时进行防止漏水处理。如果是在新设计的建筑物墙面上施工，应在设计时考虑。

d）安全

·特别是在壁面上直接设置栽植基盘时，要考虑到高处栽植的树木有可能会因强风等使枯枝落下，伤害通行的路人，所以，要选择没有落下危险的植物种类。另外，使用的金属材料，要没有生锈腐蚀的，安装时也要充分注意安全性。

② 气象条件等的特性和绿化上的注意事项

a）风

·壁面的风环境特别复杂，有上升风、下降风、旋涡风等，还有从侧面吹来的强烈的剥离风，离地面越高风速越大。要充分注意因风引起的藤类植物剥离和栽植树木折枝的危险。因强风容易引起干燥，所以要选择耐干旱的植物。

b）日照

·壁面的日照条件，因方位或周边建筑物的状况而有很大变化。例如，有建筑物遮挡和朝北的壁面接受不到直接日照。相反，有些壁面则日照过于强烈，所以，要根据日照条件选择植物种类。

·壁面虽然也受材质和方位的影响，但一般情况下，夏季有直射光照射的地方，温度可以达到接近50℃，而冬季温度又相当低，植物很容易发生生理障碍。

c）雨水

·在壁面上直接设置栽植基盘和在阳台上放入土壤做成栽植基盘时，只靠雨水供应水分是不够的，还要设置灌溉设备等。选择植物时，要根据栽植基盘的状态来决定。

5.4 城市设施空间的绿化施工方法

我们把城市设施空间的绿化施工方法分为人工地面·屋顶、坡面屋顶、壁面3种类型，做出了它们的栽植基盘施工方法和栽植方法对应组合表。首先要充分掌握城市设施中的环境特性、施工地的现状、施工成本，确定建造植物生长固定的基础和栽植基盘的建造施工方法，然后，根据对应表将各项与设计条件等进行对照，选择适宜的植物和栽植方法。以下是栽植基盘建造方法和栽植方法对应组合及施工实例。

（1）栽植基盘建造方法和栽植方法

城市设施绿化一般是在人工地面上建造栽植基盘，由于建筑物荷载的限制，有效土层受到限制，再加上风的影响和没有地下水供应，经常处在干燥状态。建造栽植基盘时，要充分考虑到以上环境特性，建成植物能够良好生长的基盘，创造出良好的栽植环境。

① 栽植基盘建造方法的分类

栽植基盘的基本建造工程可以分为3种，下面是各种方法的概要。

a）均匀铺设基盘材料

在建筑物上铺设防水苫布等，然后在上面直接培上土壤。

b）填充基盘材料

是用容器（栽植箱）等制作栽植基盘的方法。在垂直面和壁面上也可以设置。但是，多数情况下，很难确保充分供给植物生长的栽植土壤，而且水分供给十分困难，所以，选择栽植土壤和栽植箱等时，要充分考虑环境特性。

c）无基盘

在绿化面上不能确保栽植基盘的情况下，可用藤类植物从壁面等的下侧进行绿化。

② 栽植方法

这里列举了6种基本的栽植方法，下面叙述各种方法的特征和可使用植物种类的特征。

a）直接播种

【施工方法的特征】

是将种子直接播在栽植基盘上的施工方法。目前，在人工地面绿化和屋顶绿化上几乎没有使用，但今后随着人工地面的大面积绿化，希望能够发挥这种方法的有效性。

从播种到种子发芽这一段时间内，要有很好的防止飞散、流失、干燥的措施，在坡面上使用这种方法风险很大。壁面绿化也很少能使用这种方法。

【使用的植物种类】

所有种子植物。用地上茎等繁殖的植物。硬羊茅、细羊茅等草类、野花类。玉柏类的茎叶。

壁面上还可以用紫藤、常春藤类等进行绿化，但达到整个壁面被覆盖的绿化程度所用的时间非常长。用牵牛花、丝瓜等一年生草本类植物是非常实用的方法。

b）种子喷播

【施工方法的特征】

是用压力泵等把种子、肥料、防止侵蚀剂等混合物喷在栽植地上的施工方法。目前，在人工地面绿化和屋顶绿化上几乎没有使用，但今后在大面积坡屋顶等的绿化上，很有可能使用这种方法。

【使用的植物种类】

多花黑麦草、细羊茅等外来草种。三叶草、艾蒿、马棘、胡枝子、铁扫帚、鼬胡枝子等。还包括野花类的种子。

c）铺植草皮

【施工方法的特征】

先清除栽植地的树根、杂草、石块等，平整好土地后铺植草皮。在坡地上，为了使苗扎根之前不发生移动，要用钎子等固定。铺完草皮后，用磙子碾压，均匀地覆土。然后充分灌水。刚施工后就具有耐侵蚀性。

近年来除草坪类外，其他使用垫状铺植施工的苗类也逐渐多起来，在本章里将穿插在铺植草皮施工中介绍。

【使用的植物种类】

结缕草、细叶结缕草、沿阶草、苔藓类。现在，球根类等也在进行垫状铺植苗的生产。

d）苗栽植

【施工方法的特征】

在栽植地上挖栽植穴，在穴里填充客土、肥料、土壤改良剂，将苗木一颗一颗地栽植到栽植穴中。最好不要露出裸地，如果露出裸地要用草等进行覆盖，另外，还需要采取防止栽植地侵蚀的措施。

这是城市设施空间绿化中应用最多的施工方法。在壁面无基盘绿化时，可采取在壁面下部或上部设置栽植基盘，诱引藤类植物覆盖壁面的方法。

【使用的植物种类】

所有植物。

坡面屋顶比普通屋顶的日射量大（南面），排水也快，所以容易引起干燥，要选择耐干湿变化的植物种类。

在壁面上直接栽植时，要具有耐风能力，枝叶不容易被风刮落等特点。直立型的植物，随着不断的生长会出现不稳定现象，所以不适合于壁面绿化。

壁面无基盘的绿化，可使用藤类植物。根据实际情况选择攀登型或下垂型。

e）球根栽植

【施工方法的特征】

每处栽植 1 至数个球根的施工方法。这种施工方法多用于造景工程。道路空间中，多用在花坛，与钵苗一起使用。

【使用的植物种类】

所有球根类植物。特别是鸢尾、德国花菖蒲、球根酢浆草等耐干旱的种类。

f）基盘一体型

【施工方法的特征】

事先将栽植土壤和植物组合在一起，有施工方便的优点，但目前单位价格比较高，市场上还没有出售。大多数情况下需要灌水设备。

【使用的植物种类】

要选择耐旱性强的植物。

(2) 绿化空间与基盘建造施工方法·栽植方法的对应关系

表5.8中列出了上述的“绿化空间”和“基盘建造施工方法·栽植方法”的基本对应关系。不同的绿化空间可根据此表选择合适的施工方法。

表5.8 绿化空间和基盘建造施工方法·栽植方法的关系

城市设施空间的分类	基盘建造施工方法	栽植方法					
		直播	喷播种子	铺草皮	苗栽植	球根栽植	基盘一体型
人工地面·屋顶	均匀填充基盘材料	○	–	○	○	○	○
	填充基盘材料	–	–	–	○	○	○
坡面屋顶	均匀填充基盘材料	○	○	○	○	○	○
	填充基盘材料	–	–	○	○	○	○
壁面	填充基盘材料	–	–	–	○	○	○
	无基盘	○	–	–	○	–	–

基盘建造工程要充分考虑实施绿化处的土壤和水分条件等环境特性，选择合适的施工组合。下几页是在人工地面·屋顶、坡面屋顶、壁面上的具体施工实例，供参考。

■ 绿化空间和绿化施工方法（实例）

绿化空间	人工地面·屋顶（铺设基盘材料）	绿化施工方法	基盘一体型	No.1
名称	爱知县名古屋市			
绿化目的	停车场石板上的绿化			
基盘修整	在排水苫布上将火山砂砾和椰子纤维混合土壤做成一体。			
辅助材料	铺河砂石（压端部及排水）			
使用植物	景天类			
备注	景天类植物的生长有些缓慢，没有整体覆盖。			

绿化空间	人工地面·屋顶（铺设基盘材料）	绿化施工方法	铺植	No.2
名称	爱知县名古屋市			
绿化目的	公寓立体停车场中庭屋顶的绿化			
基盘修整	均匀地铺上碎石作为排水层，然后在上面均匀地铺上山砂和草炭堆肥混合物作为土壤。			
辅助材料	镶嵌砂石（伊势砂石）			
使用植物	景天类植被垫 500 × 1000			
备注	由于铺植的植被垫非常密植，没有杂草侵入，生长得非常好。			

绿化空间	人工地面·屋顶（铺设基盘材料）	绿化施工方法	直接播种	No.3
名称	东京都世田谷区			
绿化目的	防止屋顶直晒，美观			
基盘修整	在排水用毛毡（厚15mm）上铺设石棉板（厚60mm），然后再在上面盖上石棉毛毡（厚25mm）			
辅助材料	只在施工后2个月时，用可移动式喷水器洒过水。			
使用植物	*S.album S.acre*藤蔓玉柏等景天类、瞿麦等芳香类			
备注	施工时，播种子景天类，但发芽状况不理想，又追播了藤蔓玉柏的茎叶。现在生长旺盛，芳香类由于过高，进行了剪割。			

绿化空间	人工地面·屋顶（铺设基盘材料）	绿化施工方法	苗栽植	No.4
名称	东京都品川区			
绿化目的	观赏、防止高楼风			
基盘修整	在沥青防水层上加保护混凝土、防根苫布，然后再在上面用珍珠岩设置排水层、铺透水苫布、轻质土壤，最后为了防止飞散，铺透水苫布、火山砂砾。			
辅助材料	自动灌水装置			
使用植物	爱尔兰常春藤类等			
备注	使用轻质土壤时，由于屋顶风力很强，为了不使土壤飞散，尽量加上较重的地面覆盖材料。			

绿化空间	人工地面·屋顶（铺设基盘材料）	绿化施工方法	铺草皮及苗栽植	No.5
名称	大阪府大阪市			
绿化目的	利用地下停车场上部建造的公园			
基盘修整	在RC板上涂沥青防水，排水层用10cm厚的碎石建成，假山用泡沫苯乙烯提高加固，上面铺上均匀的自然土。			
辅助材料	泡沫苯乙烯			
使用植物	草坪、栀子等			
备注	建造假山时，为了控制对人工地面的荷载，使用泡沫苯乙烯提高加固。			

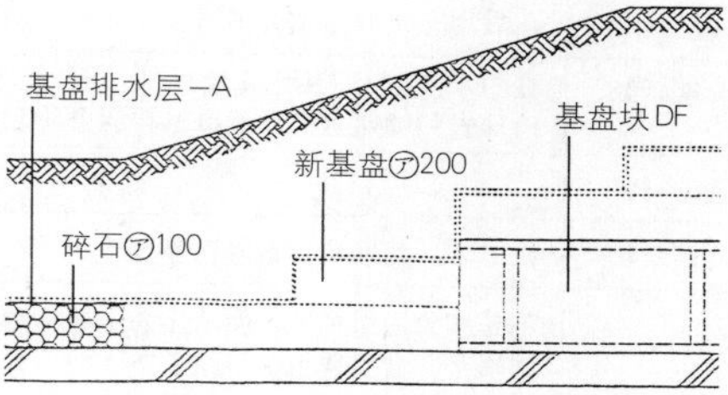

绿化空间	人工地面·屋顶（铺设基盘材料）	绿化施工方法	苗栽植	No.6
名称	大阪府大阪市			
绿化目的	4层阳台上的造景绿化			
基盘修整	用人工轻质土壤，建成无机系列、有机系列、有机无机混合区3个系统的基盘。			
辅助材料	灌水设施			
使用植物	常春藤、米迭香、玉柏、玉簪、德国铃兰等			
备注	灌水设备充足，但洒水量与季节设定有问题，出现了枯萎现象。			

绿化空间	人工地面 · 屋顶（铺设基盘材料）	绿化施工方法	苗栽植	No.7
名称	大阪府吹田市			
绿化目的	屋顶造景绿化			
基盘修整	均匀地铺设混有土壤改良材料的沙土			
辅助材料				
使用植物	60多种芳香类植物			
备注	由于生长快，需要频繁地修剪。			

绿化空间	人工地面 · 屋顶（铺设基盘材料）	绿化施工方法	苗栽植	No.8
名称	大阪府和泉市			
绿化目的	站前广场人工基面上的造景绿化			
基盘修整	在人工地面上设置蓄水型排水层，然后在上面均匀铺上有机质系列的轻量人工土壤40cm，覆盖1～2cm的地面覆盖材料。			
辅助材料	自动灌水装置			
使用植物	矮竹、瞿麦、荀子、山麦冬、金丝桃、长春花、惯突忍冬等			
备注	生长上没有太大的问题，缠绕在网上的藤类植物明显徒长。			

绿化空间	人工地面 · 屋顶（铺设基盘材料）	绿化施工方法	铺植草皮	No.9
名称	东京都中央区			
绿化目的	在屋顶上建造高尔夫击球区			
基盘修整	在防水苦布上，用木炭建成排水层（厚5cm），然后均匀地铺上珍珠岩和腐熟有机质改良材料混合物。			
辅助材料				
使用植物	六月禾、黑麦草、翦股颖类等			
备注	不是作为造景草地，而是作为击球草地来利用，随着使用频率的增多，会出现土壤板结。			

绿化空间	人工地面 · 屋顶（填充基盘材料）	绿化施工方法	苗栽植	No.10
名称	茨城县筑波市			
绿化目的	试验栽植			
基盘修整	在箱子里装上轻质土壤，每个箱子里的土壤、植物体、用水等所有重量不超过20～25kg。			
辅助材料	箱子			
使用植物	花卉类、芳香类植物、农作物			
备注	对栽种植物和栽植基面及其组合进行了5年的试验，获得了花卉、芳香类及农作物的一些知识。			

绿化空间	人工地面·屋顶（填充基盘材料）	绿化施工方法	苗栽植	No.11
名称	茨城县筑波市			
绿化目的	试验栽植			
基盘修整	在浅底箱子（450mm × 700mm × 75mm）里分别装上有机质轻质土壤、无机质轻质土壤、自然土壤，每个箱子的总重量不超过25kg。			
辅助材料	箱子			
使用植物	株高在30～60cm的大豆、番茄、茄子、草莓。			
备注	使用的栽植基盘材料不同，农作物出现了不同的味道。无机质系列的栽植基盘，其肥料要素调节容易，可根据植物进行组合，生产非常美味的农作物。			

绿化空间	人工地面·屋顶（填充基盘材料）	绿化施工方法	苗栽植	No.12
名称	茨城县筑波市			
绿化目的	开发屋顶群落生境的水质净化试验			
基盘修整	在箱底均匀地铺上河流湖泊的淤泥，上面放上红玉土、砾石、木炭作为净化材料，浇入使用过的污水。			
辅助材料	箱子			
使用植物	芹菜、苜蓿、风花菜、水仙、菖兰、燕子花、松叶菊、狐尾藻、宽叶香蒲			
备注	在基面材料研究阶段，已经充分确认了净化的可能性。			

绿化空间	坡面屋顶（铺设基盘材料）	绿化施工方法	苗栽植	No.13
名称	东京都世田谷区			
绿化目的	防止屋顶直晒			
基盘修整	在屋顶上铺设防水苫布，安装不锈钢托框、中楣，铺植景天类植被垫。			
辅助材料				
使用植物	景天类 *S. album S. acre* 等			
备注	6月施工，夏季由于气候不利，8～9月明显生长不良，10月以后转好。施工的屋顶倾斜为20°左右。			

绿化空间	坡面屋顶（填充基盘材料）	绿化施工方法	植被垫	No.14
名称	冈山县冈山市			
绿化目的	防止屋顶直晒			
基盘修整	在屋顶上铺设防水苫布，然后再在上面铺上排水苫布，在固定的木方框里装上火山砂砾，铺植景天类植被垫。			
辅助材料	灌水装置			
使用植物	景天类			
备注	夏季干旱期进行灌水，植物生长良好。			

绿化空间	坡面屋顶（填充基盘材料）	绿化施工方法	苗栽植	No.15
名称	冈山县冈山市			
绿化目的	防止工作房屋顶直晒			
基盘修整	在屋顶上铺设防水苫布，然后再在上面铺上不织布，制作边框，在里边装上白砂、火山砂砾和椰子纤维混合物。			
辅助材料	地面覆盖材料、浇水管			
使用植物	熏衣草、迷迭香			
备注	生长良好			

绿化空间	壁面（填充基盘材料）	绿化施工方法	苗栽植	No.16
名称	东京都品川区			
绿化目的	遮盖混凝土壁面			
基盘修整	在混凝土面上，设置钢筋铁丝网，固定用椰子皮纤维制作的卷状垫，上面再盖上防护网。			
辅助材料	卷状垫上的滴灌自动灌水装置			
使用植物	景天类等			
备注	施工刚刚结束，正在进行观察。			

绿化空间	壁面（填充基盘材料）	绿化施工方法	苗栽植	No.17
名称	三重县长岛町			
绿化目的	试验施工			
基盘修整	在900mm × 900mm（厚50mm，100mm，150mm）的栽植壁板中，填充无机质系列、有机质系列、轻质人工土壤，构成壁面。			
辅助材料	灌水系统			
使用植物	墨西哥玉柏、松叶菊、非洲菊			
备注	由于环境条件，植物出现了适应与不适应的差别。特别是多雨季节与自动喷灌同时进行，可能造成了植物的过湿状态。			

绿化空间	壁面（无基盘型）	绿化施工方法	苗栽植	No.18
名称	东京都港区			
绿化目的	遮盖混凝土壁面			
基盘修整	将黑土：有机质肥料为7：3的混合土壤作为客土			
辅助材料	攀登网			
使用植物	爬山虎、络石、常春藤、比格诺藤等			
备注	植物没有缠绕在攀登网上，而是直接附着在壁面上，攀登网没有起到明显的效果。			

(3) 人工地面·屋顶的绿化施工方法

将人工地面·屋顶的绿化施工方法，按栽植基盘建造施工方法做成以下对应组合表。在充分考虑人工地面栽植地状况及环境特性等基础上，选定栽植基盘建造施工方法和栽植方法。

表5.9 人工地面·屋顶绿化施工方法对应组合表

栽植方法 \ Check项目		踏压		面积		建筑物种类				可视度		备注
		有	无	大	小	土木	工厂	商用	住宅	大	小	
均匀填充基材	1 直接播种	△	○	○	○	○	○	○	○	△	△	
	2 铺植草皮	◎	○	◎	◎	◎	◎	◎	◎	◎	○	
	3 苗栽植	×	◎	◎	◎	◎	◎	◎	◎	◎	○	
	4 球根栽植	×	○	△	○	○	○	○	○	○	×	
	5 基盘一体	△	○	△	○	△	○	○	○	○	○	
填充基材	1 苗栽植	–	–	◎	◎	○	○	◎	◎	◎	△	
	2 球根栽植	–	–	◎	◎	○	○	◎	◎	◎	×	
	3 基盘一体	–	–	○	○	△	○	◎	◎	◎	○	

注）直接播种：外来草种的情况下，有踏压也用○表示。
铺植草皮：包括草皮以外用其他植物做成的植物垫。草皮以外有踏压用△～×表示。

〈Check项目的说明〉

踏　压：有　→考虑有人上去的场所。
无　→上述以外的场所。

面　积：大　→绿化施工要用吊车等重型机械（大约50m²以上）。如果超过几百平方米，要注意栽植方法的选择。
小　→可进行人工施工的面积（大约50m²以下）。施工场所如果有电梯、楼梯，不用重型机械也能施工。

建筑类别：土木→地下停车场、净水池等人工地面上。
工厂→工厂屋顶等人工地面上。
商用→商店、饭店等人工地面上。
住宅→居住阳台等人工地面上。

可视度：大　→通行量多，离步行者比较近等，容易被人们观察到的场所。
小　→一般步行者通行量不多的场所。

〈符号说明〉

◎：最适合。　○：适合。　△：虽然可以，但不是普遍应用。
×：不可能或不适当。　－：在此项目里不恰当。

专栏
人工地面·屋顶及坡面屋顶绿化施工要点

(1) 材料的搬运

屋顶（这里包括人工地面平屋顶、坡面屋顶）绿化施工，如果是新建的建筑物，要根据建筑施工制定计划，与建筑施工单位协商时间、作业场所等，决定材料的搬运方法。要对施工规模、材料的搬运高度、材料的最大重量、作业半径、机械作业的空间等进行充分的调查后，选择搬运机械。

另外，在已有建筑物上绿化时，由于大多数情况下很难确认屋顶的载重限制及确保作业场所和搬运机械作业空间，所以要事先做好调查。人工绿化时，除要考虑人工作业的场所外，还要考虑施工规模的大小、建筑物的构造、有无作业空间等。

(2) 屋顶防水层的保护

进行屋顶绿化施工时，常会由于搬运材料和建造基盘等不小心损坏屋顶的防水层，所以，应在作业通道上铺上垫子等保护防水层，防止对防水层的损害。

另外，为了防止绿化后植物根系对防水层造成破坏，应铺设防根苫布，施工时要注意不要留有缝隙，以防根系侵入。

(3) 排水处理

排水层是在防根苫布和防水保护垫等的上面铺上一层珍珠岩或火山砂砾等透水性好的材料，然后在里面铺设透水管或透水板这样的暗渠，将暗渠与排水管或排水栓连接。施工时要注意设置方法和坡度。

为了防止排水层堵塞，可以在透水层的上面铺玻璃纤维等过滤层与上部土壤分开，不使土壤流入下部排水层。如果即使这样还有土壤的流出，就要在屋顶排水栓附近设置清扫及检查装置。

(4) 铺客土

屋顶绿化使用的客土受荷载的限制，目前大多数情况下还都是使用自然土壤和各种土壤改良材料的混合物。因此，需要在平地上将材料按一定比例进行搅拌、混合，然后装袋搬运上去。尽量避开在屋顶上进行客土的搅拌和混合，以免损坏防水层。还有，使用自然土壤时，注意不要弄脏地板和壁面。

使用人工轻质土壤时，要考虑到刮风时的飞散，采取一些措施，以免造成对建筑设备的污染及周边环境的影响。施工时要一边洒水一边施工，防止土壤飞散。为了防止土壤进入眼、口腔、鼻腔，施工时应佩戴防尘眼镜、口罩等。铺完一段客土后，在没有马上进行下一步施工时，要立刻用苫布盖上，防止土壤飞散。大风天气应停止作业。

(4) 坡面屋顶的绿化施工方法

将坡面屋顶的绿化施工方法，按栽植基盘建造施工方法做成以下对应组合表。在充分考虑坡面屋顶栽植地状况及环境特性等的基础上，选定栽植基盘建造施工方法和栽植方法。

表5.10　坡面屋顶绿化施工方法对应组合表

Check 项目 / 栽植方法		坡度			土厚		建筑物种类				可视度		备注
		15℃以内	30℃以内	30℃以上	厚	薄	土木	工厂	商用	住宅	大	小	
均匀填充基材	1 直播	△	×	×	△	○	△	△	△	△	△	△	
	2 喷播种子	△	△	△	△	△	○	△	△	△	△	△	
	3 铺草皮	◎	○	△	○	△	○	○	○	○	○	○	
	4 苗栽植	○	△	×	○	△	○	○	○	○	○	△	
	5 球根栽植	○	×	×	○	△	○	△	○	○	○	×	
	6 基盘一体	○	○	○	–	–	○	○	○	○	○	△	
填充基材	1 铺草皮	○	△	△	○	△	○	○	○	○	○	△	
	2 苗栽植	○	○	△	○	△	○	○	○	○	○	△	
	3 球根栽植	○	△	△	○	△	○	△	○	○	○	×	
	4 基盘一体	○	○	○	–	–	○	○	○	○	○	○	

〈Check 项目的说明〉

（基盘建造型）

坡　　度：15°以内→这样的坡度可以进行苗栽植。各种栽植方法都适用。
　　　　　30°以内→要注意确保基盘的稳定。人上去进行栽植较困难。
　　　　　30°以上→一般栽植施工困难，可以用喷播或基盘一体的施工方法。

（基盘填充型）

坡　　度：15°以内→箱子的安装容易。可以利用的植物种类较多。
　　　　　30°以内→要注意箱子的固定。仅靠人力安装较困难。
　　　　　30°以上→一般的箱体绿化施工困难，可以使用基盘一体的施工方法。

土　　厚：厚　→基盘厚度大约在15cm以上，可以进行苗、球根类的栽植。
　　　　　薄　→基盘厚度在15cm以下。建筑物屋顶一般只能确保5cm左右的厚度。

建筑类别：土木→土木建筑物的坡面。
　　　　　工厂→工厂的坡面屋顶。
　　　　　商用→餐厅等的坡面屋顶。
　　　　　住宅→一般住宅的坡面屋顶。

可 视 度：大　→坡面面向道路、高楼等，容易被人们观察到的场所。
　　　　　小　→屋顶面很少被人看到的场所。

〈符号说明〉

◎：最适合。　　○：适合。　　△：虽然可以，但不是普遍应用。
×：不可能或不适当。　　－：在此项目里不恰当。

专栏

人工地面・屋顶及坡面屋顶绿化植物的管理要点

（1）定期对植物进行健康诊断

植物管理，除了草地除草和刈割、低矮树木的修剪、高中树木的剪枝、驱除害虫、施肥外，还应把定期对植物进行健康诊断作为管理的一环，尽早发现异常现象，反馈给管理计划。

（2）过密

随着植物的生长，会出现相邻的树木枝叶缠绕在一起过密的状态，这样会造成通风不良，容易发生病虫害。因此，要定期进行剪枝处理。

（3）施肥

首先要对土壤肥力进行检测，然后根据栽培植物的生长状况，合理施入肥料（种类和量）。要注意长期使用化学肥料会造成土壤板结和盐分积累。

（4）病虫害的防治

防止病虫害对植物造成危害的最好办法是培养健康的植物。这就需要创造植物健康生长的环境，同时选用适合当地环境的植物种类，减少病虫害的感染机会。

城市设施的绿化，一般都是在人类居住的场所。所以，要尽量控制农药的使用。应注意在病虫害发生初期进行防治。

（5）灌水

屋顶和人工地面与普通栽培地完全不同，没有地下水的供给，而且土层薄，土壤水分贮存不足。但是人工轻质土壤和混入土壤改良材料的土壤比自然土壤保水性好，可以达到与普通栽植地相同的条件。要根据栽培的植物，和使用的土壤来决定灌水方式和灌水量。

但是，无论使用什么灌水方式和土壤，都应该根据植物的生长状态和气象条件进行灌水（梅雨季节要防止过湿）。

(6) 对树木的逐年变化采取的措施

由于屋顶荷载条件的限制，要控制树木生长过快，重量大幅增加。必要时还要采取拔除、更换的措施。另外，人工地面上与盆栽相同，长期栽培会引起根系结集，影响生长，对这样的植物要剪去老根，换上新土。更换树木不要一次进行，可以每年在不同的地方更换，添加新土。

(7) 落叶处置

要注意经常检查排水口，防止被落叶堵塞。秋季落叶树落叶时要特别注意，初夏常绿树老叶落下时也要注意。

(8) 其他

树木的剪枝、修剪、除草等与一般栽培管理相同。

(5) 壁面的绿化施工方法

将壁面的绿化施工方法，按栽植基盘建造施工方法做成以下对应组合表。与人工地面和坡面屋顶相比，一般来说，壁面上的植物生长环境更加恶劣，景观效果也不理想。要充分考虑环境特性决定栽植基盘建造施工方法和栽植方法。

表 5.11 壁面绿化施工方法对应组合表

栽植方法 \ Check 项目		类别			壁面高度		可视度		备注
		攀缘	辅助攀缘	下垂	高	低	大	小	
填充基材	1 苗栽植	−	−	−	◎	◎	◎	△	
	2 球根栽植	−	−	−	×	△	△	×	
	3 基盘一体	−	−	−	○	◎	◎	△	
无基盘	1 直播	×	△	×	×	△	△	×	
	2 苗栽植	◎	◎	◎	◎	◎	◎	○	

〈Check 项目的说明〉

种　类：攀缘型→使藤类植物从壁面下部攀缘进行绿化。
辅助攀缘→在壁面上设置攀缘辅助材料，使藤类植物缠绕攀登。
下垂→使藤类植物从壁面上部下垂进行绿化。

壁面高度：高　→2m 以上高的垂直面建造基盘时要注意安全。
低　→2m 以下的垂直面。可只用人力施工。

可 视 度：大　→壁面面向道路、高楼等，容易被人们观察到的场所。
小　→高楼的内侧，很少被人们观察到的场所。这种场所很少考虑用建造基盘型的壁面绿化方法。

〈符号说明〉

◎：最适合。　○：适合。　△：虽然可以，但不是普遍应用。
×：不可能或不适当。　−：在此项目里不恰当。

专栏
壁面的绿化要点

(1) 施工上的注意事项

① 临时设置

施工用道路、搬运设备、材料堆放场、电力设备、给水设备等临时设施，要考虑施工条件、工程、周边环境等进行设置。

② 材料的搬运

绿化植物要按照施工计划从苗圃挖出后，迅速搬运到现场进行栽植。特别要注意搬运时尽量减少对植物的伤害。

③ 栽植基盘施工

· 自然地面类型的，要进行土壤硬度和透水试验，根据需要进行土壤改良。土壤硬度用山中式土壤硬度计测试，指标硬度在20mm以下，用长谷川式土壤贯入计测试，柔软度在1.5cm以下的硬质土壤，要进行耕作等。透水性在1×10^{-3}cm/s以下的，容易发生排水不良，应考虑必要的措施。

· 人工地面类型的，按照屋顶及人工地面的绿化方法实施，为防止风引起轻质土壤飞散，给现场及周边带来影响，应首先判断轻质土壤的干燥度，进行适度的浇水或遮苫等管理。

· 箱内栽植、壁板栽植、绿化块栽植类型的，由于栽植基面比较小容易干燥，所以要使用具有一定保水性的土壤。无论是改良土壤还是人工轻质土壤，都要在施工前准备好足够的量。

④ 栽植

· 去除植物的枯枝和枯叶，诱引时注意不要伤害植物，将其捆扎在辅助材料上。

· 用箱子进行栽培时，要将箱底的污垢打扫干净。

箱体栽培最好将植物移栽后再搬入现场。在现场内进行移栽的，要事先将需要的材料准备好，移栽要保证成活。

这种情况，一般是在建筑物施工结束后进行，所以要准备好保护材料和苫布等，注意不要损坏和弄脏新建的建筑物。移栽后要注意防风，防止植物因风等引起的干燥。移栽结束后，还要进行帮助植物适应环境，保证存活的各种管理措施。

· 壁板栽培要使用保水性好的人工轻质土壤，根据壁板的规格和设计，用事先准备好的材料进行施工，注意植物的品质要均一。

一般情况下，壁板安装后再进行植物整理不太方便，所以要在安装前将枯枝枯叶等去掉。

(2) 植物的养护管理

① 修剪

伸出绿化空间的枝叶不仅影响景观，还会缠绕在建筑物及附属设备上，引起机械故障和事故，所以要进行适当的修剪。另外，藤类植物因种类不同，有些经过数年后会在壁面上形成很厚一层，需要1～3年修剪一次。

② 疏苗

植物过密会造成枝叶重叠，内部通风不好，是引起生理障碍和病虫害的主要原因，所以要对藤类植物进行适当的疏苗。疏苗时要对每棵植物的生长状态进行调查，留下最好的植物。

③ 施肥

在大型壁面上绿化时，每株的生长状态都会影响整个绿化效果，必须保证养分的供给。如果出现叶子小、叶色淡、生长量显著减少等缺肥现象，必须马上施肥。常规的施肥一般是每隔数年使用一次缓效肥。如果出现缺肥症状，可叶面施速效肥。

④ 病虫害防治

要在病虫害刚一发生，还没有扩散之前，迅速采取措施。使用杀菌剂和杀虫剂时，要根据周边环境，选择药剂施用方法。如果是每年定期发生的病虫害，要事先预防。

⑤ 除草

株间裸地部分的杂草生长繁茂，会压倒植物，与植物争夺养分和水分，所以要及时除去，最好采用地膜覆盖等长久性的措施。

⑥ 干枯植株的处理

出现干枯植株会从上面落下，影响交通，所以要迅速除掉。除掉的缺欠部位要进行补植。

⑦ 更新

生长旺盛、藤蔓伸长量大的植物，数年后会出现基部没有叶子、下部枝条上移的现象。如果影响了绿化效果，就要从根部剪断，使其长出新的枝条进行更新。剪下的藤蔓和叶子要马上撤掉，以免影响新枝的生长。

另外，要事先考虑好绿化效果，决定是轮换更新，还是一次性更新。

⑧ 灌水

因栽植容器等使栽植基面受到限制时，特别要注意土壤干燥，适当进行灌水。如果设置了自动灌水设备，要经常检查管道是否老化，喷嘴是否堵塞，采取必要的更换措施。还有，排水口的堵塞，常会引起根的腐烂，要经常清扫。

⑨ 充气

每年要进行一次土壤检测，如果有板结现象出现，要开洞进行充气。根据情况有必要时要进行土壤的更换。

[主要参考文献]

1) 亀山章ほか（1989）：最先端の緑化技術，ソフトサイエンス社
2) 中島宏（1993）：植栽の設計・施工・管理，（財）経済調査会
3) 輿水肇ほか（1993）：特殊緑化空間の緑化，（財）都市緑化技術開発機構
4) （財）都市緑化技術開発機構 特殊緑化共同研究会編（1995）：①新・緑空間デザイン普及マニュアル，誠文堂新光社
5) （株）プレック研究所編（1995）：大気浄化植樹マニュアル，公害健康被害補償予防協会
6) （財）都市緑化技術開発機構 特殊緑化共同研究会編（1996）：②新・緑空間デザイン技術マニュアル，誠文堂新光社
7) 輿水肇ほか（1998）：緑を創る植栽基盤 その整備手法と適応事例，ソフトサイエンス社

6. 草坪场地空间的绿化

草坪场地主要是用于运动和娱乐的场所，其特点是人要在上面活动，会对草坪产生踏压和磨擦，因此，选择的植物和栽植基盘要有一定的耐性和恢复能力。在进行草坪场地绿化时，要充分考虑使用目的和当地的条件等，认真地进行规划、设计，选择切实可行的绿化施工方法和养护管理方法。

在进行各种草坪场地绿化时，必须从设计、施工、养护管理各个阶段进行考虑，掌握各阶段的注意事项，将设计、施工及养护管理联系起来，进行整体设计。以下是为了建造符合使用目的和当地条件的草坪场地，从设计到管理各个阶段需要考虑的问题及计划指南。

6.1 草坪场地的绿化对象空间

草坪场地的绿化，因使用目的和使用内容不同，所要求的建造方法和质量也不同。这里将使用目的分为体育比赛、一般娱乐、其他 3 种类型，分别叙述各自的绿化特点。

(1) 使用目的和内容

① 以体育比赛为目的的使用内容

主要用于体育比赛和练习，既有业余比赛，也有专业比赛。在草坪赛场上进行的比赛项目主要有足球、橄榄球、棒球等。其他项目在国内比较少见，但在国外草坪上还可进行的网球、板球、草坪球、公园高尔夫球等。

高尔夫球也是在草坪上进行的运动，但其利用方法与其他体育比赛不同，是一种特殊的种类，所以在这里不作介绍。

以体育比赛为目的的使用内容及其特点

使用内容	球类比赛：主要有足球、橄榄球、棒球等。 其他：网球、板球、草坪球、公园高尔夫球等。
使用频率	专业使用虽然因球类的种类不同，比赛的场次也不同，但一般为 10～20 场／年。非专业使用大约是 30～40 场／年，共计 50～60 场／年。
使用时间	专业比赛一般是在晚上。非专业比赛因种类不同比赛的时间也不同，但主要是在白天。
使用时期	专业比赛一般是从春季到秋季。非专业比赛因种类不同使用的时期也不同，几乎一年四季都在使用。
使用条件	要根据主要进行的球类比赛所要求的草坪质量、使用频率、使用时期等，选择合适的绿化技术。建造和管理成本有随着使用频率和质量的提高而增加的趋势。

② 以一般娱乐休闲为目的的使用内容

主要以娱乐休闲为使用目的，供人们进行多种活动的绿化空间。草坪上的娱乐休闲活动包括轻松的运动、游戏、散步休息等，还包括举行一些活动。

以一般娱乐为目的的使用内容及其特点

使用内容	轻松运动：跑步、竞走、短跑等。 游戏：球类游戏、羽毛球、追跑等。 散步休息：日光浴、郊游、读书等。 活动：音乐会、庆典活动、运动会等。
使用频率	主要是周末和休息日使用，100天／年左右。
使用时间	主要是白天使用，晚上主要是散步。
使用时期	春秋使用较多，夏天和冬天使用较少。
使用条件	按着使用人数最多时的踏压、磨擦考虑绿化技术。建造和管理成本比体育赛场低。

③ 以其他利用为目的的使用内容

车辆通行场所、海滨、河岸地等特殊环境的绿化。主要是用草坪保护停车场、公园的道路，防止海滨的飞砂，防止河岸地浸水。

以其他利用为目的的使用内容及其特点

使用内容	海滨、河岸地、草坪停车场、草坪公园道路等。
使用频率	使用频率因场所而不同。
使用时间	主要是白天使用，但也要考虑晚上使用。
使用时期	使用时期因场所而不同。
使用条件	停车场和公园道路要采取能够耐受车辆通行的绿化技术。海滨及河岸地要采取适合设计要求并符合周围环境的绿化技术。

(2) 绿化空间的分类和实例

① 用于体育比赛的草坪场地

用于体育比赛的草坪场地，因比赛项目和使用内容等的不同，其绿化方法也不同。这里我们将对这些绿化空间进行具体分类，分别介绍其特性和实例。

表6.1 体育比赛用绿化空间的分类及特性

绿化空间	项 目	主 要 使 用 特 性
球类专用比赛场（包括练习场）	使用内容	以足球、橄榄球比赛为主，用于非专业队和专业队的比赛及练习。有时也作为音乐会和展览会等活动的场所。
	使用特性	主要是进行足球和橄榄球等的比赛，要达到专业队雨天也能进行比赛的水平，还要考虑到电视直播时的美观效果。
	草坪特性	专业用的赛场要保持草坪常绿。非专业用的赛场，一般来说建造和管理费用较高的，可以保持常绿，否则只能保持半常绿。
	基盘特性	使用频率高，而且雨天也使用时，要用排水性好、踏压不容易板结的沙子为主要材料进行建造。使用频率低，雨天不使用时，为了降低建造和管理成本也可以用土作为主要材料建造。
田径赛场的内场	使用内容	用于投掷链球、铁饼、标枪等田径比赛和足球、橄榄球等球赛。有时也作为音乐会、展览会、运动会等活动的场所。
	使用特性	基本与球类专用赛场相同，但因为还用于田径的投掷比赛，会对草坪造成损坏，所以考虑绿化方法时要注意这一点。
	草坪特性	基本与球类专用赛场相同，但周围有田径比赛的跑道，进行球类比赛时，外界草坪幅度不够大，所以要注意这部分草坪很容易被损坏。
	基盘特性	基本与球类专用赛场相同，但田径比赛规定表面坡度不能超过0.3%，一般用排水性好，投掷损坏性小的沙子为主要材料进行建造。
棒球场	使用内容	主要是进行棒球比赛，用于非专业队和专业队的比赛及练习。有时也作为音乐会和展览会等活动的场所。
	使用特性	主要是进行棒球比赛，一般雨天不进行比赛。
	草坪特性	专业用的赛场要保持草坪常绿。非专业用的赛场，考虑到建造和管理费用，一般多建成半常绿的草坪。以前主要以人工草坪为主，但近年来，渐渐开始使用天然草，还有的棒球场内部分也是用天然草建造的。
	基盘特性	因为雨天不进行比赛，所以对排水性的要求没有球类专用赛场那样高，但建造时要考虑小球的反弹力及平坦性，一般情况下以土为主要基盘材料。
其他草坪场地	使用内容	国内实例比较少，除作为网球场利用外，还用于公园高尔夫球、草坪球、草坪游戏等。
	使用特性	与棒球场相同，雨天不使用，但有些使用频率高的地块草坪容易损坏。
	草坪特性	根据条件可以建成常绿和半常绿的，但要求草皮均匀，所以要用耐磨损的草种。
	基盘特性	有用与高尔夫球场相同比例的沙子建造的，但大多数情况下考虑到管理成本，主要用土建造。

■ 用于体育比赛的草坪场实例

a）球类专用赛场实例

茨城县立鹿岛足球场	
使用内容	除日本联赛等专业队使用外，一般球队也使用。2002年将作为足球世界杯赛场。
草　坪	3种寒地型草坪的混合常绿草坪（六月禾、黑麦草、牛尾草）。
基　盘	在以沙子为主的栽植基盘中，采用地下灌水方式。

照片6.1 茨城县立鹿岛足球场

J village (Japan football village)	
使用内容	作为足球的训练营地，具有专业队和非专业队用练习场10个和带看台的比赛场1个。还有完备的住宿设施，使用一般集中在休息日。
草　坪	为3种寒地型草和4种寒地型草混合的常绿草坪（六月禾、黑麦草、牛尾草、羊茅）。
基　盘	在以沙子为主的栽植基盘中，设有排水层和暗渠排水设施。

照片6.2　J village
(Japan football village)

b）田径比赛内场的实例

国立霞之丘赛场	
使用内容	除举行包括国际比赛在内的田径比赛外，还举行全国足球联赛，全国高中足球、橄榄球等全国性大型比赛。
草　坪	暖地型草再加上寒地型草的常绿草坪（狗牙根419+黑麦草）。
基　盘	在以沙子为主的栽植基盘中，设有暗渠排水设施。

照片6.3　国立霞之丘赛场

横滨国际综合赛场	
使用内容	除日本联赛等专业队使用外，一般的足球、橄榄球、田径比赛、音乐会也使用。2002年将作为足球世界杯决赛场，可容纳7万人，是我国最大的赛场。
草　坪	暖地型草再加上寒地型草的常绿草坪（狗牙根419+黑麦草）。
基　盘	在人工基盘上铺设以沙子为主的栽植基盘、排水层和暗渠排水设施。考虑到冬季使用，在国内首次应用了土壤加热设备。

照片6.4　横滨国际综合赛场

名古屋市瑞穗公园田径赛场	
使用内容	除日本联赛等专业队使用外，还用于足球、橄榄球、田径比赛、音乐会等多种活动。
草　坪	4种寒地型草坪的混合常绿草坪（六月禾、黑麦草、牛尾草、紫羊茅）。
基　盘	在以沙子为主的栽植基盘中，设有排水层和暗渠排水设施。

照片6.5　名古屋市瑞穗公园田径赛场

浦和市驹场赛场	
使用内容	除日本联赛等专业队使用外，一般的足球、橄榄球、田径比赛等也使用。还因被作为全国高中足球赛场而闻名全国。
草　　坪	3种寒地型草坪的混合常绿草坪（六月禾、黑麦草、牛尾草）。
基　　盘	在以沙子为主的栽植基盘中，设有排水层和暗渠排水设施。

照片 6.6　浦和市驹场赛场

c）棒球场的实例

鹤冈梦想赛场	
使用内容	是被公认的专业棒球赛场，当然也进行一般的体育比赛。一直到内场都是用天然草建成的，这在国内是很少见的。
草　　坪	3种寒地型草坪的混合常绿草坪（六月禾、黑麦草、牛尾草）。
基　　盘	在以沙子为主的基盘中，设有暗渠排水设施。在草坪容易被损坏的地方，喷洒了橡胶屑，特别注意草坪的养护。

照片 6.7　鹤冈梦想赛场

d）其他实例

国营昭和纪念公园轻击高尔夫球场	
使用内容	作为运动设施的一部分，用天然草建成，休息日有很多人利用。因为不是常绿草坪，冬季禁止使用。进行草坪的养护。
草　　坪	暖地型草坪（细叶结缕草）。
基　　盘	在沙子和土壤混合栽植基盘中，设有暗渠排水设施。

照片 6.8　国营昭和纪念公园轻击高尔夫球场

国营昭和纪念公园草坪球场	
使用内容	作为新兴运动的一部分建造的草坪球场。因为不是常绿草坪，冬季禁止使用。进行草坪的养护。
草　　坪	暖地型草坪（细叶结缕草）。
基　　盘	在沙子和土壤混合栽植基盘中，设有暗渠排水设施。

照片 6.9　国营昭和纪念公园草坪球场

② 一般娱乐用草坪场地

一般娱乐用草坪场地，可大致分为在上面进行游戏、休息、轻松运动的草坪地和观赏兼造景的草地。下面分别叙述其特性和实例。

表6.2　一般娱乐用绿化空间的分类及特性

绿化空间	项　目	主 要 使 用 特 性
草坪地	使用内容	在上面进行球类、羽毛球、捉迷藏等游戏，轻松运动和休息，各种活动等。
	使用特性	城市公园内有很多这样的多功能草坪广场和其他草坪园地，一年四季都可以利用，特别是从春季到秋季的周末，节假日利用的人最多。
	草坪特性	考虑到草坪的管理和恢复性，一般多使用细叶结缕草和结缕草等日本草种。根据管理条件和地域条件，也有使用其他暖地型草（主要是狗牙根）和寒地型草的。
	基盘特性	一般是使用现有土壤或在现有土壤内加入土壤改良剂。现有土壤不能使用或利用频率非常高的情况下，可施入客土加土壤改良剂。
草地	使用内容	将草地本身用于观赏，在上面散步、休息以及进行郊游、户外游戏等活动。
	使用特性	在不具备草坪管理那样高的管理费用或日照条件不好或为了保护自然生长的野草时，可不使用草坪草，而是用其他草类。
	草坪特性	可以采取野草和杂草混生的方法，以及野草类分别栽植的方法。以保护自然生长植物为目的的，要确认与其植物的共生关系。
	基盘特性	考虑到自然生长植物和栖息昆虫等的生活环境，一般不像草坪地那样实施大规模的土壤改良。

■ 用于一般娱乐活动的草坪场实例

一部分绿化方法和比赛草场相同，这里列举的是在城市公园中管理比较先进的国营公园的管理实例。

a）草坪地和草地的实例

国营昭和纪念公园大草坪广场	
使用内容	是代表公园形象的广场，面积约10ha。休息日游人很多。
草　　坪	暖地型草坪（狗牙根），也有其他共生的草种。
基　　盘	用客土和暗渠排水设施建造而成。

照片6.10　国营昭和纪念公园大草坪广场

国营昭和纪念公园内的草地	
使用内容	关东蒲公英、绶草、石蒜花、紫鹭苔、荻等野草类和草坪草共生。休息日的主要活动场所。
草　　坪	暖地型草坪（细叶结缕草、结缕草），也有其他共生的草种。
基　　盘	用客土建造。

照片 6.11　国营昭和纪念公园内的草地

国营昭和纪念公园内的树林草地	
使用内容	关东蒲公英、绶草、石蒜花等野草类和草坪草共生。休息日的散步场所。
草　　坪	暖地型草坪（细叶结缕草、结缕草），也有其他共生的草种。
基　　盘	用客土建造。

照片 6.12　国营昭和纪念公园内的树林草地

b）草坪和草地的养护管理实例

国营公园的草坪和草地的养护管理，随着近年来管理经费的缩减，开始实施根据作用和功能进行分级管理的方法。为了保护自然环境，禁止使用除草剂，野草类开始自然生长。作为鸟类食饵的种子和昆虫类食用的草类增加，小动物的生存环境有所改善。

表 6.3　草坪和草地的管理标准

种　类	管理标准	草坪和草地的作用功能	管理方法
草坪	I	由单一草坪草构成，要求造景 · 美观的观赏用草坪。	重视造景因素，要特别注意清除杂草，防治病虫害。
	II	有造景功能，人们还可以在上面野餐、休息等的草坪。	进行常规的草坪管理，使草皮保持覆盖状态。
	III	用于游戏、运动等的草坪以及对观赏性要求较低的草坪。	开始按草坪修整，但后来变成了包括其他草本植物在内的绿地。
草地	I	造景植物周边或供人们运动的草地。	草要经常保持较矮的状态（割草 3 次 / 年）。
	II	没有太多的造景功能，只是维持原有状态的草地。	在某一季节或某些地方可以让草长高一些（割草 2 次 / 年）。
	III	为保护栽植植物和土壤的草地，一般不允许人进入的草坪。	在草干枯时割掉（割草 1 次 / 年）。

建设省近畿地方建设局 · 公园绿地管理财团：公园管理标准调查报告书，平成元年 3 月

表6.4 标准草坪管理分级 草坪类型（暖地型）种类（细叶结缕草、结缕草）

项目 / 级		A（造景效果好）	B（造景效果一般）	C（造景效果不好）	D（造景效果一般）
对草坪的评价		主要用于广场和设施周围的造景，重要的是草坪的美观程度，需要良好的管理。	用于广场和设施周围的一般造景，主要是利用草坪的绿色来造景，需要良好的管理。	主要目的是保护坡面等的土壤或形成草地，为维持绿化，进行最低限度的管理。	B级草坪由于管理经费的制约，降低管理水平，维持单一草种的最低限度管理。
管理目标·质量	均一性	剪割成2～3cm	剪割成3～5cm	剪割成5～10cm	剪割成5～10cm
	草高	5cm以下	7cm以下	10cm以下	10cm以下
	草的单一性	维持单一草种	维持单一草种	形成草地	尽量维持单一草种
	杂草混入	不允许有杂草	允许一部分杂草混入	允许杂草混入	允许杂草混入
	覆盖程度	尽量维持100%	维持90%以上	维持90%以上	维持90%以上
	茎叶密度	茎叶密生，间隙小	茎叶密生，有一部分间隙	密度低，有相当明显的间隙	密度低，有明显的间隙
管理作业项目·次数	割草	7～10次／年	4～6次／年	3～4次／年	3～4次／年
	施肥（N量）	3～4次／年 (20～25g／年)	2～3次／年 (15～20g／年)	1～2次／年 (8～15g／年)	1～2次／年 (8～15g／年)
	人工除草	4～6次／年	3～4次／年	0～3次／年	2～3次／年
	喷除草剂	2～3次／年	1～2次／年	0～1次／年	0～1次／年
	细土覆盖	1～2次／年	0～1次／年	0～1次／年	0～1次／年
	充气	1～2次／年	0～1次／年	0～1次／年	0～1次／年
	防治病虫害	适当	适当	——	——
	灌水	适当	适当	——	——
	补植	适当	适当	——	——

建设省近畿地方建设局·公园绿地管理财团：公园管理标准调查报告书，平成元年3月

③ 其他用途的草坪场地

其他用途的草坪场地大致可分为停车场、公园道路、受海风影响的海滨、受浸水影响的河岸地等特殊环境的草地。

表6.5 其他绿化空间的分类及特性

绿化空间	项目	主要使用特性
停车场·公园道路	使用内容	用于车辆的停放和人步行。
	使用特性	有临时停放车辆、载人的草坪和经常停放车辆、载人的草坪。
	草坪特性	要有一定的恢复能力，多使用细叶结缕草、结缕草。
	基盘特性	使用水泥或塑料制作的草坪保护材料。
海滨地	使用内容	用做海水浴的海滨和海滨散步小路。
	使用特性	生长环境恶劣，而且面积大。
	草坪特性	使用耐盐的暖地型草坪草（细叶结缕草、结缕草、狗牙根等）。
	基盘特性	利用海滨沙地，进行表层土壤改良。
河岸地	使用内容	用作运动场、多功能广场、散步场所等。
	使用特性	会遇到河流涨水被淹的恶劣生长环境，而且面积也很大。
	草坪特性	使用耐水浸，不需要太多管理的暖地型草坪草（细叶结缕草、结缕草、狗牙根等）。
	基盘特性	因为河岸地土壤为粘性土壤，大多数情况下要进行土壤改良。另外，还要做成使浸水后的沙土容易流出的起伏型，设置排水通道。

6.2 草坪场地的规划

进行草坪场地规划时，首先要明确其使用目的，然后根据所要求达到的目的，研究设计、施工、养护管理各个阶段需要探讨的问题。但不是分别探讨各个阶段的问题，而是将各个阶段联系起来，例如，设计要与规划条件协调，施工阶段要与管理阶段协调等等，关键是要明确各阶段前后的检查项目。

这里，归纳了各阶段需要探讨的事项及其前后关系，明确了与后面叙述的设计、施工、管理技术各章节的整体性和关联性。

(1) 规划阶段需要探讨的内容

① 规划阶段的探讨内容

a) 确认使用目的

主要是委托方所要求的内容，对使用目的、使用人群、大约有多少人使用等进行详细的确认。当然设计阶段也要确认，而且施工、管理阶段还要进一步确认调整。

b) 整理规划条件

要对建造场地的条件，特别是气象和土壤等环境条件、施工费用和管理费用的成本、施工时间和施工期限、设定的管理体制等进行详细的确认和调整。

② 设计阶段的探讨内容

a) 草坪场地内的设计

是设计方所要探讨的事项，为了达到使用目的和使用要求，除了要对草坪材料、植被基盘、排水设施、灌水设施等进行探讨外，必要时还要考虑是否需要草坪管理设施、环境控制设施等。除了与委托方进行确认调整外，还要与实际施工和管理方进行协调。

b) 草坪场地外的设计

要考虑并设计为维持草坪所需要的管理设施、草坪养生设施等，与委托方、管理方进行详细的确认和调整。

③ 施工阶段的探讨内容

a) 施工计划

是施工方所要探讨的事项，施工前要制定施工内容、工程计划。为了达到使用目的和要求，要与委托方、设计方、管理方进行详细的确认和调整。

b) 质量和安全管理

在掌握设计意图的基础上，确认其质量管理与安全管理等是否与目的相符。另外，向养护管理方交工也是一项重要的内容，需要与养护管理方一起进行验收。

④ 养护管理阶段的探讨内容

a) 经营管理计划

是管理方所要探讨的事项，为了达到使用目的，要对经营管理体制、管理方法等进行探讨。

b）养护管理作业计划

通过日常管理、更新作业、补修作业等养护管理，达到使用目的。如果出现问题，要考虑修改管理计划和管理预算。

c）草坪生长状态及质量特性的调查计划

为了协调使用目的和管理作业，必要时要定期对草坪的生长状况、土壤状况、草坪质量等进行调查。如果出现问题，要对管理计划进行修改。

⑤ 实地验证试验

a）设计阶段的实地验证试验

在选择绿化材料、基盘构造、设施等时，要在现场进行试验，确认是否适合当地的环境条件。由于草坪场使用的是活体植物，所以材料、基盘构造、设施等不同，生长状况也不同。因此，最好事先设定出当地可能出现的各种环境进行试验验证。

另外，如果要求更高的质量或有特殊要求，使用新材料和新构造时，要在设计阶段进行计划，按计划实施。为了使试验结果能够反映出设计、施工、管理水平，最好与设计同时进行。

b）施工，管理阶段的实地验证试验

设计内容只有在施工、管理上得到体现，确实符合规划目标，才能说是正确的设计。施工阶段整个工程已经实施过半，最好在设计阶段进行试验验证，这样还可以对设计进行修改。设计标准还要考虑施工、管理的成本和作业内容等，考虑可操作性。

（2）规划阶段的探讨流程图

规划时应将各阶段的探讨内容联系起来，掌握前后的关联性，进行整体协调的绿化。为了明确从设计到施工管理的相关性，图 6.1 列出了草坪场地建造探讨流程图。

（3）规划阶段的调查项目

草坪场地建造探讨流程图，把从设计到施工管理过程中特别需要确认的重要事项归纳成几张调查表。

① 调查表①

在设计前规划阶段需要调查的项目，主要是委托方对设计方的要求。还有设计方需要与委托方确认的、进行设计时需要的一些资料，如使用目的、使用要求、施工场所的条件、预算、施工及管理条件等等。

② 调查表②

是设计阶段需要调查的项目，主要是设计方需要确认和探讨的项目。这张表可以判断调查表①中已确认的项目能否达到目标要求及整体的协调性，并可以将从施工到管理阶段的调查项目一起纪录并进行判断。

③ 调查表③

是施工阶段需要调查的项目，主要是施工方需要确认和探讨的项目。这张表可以判断调查表①和②中已确认的项目能否达到目标要求并体现在施工方面，也可以记录和确认向管理方交工的条件。

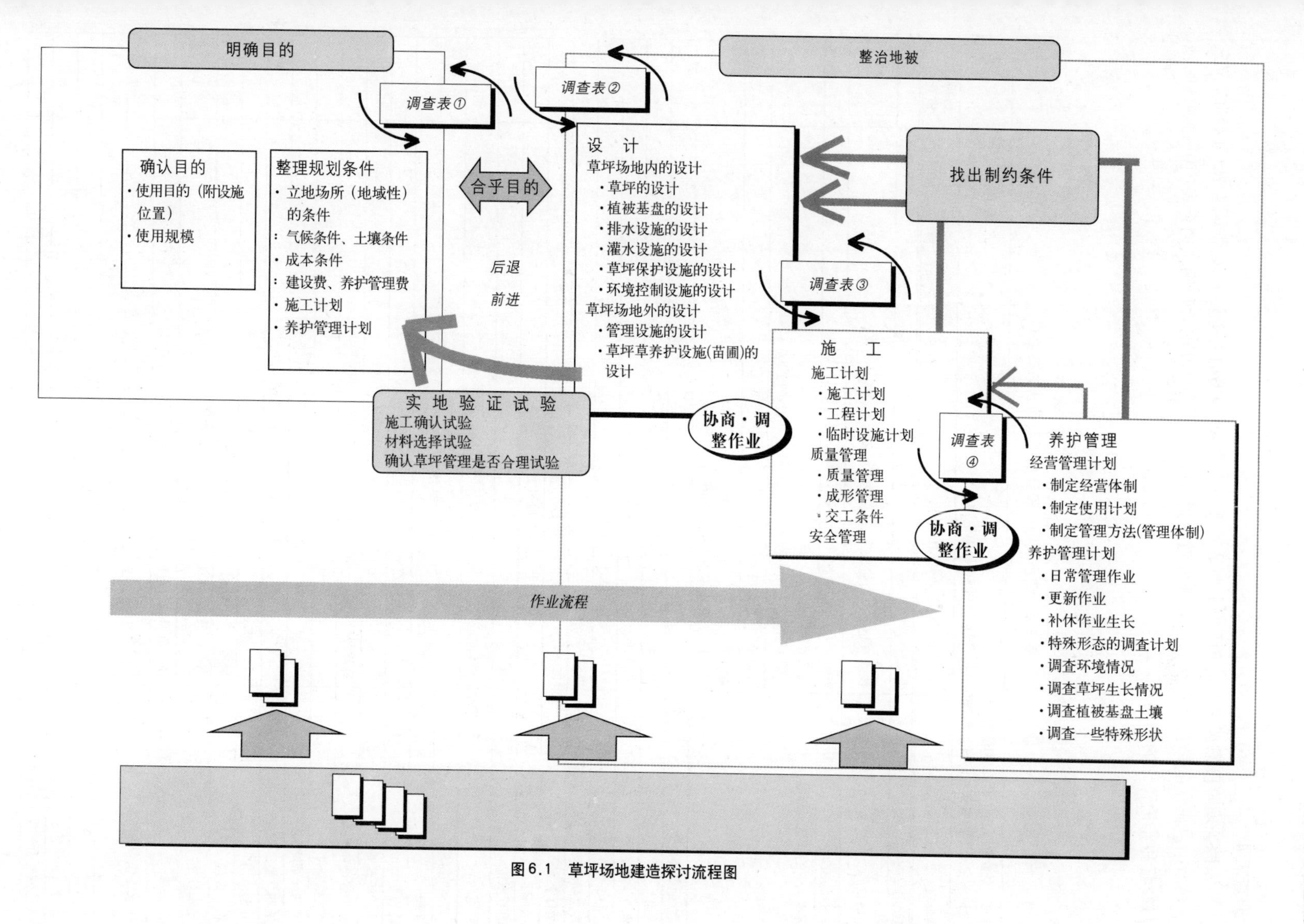

图6.1 草坪场地建造探讨流程图

④ 调查表④

是养护管理阶段需要调查的项目，主要是管理方需要确认和探讨的项目。这张调查表可以判断调查表②和③中已确认的项目能否从养护管理方面达到目标要求，也可以记录和确认调查表①中已确认的项目与经营和养护管理的协调性。

表6.6 调查表①（设计前需要确认的事项）

目的 · 条件和设计内容的协调性 (设计前记录下现有条件，设计后确认其协调性，在调查栏内记录)		
调查表	设计前需要确认的现有条件	协调性 调查栏
<使用目的>		
使用目的（可是多个）	比赛（足球、橄榄球），一般使用（多功能广场、小洲）	
年度使用次数	约　次（春　次，夏　次，秋　次，冬　次左右）	
所要达到的质量（画圈）	综合质量：1　2　3　4　5 注：1为高质量（电视直播）～低质量（勉强有些草）	
	常绿　非常绿	
	排水性：1　2　3　4　5 注：1= 大雨也不积水～5= 小雨就泥泞	
<立地条件>		
气温	年平均　℃，最高　℃，最低　℃	
降雨	年降雨量　mm	
日照条件	良　不良（　）	
其他局部条件（风、雾等）	无　有	
现有土壤	黑土　红土　沙土　砂　其他（　）	
如何建成	挖土　培土　其他（　）	
地下水位	高　低	
环境	市区　郊外　自然地　河流填埋地　其他（　）	
<草坪的预算>		
面积	m^2	
建设费	万日元（　日元/m^2）　不定	
养护管理费	万日元（　日元/m^2）　不定	
养护管理体制	直接经营　一部分直接经营　委托　其他（　）	
<其他条件>		
工期（草坪部分）	年　月　日～　年　月　日	
工期（整个设施）	年　月　日～　年　月　日	
开始使用	年　月　日	
附带设施	屋顶　观众席（容纳　人）其他（　）	
给水设施	水源：无　河流　湖泊　井　工业用水　自来水　雨水　其他（　）	
	可使用时间：已设　新建（　年　月　日可用）	
排水设施	排放处：（　）	
	排水制约：无　有（　）	
电源	无　已设　新建（　年　月　日可用）	
各种限制事项	无　有（　）	
其他需要特殊纪录的条件	无　有（　）	

表6.7　调查表②（设计阶段需要确认的事项）

设计 （设计后调查记录）			
调查表	调查栏		
	设计方	施工方	管理方
<特别要注意与重要现有条件的协调性>			
草种质量是否满足要求（常绿性、比赛性能）。			
栽植基盘质量是否满足要求（排水性、比赛性能）。			
草种是否适合使用规模（次数、频率、季节）。			
栽植基盘是否适合使用规模（次数、频率、季节）。			
草种是否适合气候条件（气温、湿度、降雨量）。			
栽植基盘是否根据现场土壤条件所决定。			
草种、栽植基盘、排水设施、灌水设施、草坪保护设施、地温控制设施及草坪场外附带的设施总估算建设费用是否与预算相符。			
设计时估算的养护管理费用是否与预算相符。			
能否确保草坪栽植时的需水量。			
能否确保草坪栽植时的必要设备。			
使用的植物材料和施工方法是否与工期、施工时间协调。			
是否考虑了特殊需要记载的条件和限制条件。			
<设计因素之间的协调性>			
草种、栽植基盘、排水设施、灌水设施等的设计是否相互协调。			

表6.8　调查表③（施工阶段需要确认的事项）

施工 （接受施工订单前调查记录）			
调查表	调查栏		
	设计方	施工方	管理方
<与目的、条件的协调性>			
施工计划是否适合施工条件（季节、期间）			
：栽植时期是否适合使用草种			
：能否在竣工期限之前完成			
<与设计的协调性>			
施工计划能否实现设计内容			
质量管理计划能否保证设计内容			
接受条件是否明确			
：施工期限是否明确			
：交工期是否明确			
：交工条件是否明确			
：施工的所有事项是否明确地写进了说明书			
<各工程的协调性>			
能否确保草坪栽植时的必要设备（特别是给排水设备）			
草坪栽植、初期养生工程与其他周边设施的工程是否协调			

表6.9 调查表④（养护管理阶段需要确认的事项）

养护管理 (接受养护管理订单前调查记录)			
调查表	调查栏		
	设计方	施工方	管理方
<与目的、条件的协调性>			
全年的养护管理计划是否适合使用规模（次数、频率、季节）			
全年的养护管理计划是否适合气候条件（气温、湿度、降雨量）			
根据全年养护管理计划算出的费用是否与养护管理预算相符			
全年的养护管理计划是否适合其他的养护管理条件			
<与设计的协调性>			
养护管理计划是否符合设计要求（草种、植被基面、灌水方式）			
能否确保管理所需要的给排水设备			
能否确保管理所需要的其他设备			
能否确保草坪草种要求的养护管理费用（施肥、浇水、割草次数、施药）			
能否确保栽植基盘要求的养护管理费用（施肥、浇水、更新作业）			
能否确保灌水方式要求的养护管理费用（作业劳力）			
<与施工的协调性>			
施工方向管理方交工时的验收条件是否明确			
：交工期是否明确。			
：施工中的养生谁来进行。			
：养生延期时的费用谁来负担			
：验收内容是否明确			
：从验收后到设施开始使用这一段谁来管理，费用谁来负担。			
保持绿色的时期、措施是否明确。			

（4）规划阶段所需要考虑的问题

在设计前的规划阶段，要对影响设计内容的各种条件进行整理。在决定具体的设计方案时，要掌握调查内容和需要掌握的所有内容，将其体现在设计当中。

① 调查内容

表6.10 需要调查的内容

调查条件	调查项目	调 查 内 容	与设计的关系
气象条件	气温	每月最高、最低、平均等	用于选择草种
	温度	每月最高、最低、平均等	用于选择草种
	风向	每月最多	用于选择草种
	风速	每月最高、平均等	用于选择草种
	日照	每月日照时间、晴天数等	用于选择草种
	降雨量	每月降雨量、全年降雨量等	用于选择草种
立地条件	地形	海拔高度、倾斜等	用于选择草种、设计植被基盘
	地质	表土、沙质土、粘性土、软岩等	用于选择草种、设计植被基盘
	土壤	粘土、粉沙、透水系数	用于选择草种、设计植被基盘
	地下水	地下水位、水量、水质、水温等	用于设计植被基盘、灌水设施
周边条件	建筑设施	通风、遮荫等的影响	用于选择草种、设计植被基盘和相关设施
	各种设施	管理需要的水管、排水、电等	用于选择草种、设计植被基盘和相关设施

② 掌握规划条件

表6.11 需要掌握的内容

掌握条件	掌握项目	掌握内容	与设计的关系
建造条件	设置条件	新建、改建、临时建造等	用于选定草种、植被基盘和相关设施
	周边规划	已有设施、规划设施、对草坪的影响等	用于选定草种、植被基盘和相关设施
	建造规划	设计期限、施工期限、完成时间等	用于选定材料、施工和管理方法等
	建造目标	利用内容、质量等	用于选定材料、施工和管理方法等
施工条件	订货计划	一次订货、分批订货、事先订货	用于选定材料、施工方法等
	临时计划	施工道路、施工空间、水源等	用于决定材料、施工方法等
	工程计划	施工时间、施工期限、交工时间等	用于选定材料、施工和管理方法等
	检查计划	完成及交工时要求的检查标准等	用于决定施工和管理方法等
管理条件	管理体制	直接经营管理、委托管理、管理人员等	用于决定施工和管理方法等
	设施计划	相关管理设施、草坪苗圃等	用于决定施工和管理方法等
	费用计划	管理作业费、机械材料费、材料费等	用于选定材料和管理方法等

③ 设定设计条件

表6.12 需要设定的内容

设定内容	设定项目	设定内容
相关施工	使用植物的种类	草种、栽植材料、栽植施工方法等
	植被基盘的构造	基本构造、使用材料、排水设施、建造方法等
	灌水设施	灌水方式、灌水机械材料、灌水机械的安装等
	草坪保护设施	必要的临时材料、建造用材料等
	环境控制设施	必要的低温控制设施、送风设施、气象观测装置等
	施工工程	建造基盘、栽植、养生管理等的施工时间及期限等
	施工方法	临时计划、使用机械、施工步骤等
	质量管理方法	建造后的形状、材料质量、施工质量的检查、评价方法等
	养生管理方法	验收检查条件、评价方法、养生管理内容等
相关养护管理	管理设施	必要的管理事务所、机械仓库、覆盖用细土仓库、作业场等
	养生设施	必要时，建造草坪苗圃
	管理机械材料	割草机、细土覆盖机、清扫车、其他相关机械材料
	管理材料	细土、土壤改良材料、药剂、肥料、其他相关材料等
	管理质量	要求的管理水平、管理目标、评价内容、检查标准等
相关实地验证试验	预先试验设施	草坪栽培试验、植被基盘建造试验、环境模拟试验等
	施工试验设施	施工效率试验、管理效率试验等

6.3 草坪场地的设计

在草坪场地设计中，要拟定草坪草及栽植施工方法、植被基盘的构造和材料以及其他与草坪相关的设施、施工方法、草坪的养生管理方法等。

这里列出了各种绿化材料、绿化施工方法和相关设施的优点、缺点、基本条件、注意事项等以及进行具体设计的要点。

(1) 草坪的设计

① 设计时的注意事项

草坪草的种类很多，而且各自的特性也不同，最重要的是要根据环境条件和使用目的进行选择。运动和娱乐用草坪草及栽植方法，在选择时应注意以下事项。

a) 草坪草的种类

寒地型草坪草在5℃左右开始生长，15～20℃左右为最适生长温度，超过这个温度生理上很难适应。如果是连续30℃以上的高温，即使病虫害完全得到防治，也会因生理障碍而枯死。在日本，从北海道地区到东北地区以及海拔较高的冷凉地区比较适合，几乎一年四季都可以保持绿色。

暖地型草坪草的最适生长温度是25～30℃左右，夏季生长旺盛，但如果温度低于10℃，就会停止生长，地上部变褐枯死。在日本，关东以西的地区，特别是冲绳那样亚热带地区几乎一年四季都可以保持绿色。

b) 主要草坪草的特性

i 寒地型草坪草

主要使用的有六月禾、牛尾草、黑麦草、多花黑麦草、羊茅等。各种类之间的耐寒与耐暑性等有一定的差异，可以将几种草进行组合播种，还可以用于暖地型草的越冬草种。

比赛场地或栽植后只有很短的养生时间时，可以采取用草皮块铺植草坪的施工方法，但一般情况下通常采取播种的施工方法，播种施工方法的特点是简单而且施工费用低。

比赛场多使用六月禾、牛尾草、黑麦草以及其他改良的新品种。

ii 暖地型草坪草

主要使用的有狗牙根（一般使用狗牙根的杂交种）、结缕草、细叶结缕草等，可以根据各自的特性进行选择。

像比赛场那样管理良好的场所，常使用耐磨损、恢复性好的狗牙根的杂交草（主要是狗牙根419），常作为整年（越冬）使用草坪的基本草种。但是狗牙根的杂交种是需要经常剪割的草种，管理上比较麻烦，所以公园等其他地方一般不用。另外，这种草是营养繁殖的，所以只能采取用草皮块铺植或嫩枝繁枝的方法。嫩枝繁枝的方法生长旺盛，而且施工比较简单便宜。

结缕草、细叶结缕是我国一直使用的品种，被称为日本草。耐暑性和耐旱性好，耐寒性在国内也不成问题。草的伸长缓慢，不需要太多的管理，所以在公园里经常使用。由于恢复力稍慢，所以只能用于使用频率较低的比赛场，一般采取用草皮块铺植的方法进行栽植。近年来，开始采用生长旺盛、耐寒性好、冬季也能保持良好状态的改良品种。

② 单独采用暖地型草坪草

优点	· 夏季生长旺盛，具有匍匐茎，所以对磨擦的恢复快。 · 与寒地型草相比耐旱性强，病虫害少，不需要太多的管理。 · 比较适合日本的环境，所以管理成本低。
缺点	· 冬季地上部变褐进入休眠状态，使用受到限制。 · 生长适期以外的冬季，恢复力减缓。
使用时的基本条件	· 冬季是草坪休眠期，使用受到限制。 · 夏季是草坪生长适期，可进行集中养护管理。
主要注意事项	· 栽植后，最好经过夏季的充分养生后再开始使用。 · 养生期间，既使是生长适期也要充分灌水。
栽植方法	· 因为是营养繁殖，要用草皮块铺植或嫩枝繁枝的方法栽植。 · 一部分草种可以进行播种，但要充分养生。
选择要点	· 一般用于冬季使用较少的赛场、城市公园、庭院等。 · 狗牙根（狗牙根杂交种）需要经常剪割，所以最好在具有良好养护管理条件的地方使用。

③ 单独采用寒地型草坪草

优点	· 春秋为生长适期，可利用的时间较长。 · 除特别寒冷的地区外，几乎可以保持常绿。 · 因为是种子繁殖，可以采用播种的方法，成本较低。
缺点	· 气温连续超过30℃，生长减缓，容易感染病虫害。 · 气温连续低于0℃，生长减缓，地上部枯死。 · 耐旱性差，灌水量需要比暖地型草多。 · 生长期长，叶的伸长快，割草等管理费用高。
使用时的基本条件	· 高温时要注意防治病虫害，要有充分的管理措施。 · 在关东以西的地方使用时，需要较高的管理费用。
主要注意事项	· 栽植后，最好经过春季或秋季的充分养生后再开始使用。 · 养生期间，既使是生长适期也要充分灌水，防治病虫害。
栽植方法	· 多数是种子繁殖的草种，一般采用播种的方法。 · 养生时间短或不是生长适期，可采取用草皮块铺植或用草坪植生带的方法。
选择要点	· 一般用于冬季使用较多的赛场，关东以北的城市公园、庭院等。 · 在关东以西的地方使用时，割草次数多，需要进行病虫害的防治，只有在管理体制健全的地方才能使用。

④ 在暖地型草坪上加入寒地型草种越冬

优点	·可以保持一年四季常绿。 ·可以发挥暖地型草和寒地型草双方的优点。
缺点	·每年都要进行寒地型草种的播种和与暖地型草的更换作业，管理所需要的劳动力和费用较高。 ·出现异常气候（冷夏、暖冬、多雨等）时，很难判断管理内容。
使用时的基本条件	·需要全年进行管理作业。 ·需要进行更换草坪草的专业管理技术。
主要注意事项	·选择寒地型草种时，要考虑与基础草的相合性。 ·要设置更换作业前后的养生期，在这期间要限制使用。
栽植方法	·首先要进行基础暖地型草的栽植，使之在冬季之前形成良好的草皮。 ·在秋季适当时期进行寒地型草的播种和养生。 ·在春季适当时期进行寒地型草坪草的剪割，暖地型基础草的更换。 ·一些地方还要进行越冬后的草皮铺植。
选择要点	·一般用于关东以西的赛场。 ·因为一年需要两次草坪的更换和养生管理，只有在管理体制健全的地方才能使用。

⑤ 采用人工草坪

优点	·具有良好的持久性和美观性，很少损坏，所以管理容易。 ·与季节无关，一年四季都可以使用，雨后也可以马上使用。
缺点	·基盘（基础）工程和材料价格较贵，建造成本高。 ·与天然草坪相比弹性差，踩上去不舒服。 ·运动时容易造成擦伤和跌伤。
使用时的基本条件	·可以用于使用频率高且天然草不能达到养护管理要求的地方。 ·可以用于举行活动的场所和运动以外的场所。
主要注意事项	·草的长度和硬度有各种类型，可以根据使用目的选择。 ·为了在降雨后能马上使用，要做好地下排水。 ·平时的管理和更换都要列入成本。
栽植方法	·填沙人工草坪首先是在基盘上铺设人工草坪，然后均匀地填充沙子。 ·植毛型人工草坪是在基盘上铺设人工草坪。
选择要点	·在管理、使用、环境等方面不能使用天然草坪的情况下使用。 ·足球场、网球场等一般使用填沙人工草坪。 ·棒球场和游戏场所一般使用植毛型人工草坪。

⑥ 栽植方法

栽植方法一般可分为播种法，用草皮块铺植草坪法和用剪取的根茎繁殖的嫩枝繁殖（播草）法3种。除此之外，近年来还有将草种或根茎夹在两层无纺布之间，直接铺在地面上的草坪植生带法。表6.13中列举了3种常用栽植方法的特性。

表6.13 栽植方法的特性

项 目	播种法	用草皮块铺植草坪法	嫩枝繁殖法
优点	可以根据使用目的选择种子。用喷播机械施工可缩短工期，降低施工费用。	扎根快，养生时间短，可尽早使用。	扎根比较快，施工费用低。
缺点	非生长适期不能施工。养生时间长，生长速度受气象条件（雨、风速、干燥、气温等）影响。	比其他施工方法费用高。有时会出现施工后草坪和土壤或土壤和基础材料粘和不好的情况。	比用草皮块铺植草坪法养生时间长。有时会出现施工后嫩枝生根不好，苗生长不均匀的现象。
基本条件	要选择与气象条件和土壤条件相符合的种子。根据施工规模、施工时间等选择人工播种或机械喷播的方法。	要选择与土壤条件和管理条件相符合的草种。植被基盘材料与草皮块附着的土壤不同时，要考虑清洗草皮土壤的方法。	要选择与气象条件和土壤条件相符合的种子。根据施工规模、施工时间等选择播草方法。
主要注意事项	有只播1种草种的，但为了确保形成良好的草坪最好3～4种草种一起混播。	在非生长适期施工时，需要灌水、施肥等养生管理，注意不要使材料干燥。	要均匀播撒。施工时，需要进行灌水、施肥等养生管理，枯萎部分要进行补植。
移栽方法	可以人工播种，也可以用机械喷播。	密铺法（100%）、间铺法、方块铺植（50%）、交错间铺法（70%）、条铺法等。	将剪断的根茎进行条播或散播后覆盖细土，用磙子滚压。
特殊事项	可用于养生时间长、施工费用少的工程。	可用于养生时间短、施工时间不利的工程。	可用于养生时间长的工程。

(2) 植被基盘的设计

① 设计时的注意事项

植被基盘构造是建造运动及娱乐用草坪场的重要因素之一，因为它对草坪生长起到支撑作用。这里将结合植被基盘的实例，介绍设定植被基盘时的注意事项。

a）植被基盘的基本构造

体育比赛用草坪的植被基盘，主要有加利福尼亚大学式、USGA式、PAT体统、CELL系统4种类型。娱乐用草坪是使用这些方式的简化构造。表6.14介绍了植被基盘的概要和特性。

表6.14 植被基盘的基本构造

使用及基本构造		概 要	主 要 特 性
比赛场	加利福尼亚大学式	· 草坪生长层主要由沙子构成，1层结构。 · 排水构造为渗透方式＋暗渠排水管方式。 · 国内比赛场应用实例很多。	· 构造简单，施工容易。 · 建设成本比较低。 · 有多余水分时，向地下渗透，干燥时靠地下水补充。
	USGA式	· 草坪生长层主要由沙子构成，排水层由砂砾构成，2～3层结构。 · 排水构造为渗透方式＋暗渠排水管方式。 · 国内比赛场应用实例最多。	· 构造复杂，施工繁琐。 · 建设成本比较高。 · 各层砾径很难调节。 · 透水性好。
	PAT体统	· 草坪生长层主要由沙子构成，1层结构。底部铺有隔水苫布，可调节地下水位，从底部供水。 · 靠泵强制给排水。排水系统和给水系统并用。 · 国内比赛场应用实例很少。	· 适用于供水量不足、条件恶劣的地方。 · 构造复杂，施工成本比较高。 · 砂砾的砾径很难调节。 · 节水型系统。 · 由于是强制排水，雨后可马上使用。
	CELL系统	· 草坪生长层主要由沙子构成，1层结构。底部铺有隔水苫布，可调节地下水位，从底部供水。 · 排水构造是靠竖井进行水位调节的自然重力排水方式。 · 国内比赛场应用实例很少。	· 适用于供水量不足，条件恶劣的地方。 · 构造复杂，施工成本比较高。 · 砂砾的砾径很难调节。 · 因为是靠自然重力排水，降雨后排水需要一定的时间。 · 节水型系统。
娱乐用		· 植被基盘是现有土或由现有土改良（加沙子或土壤改良剂）而成。 · 排水不良时，可铺设暗渠排水管。	· 可有效地利用现有土壤。 · 建设成本低。 · 具有一定的保水力和保肥力，养护管理容易。

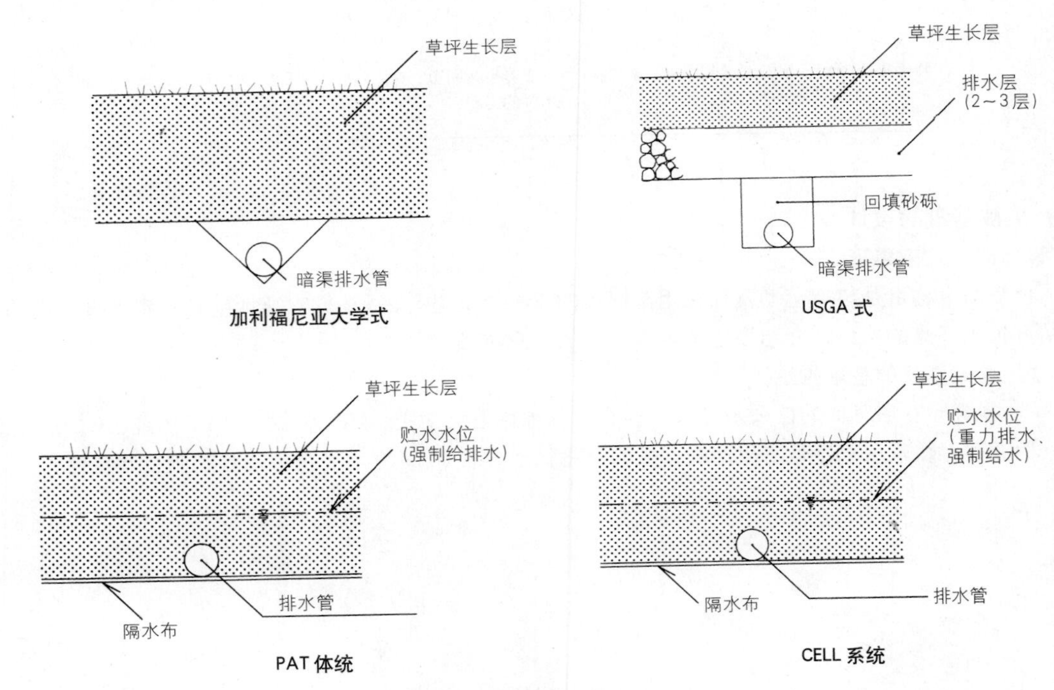

图6.2 植被基盘的基本形式

b）植被基盘实例

用于体育比赛的草坪植被基盘，大致可分为原有基盘和新建基盘两种，原有基盘是在现有地面上铺设基盘材料；新建基盘则是在人工基盘或隔水布上铺设基盘材料，进行地上灌水或地下灌水。基面构造因厚度及使用的材料不同，而大不相同。

如果把前者视为开放型基盘构造，后者视为闭锁型基盘构造，那么开放型的基盘构造类似于加利福尼亚大学式和USGA式构造，闭锁型基盘构造类似于人工基盘和CELL系统的构造。主要的基盘构造如图6.3。

c）植被基盘设计的基本条件

表6.15 设计的基本条件

项目	体育比赛用	娱乐休闲用
使用条件	[要求性能] ·美观性、舒适性、安全性、功能性等。 [具体的要求条件] ·冬季草坪也能保持常绿。 ·据有观赏价值的绿色程度和绿色覆盖率。 ·平坦性要达到比赛要求。 ·弹性要好，不至于比赛跌倒受伤。 ·经得住高频率的使用。 ·对激烈的踏压具有恢复性。 ·雨后可以马上比赛。 ·草坪要具有均一性，栽植基盘要具有稳定性。	[要求性能] ·明快性、舒适性、安全性等。 [具体的要求条件] ·冬季枯萎也可以。 ·不起灰尘。 ·有点儿不平也问题不大。 ·有一定的弹性。 ·混入一些杂草也问题不大。 ·休息日使用频率高。 ·对踏压具有恢复性。 ·雨后很少利用。 ·要考虑到小动物和昆虫的生态。
环境条件	·有观看台时，要考虑其大小、位置、屋顶的遮荫、通风等条件。 ·灌水和排水设施。	·雨水和地下水等的排除。 ·确认有无遮荫的树木、其他设施、灌水设施。
土壤条件	·判断现有土壤能否使用，如何进行改良。 ·现有土壤不能使用时，一般使用客土。	·如果是沙土和沙壤土，尽量使用现有土壤。 ·土质不好，可以考虑土壤改良，尽量使用现有土壤。
其他	·一般主要使用不容易板结、透水性好、通气性好的沙子。 ·使用寒地型草坪草时，沙子植被基盘有抑制病虫害的效果。 ·建设费用和管理费用充足时可用客土建造基盘。	·排水不良的地方，要进行土壤改良和设置暗渠排水管。 ·保水性、保肥性好的基盘，养护管理容易。 ·建设费用和管理费用不足时可用现有土壤建造基盘。

图中 WOS 是越冬型

图 6.3　体育赛场植被基盘构造的主要实例

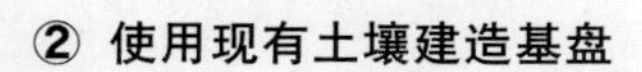

② 使用现有土壤建造基盘

优点	· 比使用客土和改良土壤的建造成本低。 · 充分利用现有土壤，不用对现有土壤进行处理，有利于环境保护。 · 施工简单、省力、工期短。
缺点	· 土壤均一性不好，需要进行防除杂草和清理树根、草根等作业。 · 排水性不好，有些地方雨后不能使用。 · 要具备进行草坪轮作的面积。
基本条件	· 需要对现有土壤进行试验分析，掌握其特性。 ○物理性：土质、透水性、有效水分等。 ○化学性：pH 值、养分、盐类浓度等。 · 充分掌握现有基盘的性状，推导出植被基盘的透水性、保水性等性能。 · 充分掌握现有地盘的情况（坡度、起伏、砂砾、杂草等）和环境条件（气候、地形、地下水等）。
主要注意事项	· 通过对现有土壤的试验分析，确定是否达到了要求的水平。 · 根据对现有基面的调查结果，确认对植被基面和草坪有无不良影响，如果排水有问题，应铺设暗渠排水设施。
制作方法	· 除草，清理树根草根→修整坡度→翻耕→滚压→平整。
选择要点	· 适用于对质量要求不是很高的公园草坪和运动草坪。

③ 利用经过改良的现有土壤建造基盘

优点	· 比使用客土的建造成本低。 · 充分利用现有土壤，不用对现有土壤进行处理，有利于环境保护。 · 可以选择各种改良方法，使土壤达到理想的标准。
缺点	· 如果不掌握现有土壤的特性，不能决定土壤改良的方法。 · 需要将用于改良的土壤堆积起来，施工繁琐。
基本条件	· 需要对现有土壤进行试验分析，掌握其特性。 ○物理性：除一般特性外，还要分析切断力、透水性、固结性等 ○化学性：pH 值、养分、盐类浓度等。 ○其他：栽植特性、稳定性、弹性等。 · 进行多种组合试验，确定明确的改良目标。 · 充分掌握现有基面的性状，推导出植被基盘的透水性、保水性等性能。
主要注意事项	· 对改良土壤的样本进行室内试验，确定是否达到了改良目标。 · 还要进一步进行现场施工试验，测出与室内试验的数据差，修正改良目标。 · 设定改良目标要考虑使用频度、使用项目，参考国外的改良方法，慎重设计。 · 改良还要考虑经济性，先从改善严重不良性状入手。
制作方法	· 有直接在现场用翻耕机械进行改良和将土壤堆积起来与土壤改良材料混合两种方法。 · 在现场混合很难混合均匀，所以最好堆积混合。
选择要点	· 广泛地应用于运动和公园草坪场地。

④ 使用客土建造基盘

优点	· 可以根据草坪的特性，建造优质均一的植被基盘。 · 可以根据降雨量，设计相应的透水性。 · 可以根据使用频率，设定植被基盘构造。
缺点	· 施工繁琐，工期长，相应的建造费用会提高。 · 需要把现有土壤处理掉，对环境保护不利。 · 为了维持基盘的构造和材料的性能，很可能会增加养护管理成本。
基本条件	· 根据所要求的草坪质量，选择合适的材料和构造。 ○物理性：除一般特性外，还要分析切断力、透水性、固结性等，最好是踏压后仍能保持稳定的物理性状，使草坪快速恢复。 ○化学性：pH 值、养分、盐类浓度等。 ○其他：栽植特性、稳定性、弹性等。 · 充分掌握现有基盘的性状，推导出植被基盘的透水性、保水性等性能。
主要注意事项	· 比赛场地需要改善保水性、保肥性，需要使用改良材料和灌水设施。 · 可以考虑埋设给排水一体的设施，建造充分发挥改良效果的栽植基盘构造。 · 体育赛场一般主要使用沙子结构。
制作方法	· 挖除现有基盘→修整路基→铺设排水设施→铺设排水层→铺设草坪生长层→滚压→平整。
选择要点	· 主要用于草坪体育赛场。 · 无论采用哪种基本构造，都要根据设定的方式进行正确的施工。

⑤ 使用基盘保护材料建造基盘

近年来，为了防止因踏压造成的植被基盘板结，保持透水性和通气性，提高切断抵抗力，在基盘建造时使用各种基盘保护材料的例子越来越多。基盘保护材料主要有以下几种。

a）主要基盘保护材料

i　混合型：用塑料制作的网
　　　　　合成纤维

ii　铺设型：用塑料制作的塑料块
　　　　　用橡胶制作的格子垫
　　　　　具有立体网眼构造的制品和装有种子的无纺布织在一起的人工草坪

iii　埋入型：天然纤维垫

iv　植入性：人工草坪编织物

v　散布型：橡胶屑

优点	·可防止植被基盘板结，缓冲踏压，促进草坪生长，保护草坪的芽和根，可以增加使用频率和使用时间。 ·因透水性和通气性得到改善，使草坪的生长得到促进，减轻了管理作业。 ·弹性得到提高。 ·在车辆和人踏压时，可以保护草坪的根茎。 ·促进根的生长，减少割草时连根拔起。
缺点	·建造成本（初期成本）较高。 ·也有不具有弹性的产品。 ·随着长时间的使用会渐渐被埋没，需要铺修。
基本条件	·要在充分了解产品的基础上使用。 ·要考虑主要在使用集中的地块铺设。
主要注意事项	·需要确认使用条件和目的、使用频率、养护管理情况等。 ·因产品的特性不同，草坪的养护管理内容也不同。
制作方法	·按着各种产品的施工要求正确使用。
选择要点	·公园的草坪广场、草坪停车场、一部分足球场都可以使用。 ·但有些足球场的正式比赛场不能使用，如日本联赛规定必须使用天然草坪赛场。

（3）排水设施的设计

① 设计时的注意事项

a）排水设计的基本方式

为了使植被基盘的透水性与保水性保持平衡，必须要有排水设施。排水方式主要有以下几种。

表6.16 基本的排水方式

排水方式		概　要
表面排水		地表面建成一定坡度，用表面排水设施集中排水。
渗透排水	垂直排水	在植被基盘上挖沟，在沟里填充砂砾等透水性好的材料，也叫做狭缝排水方式。可以采用现有的排水设施，加以改善。
	暗渠排水	在植被基盘下面铺设暗渠排水管，将渗透下来的水排除，是使用最多的一种方式，广泛地被利用在草坪体育赛场和娱乐用草坪广场。
	层状排水	在植被基盘的下面均匀地铺设一层透水性好的材料，将渗透下来的水排除，主要用于运动场。
蓄水型排水		在植被基盘下面铺设隔水层，用存在地里的水给草坪补充水分，一部分运动场采用了这种方法。

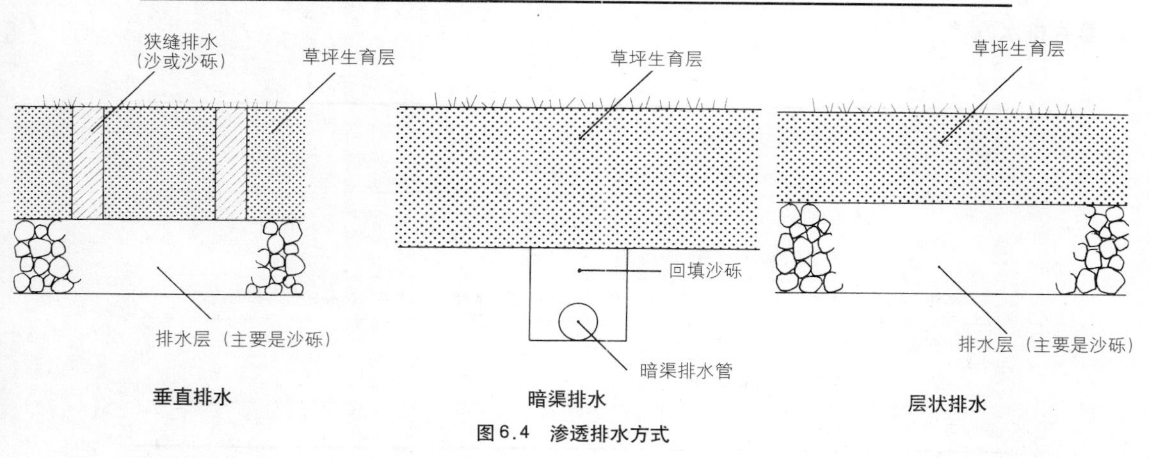

图6.4 渗透排水方式

b) 排水方式和排水材料的选择

有各种各样的排水方式和排水材料，选择时要注意以下事项。

排水方式的选择

i 调查降雨量、植被基盘的透水性、表面坡度、地下水位、排放标准等。

ii 排水末端能承受的排水量和允许排放的水质标准。

iii 综合判断使用目的、使用频率、经济性等，根据建造经费和管理经费，选择合适的材料。

iv 如果现有基盘排水性好，可采用表面排水或垂直排水的方式。

v 如果现有基盘排水性不好，则要采用暗渠排水或层状排水的方式。

vi 水源不足、干燥地等草坪环境恶劣的地方，应采用蓄水型排水方式。

② 表面排水方式

优点	· 施工简单，建造成本低。 · 与其他排水方式相比，养护管理简单。 · 可以排除降雨后积存在植被基面上的剩余水。
缺点	· 表面坡度小、植被基盘透水性差时，容易出现积水。
基本条件	· 在充分掌握植被基盘的透水性、排放量等基础上设计排水设施。 · 体育比赛用场地，要配置柔软、安全的排水设施。
主要注意事项	· 要详细确认环境条件（气候、降雨强度）。 · 设计表面坡度时，要充分掌握使用项目的特性。 · 如果有多种使用目的或使用频率非常高时，可考虑与其他排水方式并用。
制作方法	· 与普通的绿地、草坪建造方法相同。 · 体育比赛用场地需要特别注意平坦性。

③ 垂直排水方式

优点	· 建造成本比较低。 · 可以在已有草坪上实施，以改善其排水性。
缺点	· 有些施工需要处理残土。 · 埋进去的材料，有时会堵塞。
基本条件	· 在充分掌握植被基盘的透水性、排水坡度等基础上设计沟的间隔、方向和深度。
主要注意事项	· 充分掌握植被基盘下的透水性和排水性等。 · 要注意草坪场外的积水状况。
制作方法	· 使用专用机械施工。

④ 暗渠排水方式

优点	· 能够控制地下水的上升和从邻接地块流进来的水。 · 可迅速排除植被基盘的积水，将其还原给大地。 · 植被基盘干燥时，可通过地下水来补充水分。
缺点	· 堵塞会引起排水功能下降，疏通困难。 · 有些施工需要处理残土。
基本条件	· 在掌握排水量的基础上，设计暗渠干线、支线的方向和间隔等。 · 在选择暗渠排水管和过滤材料时，要充分掌握各种材料的特性（粒径、粒度等），选择合适的材料。
主要注意事项	· 要拟定过滤材料的粒径、粒度、透水系数等。 · 排水量标准计算式 Q（单位排水量Q/sec/ha）　$\frac{R \times f}{D \times 8.64}$　R：日雨量（mm/日） f：地下渗透率（草坪0.15） D：排除日数 · 植被基盘需要有良好透水性，首先要进行土壤试验，如果不符合要求，要进行土壤改良。 · 铺设暗渠排水管时，要均匀铺设，避免出现排水不均。 · 配置暗渠排水管时，要考虑与末端的关系，以及表面坡度和方向等。 · 要根据埋设深度和土质情况，进行适当的暗渠排水管基础施工。 · 在暗渠排水管的起点、终点、汇合点、拐弯点、管径和种类发生变化的地方，设置排水栓。长距离的直线部分也要设置排水栓。
制作方法	· 在设定的间隔上挖排水沟，铺设排水管，填充过滤材料。

⑤ 层状排水方式

优点	· 能全面、均匀、快速地排水。 · 能将雨水等剩余水还原给大地。
缺点	· 材料费使成本（初期成本）升高。
基本条件	· 设计排水层厚度时，要确认地下排水量。 · 选择使用材料时，要确认粒径、粒度、透水系数等特性。
主要注意事项	· 要设定过滤材料的粒径、粒度、透水系数等。 · 排水量标准计算式与暗渠排水相同。
制作方法	· 按所定厚度，均匀地铺设。

⑥ 蓄水型排水方式

优点	· 可调节植被基盘中的水位，自由地控制土壤中的水分。 · 由于是蓄水型，所以可节省供水量。 · 蓄存的水可以起到净化效果，所以在排放时可减轻对环境的影响。
缺点	· 需要泵和水位调节设备，使建造成本升高。 · 施工内容复杂，需要进行正确的施工。
基本条件	· 在充分了解系统特性的基础上，将水分调整到草坪最适状况。 · 选择具有确实能供给植物根系水分的粒径、粒度的土壤材料。
主要注意事项	· 需要经常观察土壤水分和对植物的影响，进行水分调整。 · 设定植物的最适地温，注意高温时的生理障碍。
制作方法	· 铺设隔水苫布→铺设地下给排水设施→均匀地铺设植被基盘材料。

（4）灌水设施的设计

草坪生长过程中离不开水，特别是体育和娱乐用草坪需要维持绿色植被，并对损伤的植被进行恢复和修复，所以一般情况下都要设置灌水设施。灌水设施大致可分为地上灌水和地下灌水两种方式。各种方式都可以进行手动和自动控制。

① 设计时的注意事项

a) 主要注意事项

i 灌水量和灌水设施的规模与使用草种、植被基盘的种类、养生方法等有以下关系。

· 灌水量：寒地型草坪草比暖地型草坪草的需水量大得多
以沙子为主的植被基盘比以土为主的植被基盘需水量大得多
播种法比用草皮块铺植草坪法的需水量大得多

· 设施规模：灌水量大和面积大的情况下，需要采用自动控制设备

ii 要探讨如何设置灌水设备，才能使整个草坪灌水均匀。

iii 在草坪容易损坏需要经常修补和容易干燥的地方，要考虑能够进行人工灌水。

iv 供水量少的地方，要估算和设置蓄水槽。

v 有些地方的自来水、工业用水、地下水、河水、再生水等因水质的关系需要进行pH值的调节和水质净化等。

vi 栽植后需要大量灌水，所以栽植前必须将灌水设施建造好。

② 灌水方式的比较

表6.17 灌水方式的比较

项　目	地上灌水方式	地下灌水方式
优点	从外观上可以确认灌水情况，进行准确的灌水。	可以自由地控制土壤水分，节约用水量。
缺点	容易造成灌水不均匀，有时需要追加播种。	从外观上不能确认灌水情况，很难掌握对植物的影响。
基本条件	有非埋设型（移动型喷灌设施）和埋设型（固定型喷灌设施）。	在地中埋设给排水管和水位调节设施。
主要注意事项	非埋设型的价格便宜，但灌水作业费事。埋设型的可通过正确的配置减少灌水不均匀的问题，提高灌水效率。	设备价格高，需要精确地施工。草坪修补时需要灌水，因此还需要配有地上灌水设施。
其他	埋设型喷水器有大型的和小型的。也有在足球场内设置的。	国内实例很少，但在供水量有限的地方是一种有效的方法。

表6.18 埋设型灌水方式的比较

项　目	大型喷灌设施	小型喷灌设施
灌水能力	· 灌水半径：20～31m左右 · 灌 水 量：约120～250 l/分 约7.2～15.2 l/分 · 需要水压：约3.5～7.0kg/cm²	· 灌水半径：14～20m左右 · 灌 水 量：约20～90 l/分 约1.4～5.7 l/分 · 需要水压：约3.0～6.0kg/cm²
喷嘴形状	· 内部设置：Φ 320mm（投球场内） · 外部设置：Φ 320mm（投球场外）	· 内部设置：Φ 67mm（投球场内） · 外部设置：Φ 67mm（投球场外）
喷嘴数	· 内部设置：8个（投球场内） · 外部设置：16个（投球场外）	· 内部设置：24个（投球场内） · 外部设置：24个（投球场外）
特征	灌水半径大，喷嘴数量少，有时会因风造成灌水不均。	灌水半径小，喷嘴数量多，几乎没有灌水不均的现象。

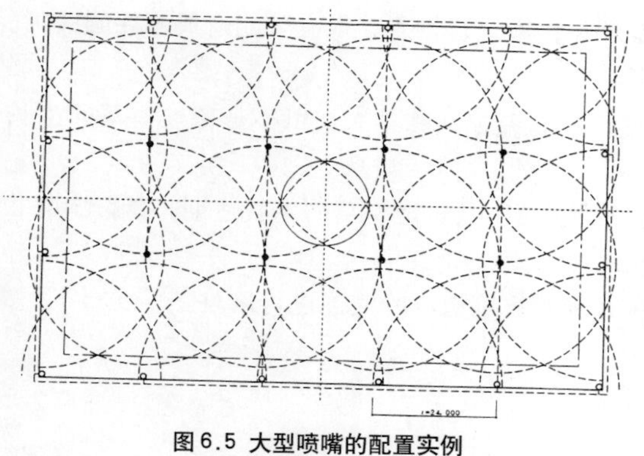

图6.5 大型喷嘴的配置实例
（足球场内）

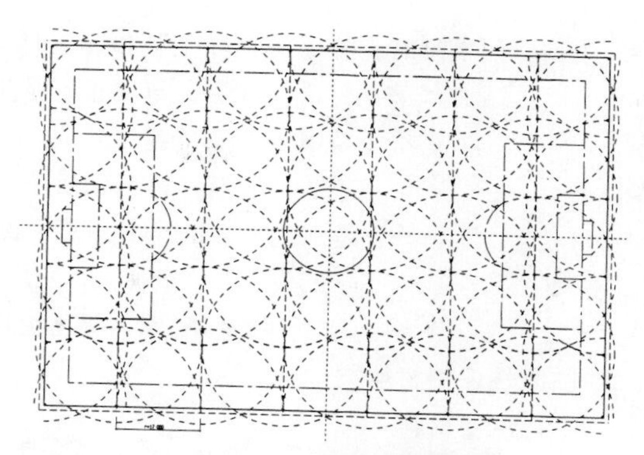

图6.6 小型喷嘴的配置实例
（足球场内）

③ 灌水的控制方式

优点	· 用控制盘集中控制，可以减轻劳动力和运转成本。 · 即使不在管理员工作时间内，只要是植物生长需要随时都可以灌水。
缺点	· 设备的一次性（最初）成本高。
基本条件	· 需要埋设型喷嘴，地下灌溉等常用的灌水设备。
主要注意事项	· 寒地型草坪的灌水频率高，有时夜间和早晨也需要灌水，所以最好安装自动灌水装置。 · 虽然是自动控制装置，但有时会出现故障，所以管理人员要经常进行检查。
控制种类	① 没有集中控制 ② 手动集中控制盘 ③ 计时或程序自动控制 ④ 根据气象观测设备和土壤水分传感仪测得的数据进行自动控制

（5）草坪保护设施的设计

草坪场地除进行运动和娱乐活动外，有时还举行音乐会和其他活动。特别是举行一些大型活动时，从准备到最后整理完毕，有的需要一周左右，这期间活动的相关材料都放在草坪上，所以要铺设保护设施。

以前都是铺设薄木板，最近开发出了一些对草坪损伤小，撤掉后草坪经过很短的养生时间，很快就能恢复的新材料。

① 设计时的注意事项

虽然基本上都是临时性材料，但还是要求将对草坪的损伤控制在最小限度内。选择时，要注意以下问题。

a）基本条件和注意事项

i　要具有能够分散人的踏压、舞台和活动相关材料重量的能力。

ii　铺设时最担心的就是草坪表面的闷热状态。潮湿闷热会引起草坪的病害发生。因此，要尽量选择通气性好的材料。

iii　光和水是草坪生长必需的要素，所以，要尽量选择透光性和透水性良好的材料。

iv　不管是多么好的材料，都要尽量缩短铺设时间。所以，要选择容易铺设和拆除的材料。

v　如果没有充分了解草坪生长和设置时间的相互关系，就进行设置，很有可能造成草坪的毁灭。

· 春季：材料拆除后，草坪正好是生长适期，所以问题不大。

· 夏季：是暖地型草的生长适期，只要经过充分的养生问题不大。但不是寒地型草的生长适期，所以材料拆除后草坪草很有可能枯死。

· 秋季：是寒地型草的生长适期，设置问题不大。但不是暖地型草的生长适期，会影响第二年的发芽。

· 冬季：是草坪的休眠期，损伤会很小，但必须对重量造成的痕迹进行修整。

② 临时性保护材料

a）主要材料

i　有卷式和板式的，但一般情况下多使用透光性和通气性良好的板式材料。

ii　其他还有在草坪容易磨损的地方，喷洒橡胶屑等方法。

iii　在频繁地进行大型活动的场所，应在建造时考虑采用塑料网和聚丙烯制作的人工草等。

照片 6.13　板式草坪保护材料（材料背面）

照片 6.14　板式草坪保护材料（材料正面）

（6）环境控制设施的设计

不同草坪场地的日照、温度、通气性等这些影响草坪生长的条件是不同的，特别是体育赛场，近年来有很多都建有很大的看台，有的还带有屋顶，这样就会影响草坪的生长。

这里我们介绍一些解除因看台和屋顶引起的日照不足，以及缓解高温期和低温期的地温，确保看台建造的通气性等微环境控制技术，尽量避免草坪的生长不良。

① 设计时的注意事项

i　地温控制设施有低温时进行土壤加热的设施和高温时进行土壤冷却的设施。由于价格很高，要充分考虑其效果和对草的影响。

ii 送风设施是管理时需要的设施。通气性不好的潮湿状态容易引起病害。

iii 补光设施和遮光设施国内还很少，只是在看台设计时，尽量确保良好的日照。

iv 环境监测设施有人工观测装置和自动观测装置。掌握场地的气象条件，可以为养护管理提供可靠的依据。

② 地温控制设施

主要效果	·国内实例很少，国外有用于融雪和防止土壤冻结的例子。 ·土壤加热装置有防止寒冷地区土壤冻结的效果，也可以在草坪补修和更新时使用，以促进草坪生长，使其尽快恢复，缩短养生时间。 ·另外，为了预防高温时的病虫害，有研究使用土壤冷却装置进行土壤冷却的。但一般效果不明显，国内的实例和实验数据都很少。
主要注意事项	·使用土壤加热装置时，首先要考虑对草坪生长的影响，最重要的是温度控制系统。 ○激烈的温度变化会给草坪生长带来负面的影响。 ○不考虑草坪的生长，过度提高温度，会使根部贮藏的养分流失，第二年发芽不好，恢复力差。 ○要充分掌握草坪的最适温度条件。
制作方法	一般使用聚乙烯管加热水循环或使用电热线加温的方式。

③ 送风设施

主要效果	·用简易送风机，解除草坪过湿状态。 ·通过缓解过湿状态，达到预防病虫害的目的。
主要注意事项	·送风过大，会引起叶片干燥。 ·有些机械噪音过大，要考虑对周边的影响。

④ 环境监测装置

主要效果	·能对气温、地温、降雨量、风速、日照强度等需要的数据进行自动监测。 ·这些气象数据的收集，可作为制定草坪养护管理的依据。
主要注意事项	·尽量设置在与草坪环境相同的地方。 ·不仅只是监测，还要将其数据与草坪的生长状况结合起来考虑，加以调整。

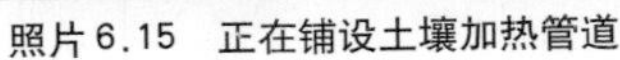
照片6.15　正在铺设土壤加热管道

照片6.16　送风装置

照片6.17　自动气象观测装置

(7) 管理设施的设计

草坪养护管理的相关设施，也要在设计阶段考虑进去。具体要进行设计的有：为修补提供草皮的苗圃，放置草坪养护机械与材料的场所等。

不一定所有的管理设施都需要，这里列举的是体育赛场的设计内容。

① 苗圃

表6.19　苗圃的设计方案（足球场）

项　目	内　　容
条件	· 要确保草坪损伤严重部分更换用的面积。 · 要求草坪更换后，马上达到能利用的、具有一定厚度的草皮构造。 · 要确保苗圃的草与草坪赛场的草相同。
设置场所	最好设置在近处，当草坪发生异常时能马上进行更换。
目标面积	草坪损坏部分的修补面积（球门前、两侧边线）。
需要面积（概算）	· 球门前　=15m × 10m × 2 处 =$300m^2$ · 两侧边线　=50m × 2m × 2 处 =$300m^2$ · 角球处　=5m × 5m × 4 处 =$100m^2$ · 中心圆处　=10m × 10m　=$300m^2$ 合计 =$600m^2$
使用床土	使用与草坪赛场相同的材料和构造。
使用草种	使用与草坪赛场相同的草种。

② 管理机械、备用品等

草坪养护管理所需要的机械、器具如下表。但为了削减管理费用，提高管理效率和减少人工费用，可考虑将表 6.20 中的机械进行组合和改良。

表 6.20 管理运营材料的内容实例

机械种类	机械名称	数量	机械种类	机械名称	数量
割草机械	3 组乘坐式割草机	2	机械维修工具	工具类	1 套
	手推式割草机	1		发电机（600A）	1
	(5 组乘坐式割草机)	1		空气压缩机	1
更新作业机械	拖拉机	2		电焊机	1
	钻岩机械	1		配件清洗机	1
	粉碎机械	1		研磨机	1
	立式割草机（3 组）	1		油压千斤顶	1
	细雨覆盖机（乘坐式）	1		链滑车	1
	细雨覆盖机（手推式）	1		盘式天平	1
	清扫机	2	[调查用器械]		
	钢丝垫子（3 组）	1	气象观测器械	百叶箱	1 套
喷洒农药机械	农药喷雾器	1	土壤调查仪器	土壤采集器	2
	高压灌入机	1		标尺	1
	肥料喷洒机	4		小铁锹	1
	播种机	4		便携式电子温度计	1
管理机械	翻斗车（2t）	1		PH 值测定仪	2
	小型翻斗车	2		EC 值测定仪	2
	轻型货车	1		显微镜	1
	轮胎式挖掘机	1	场地设置备品		
补修器具	短剪刀	1	球门类	足球门（专业用）	2
	修边剪刀	1		足球门（少年用）	1
	简易草坪修补机	4		足球用旗类	1 套
备用品	浇水管（40A × 20m）	10		橄榄球球门	1
	浇水管（20A × 20m）	10		美式足球球门	1
	移动式洒水车	10		拉丁足球门	10
	喷嘴	4	搬运车辆	球门移动板车	2
	气吸式清扫机 / 吸尘器	2		人工草坪移动车	2
	喷水式清扫机	1		场内车辆	1
	大型送风机械	6		叉车	3
	养生苫布（10,000m²）	1	表面保护材料	草坪保护材料	1 套
	平板车	10		人工草坪	1 套
	独轮车	5	其他	打桩机	1
	沙砾加热器	1		画线器	2

③ 管理设施所需要的空间

根据管理机械、材料等的内容，确定相关设施所需要的空间，见表6.21。但实际每个赛场的管理人员、管理器材等都不相同，此表只能作为参考。

表6.21 管理设施所需要的空间

设施名称	目的、内容等	位置和其他条件	需要的空间
管理事务所	管理人员办公及会议	运动场管理区内 气象观测等监视器附近	4人左右的会议室
工作人员事务所	工作人员办公、休息、会议	运动场内的球场附近 机械仓库附近	2人办公 4人休息，会议
机械仓库	保管机械、材料、调查器械等，以及进行机械的维修	运动场内的球场附近 有水、电、煤气的地方，并有良好的换气环境。还要保证机械等进出的空间和高度。	约400m²左右（参考瑞穗赛场）
细土仓库（细沙）	保管和混合细土（细沙）	运动场内的球场附近要留出混合用铲土机和搬运用翻斗车作业的空间。	约200m²左右（参考长居赛场）
备品仓库	保管球门设备、移动用平板车、搬运车、广告牌、人工草坪等	运动场内的球场附近，方便向球场搬运物资。要确保叉车的作业空间。	因备品数和种类不同，需要的空间也不同。要确保一定的空间余地。
碎草（被割下的碎草）堆放场	堆放割下来的碎草等	设在运动场周边，气味不影响运动场的地方。 堆积、搬运方便，清扫车、卡车能够进入的地方（不需要设置堆肥的场所）。	一般可以容纳1周左右割下的草（2吨卡车2台×3次）
草坪保护材料的保管仓库	保管覆盖材料（约10,000m²）	运动场内的球场附近 要确保叉车的作业空间和卡车的搬运通道。	约250m²左右（试验草案）
燃料放置场	保管机械和燃料	需要设置规定的消防设备。管理机械和燃料超出规定量时，要与消防单位协商	规模及详细情况与消防单位协商

（8）实地施工试验的设计

实地施工试验的设计要在设计时或施工前进行，设计的材料和构造要符合现场施工条件，做到切实可行。如果不能在施工现场附近实施，一定要选择与施工条件相同的参考数据，最好是进行实际试验。如果能同时进行植被基面和排水设施的物理化学性状试验，便可以为正式施工提供可靠的数据。

实验内容因草坪的利用目的和所要达到的目标不同而不同，这里例举的是草坪赛场的实例。

① 试验地的制作方法和分析评价方法（草案）

i 重复、面积等

·（单播）3次重复，小区面积=2.25m²（1.5m × 1.5m）

·（混播）2次重复，小区面积=49.5m²（3.5m × 16.5m）

ii 耕种概要

·施肥量：10−10−10（基肥NKP）=200g/m²

过磷酸钙 =50 g/m²

·播种床（混播Ⅰ）六月禾=35 g/m²

牛尾草 =5 g/m²
羊茅 =5 g/m²
黑麦草 =5 g/m²
(混播II) 六月禾 =10 g/m²
牛尾草 =35 g/m²
羊茅 =5 g/m²

· 播种法：撒播[播种→覆土→滚压→灌水]

② 试验分析评价项目和试验地参考实例

表6.22 试验分析评价单（评价方法为草案）

调查项目		调查事件	评价方法
初期生长	发芽日	50%发芽日	发芽日
	发芽情况	播种后2～3周后	评点：极良9～极不良1
	初期生长情况	播种后1、2、3个月后	〃
	草皮的形成速度	草地生长速度有差距时(特别是六月禾)	〃
环境适应性	耐暑性	8月中旬	评点：极强9～极弱1
	越夏性	8月中旬、9月上旬	用生存面积%表示
	耐旱性	发生时	评点：极强9～极弱1
	耐寒性	2月中旬	评点：极强9～极弱1
	越冬性	2月中旬、3月上旬	用生存面积%表示
	耐阴性	发生时	〃
	耐虫性	〃	用被害面积%表示
	杂草混入程度	杂草发生时	评点：极多9～极少1
	褐色斑发生率	发生时	用被害面积%表示
草坪质量	草坪质量	1个月1次	评点：极浓9～极淡1
	叶色	2～3个月1次	评点：极浓9～极淡1
	叶幅	〃	评点：极宽9～极窄1
	密度	〃	评点：极密9～极稀1
	冬季绿度	12月、1月、2月各1次	评点：极浓9～极淡1
运动质量	运动质量	1个月1次左右	评点：极强9～极弱1
	耐踏压性	草坪形成后每个月	滚压后的株高
	恢复力	〃	〃
其他	刈割后	刈割后切口有纤维遗留(特别是黑麦草)	评点：极良9～极不良1
	其他	有品种差异时	评点：9～1 or %

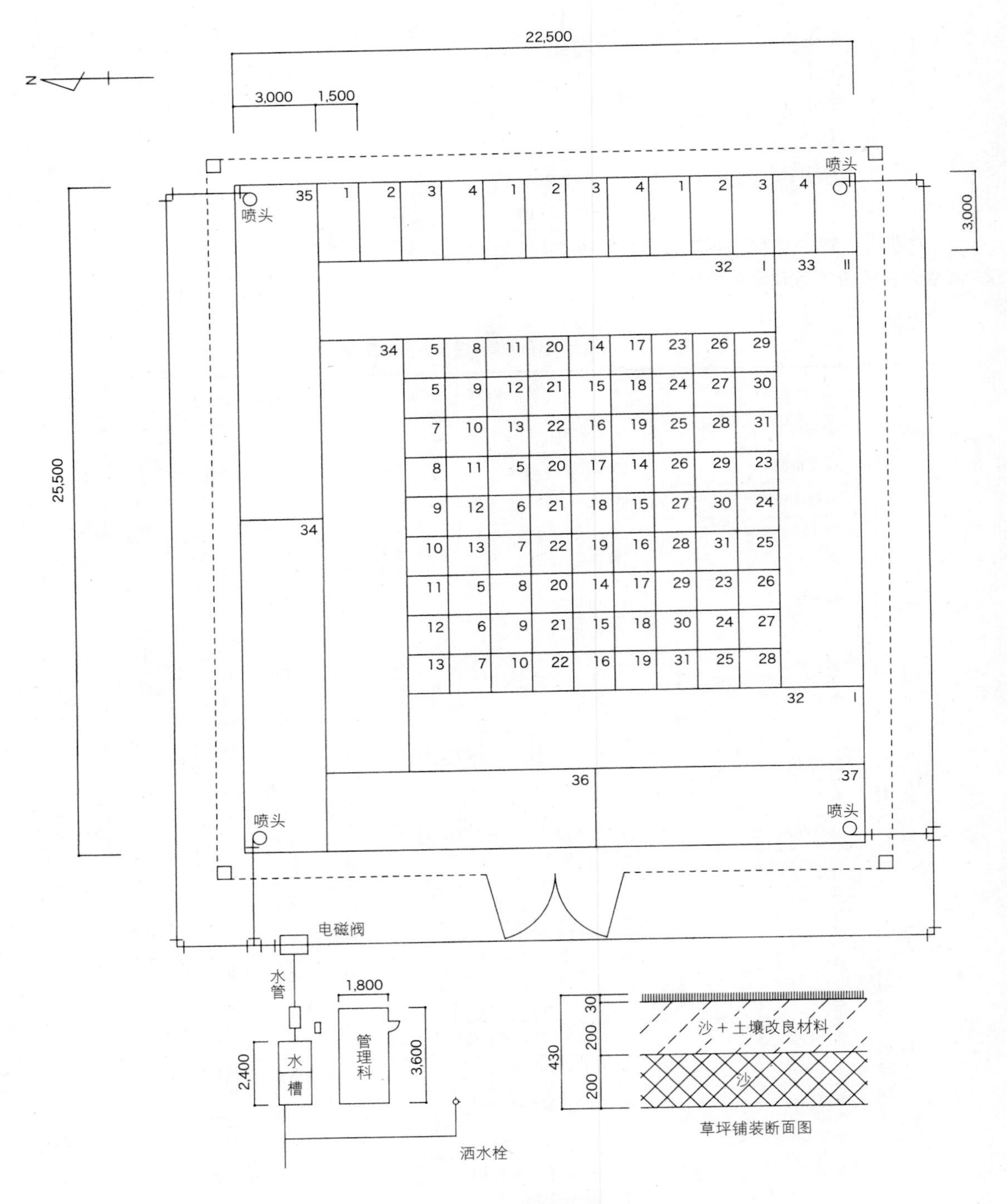

图6.7 实验苗圃参考实例

6.4 草坪场地的施工

施工的基本流程包括施工前制作施工计划，施工期间进行质量管理和安全管理，必须从整体考虑进行施工。建造草坪场时，要充分掌握设计目标和设计意图，在此基础上进行施工。

(1) 施工计划

在施工前，要充分了解有关工程的方案书、合同书等设计资料的内容，掌握现场的条件，在此基础上制定施工计划。

① 施工计划的基本内容

a) 基本条件和注意事项

i 充分掌握设计方法和内容，制定能够达到目标要求的施工方法。

ii 充分掌握现场各方面的条件，将其调整到与设计条件相协调。

iii 要考虑施工结束后管理方的意见，与管理方共同制定养生管理后的交工条件。

b) 施工计划的制定

i 根据竣工时间和使用内容的要求决定施工工程。

ii 根据现场条件制定临时施工的内容和施工方法等。

iii 根据设计方案制定绿化工程的内容和施工方法。

iv 为了顺利地进行草坪交工，制定初期养生方法

② 施工计划

基本内容	制定能够在规定时间和预算费用范围内，切实可行的各工程之间具有协调性的施工计划。特别是草坪赛场的要求较高，要充分进行探讨。
主要注意事项	·要进行探讨的项目有：现场条件、基本工程、施工方法、使用材料、用工内容、使用器材、临时设置的内容。 ·要进行与设计内容相符的施工管理，根据实际的施工方法、用工、施工机械、材料、工程费用制定施工的基本方针。 ·草坪栽植工程要判断栽植时期，确定养生时间等，制定以草坪生长为优先条件的施工计划。
基本条件	·根据设计方法，同时结合现场条件，制定施工计划。 ·如果条件有变化，要重新修改设计方案，更改施工计划。

③ 各段施工计划

基本内容	各段施工计划是根据总体施工计划的内容，为使各段工程能够在相应的时间内完成而设定的。制定计划时要考虑施工顺序、必要的施工期限、必要的施工时间、作业效率等。
主要注意事项	·草坪草是活体生物，所以要在充分掌握其生长特性和生态的基础上，决定材料的供应、施工时间、施工期限、养生时间等。 ·在草坪的初期养生中，需要进行灌水、细土覆盖、施肥、割草等作业，所以保证充足的养生时间是非常重要的。 ·有关草坪养生后向管理方交工的事宜，要针对交工条件与管理方充分协商，决定交工之前的养生时间。
基本条件	·因草的种类不同而定，一般来说，春季栽植的要经过从春季到秋季5个月的养生，秋季栽植的要经过从秋季到第二年春季8个月的养生时间。

④ 临时设施的施工计划

基本内容	为了不使施工人员以外的人员进入绿化施工现场，需要设置临时的设施和堆放材料的空间。具体有临时道路、土壤混合场地、材料放置场地、灌水设施等。
主要注意事项	· 在现场周边同时进行其他施工时，要在不影响其他施工的范围内设置临时道路和材料堆放场，保证材料和机械的进出顺利。 · 栽植草坪时，如果灌水设备还没有建好，要设置临时性供水装置，以保证初期养生所需要的水源。
基本条件	· 土壤混合场地，要确保均匀混合所需要的足够的面积。 · 材料堆放场要设置在尽量离现场比较近的地方(不被风吹雨淋)。 · 为了确保灌水设施稳定供水，要用自来水或临时水槽等作为水源。

⑤ 排水设施的施工计划

基本内容	在基盘排水不良的情况下，要在栽植基盘的下部或表面设置排水设施。排水设施有排除渗透水的暗渠排水管和排除表面水的排水沟等。
主要注意事项	· 进行表面排水时，排水设施周边容易积水，所以要在草坪表面挖出适当的排水坡度，或铺设暗渠排水设施等。 · 渗透排水要铺设暗渠排水管，要选择不容易引起堵塞的材料，同时还要注意施工时不要混入泥沙造成堵塞。
基本条件	· 表面排水设施要选择不会引起使用者跌倒受伤的安全材料。 · 渗透排水设施，要考虑栽植基盘的透水性能和保水性能，选择不容易引起堵塞的材料。

⑥ 植被基盘的施工计划

基本内容	影响草坪生长的最重要的因素是土壤，如果现有土壤不能使用，要在表层，也就是草的生长层铺上一层客土或改良土。为了增强透水性，可在植被基盘的下部铺设排水层。
主要注意事项	· 设置排水层时注意要均匀铺设，不要压得过实和混入土壤，从而使透水性受到影响。 · 草坪生长层可以按着土壤改良的方法进行施工，确保铺设厚度均匀，表面平坦。 · 使用土壤改良的方法铺设草坪生长层时，无论是在场内混合还是在场外混合，都要保证混合的均匀性，这样才能保证草坪的良好生长。
基本条件	· 排水层的材料要确保所要求的透水性，并达到施工所要求的稳定结构。 · 草坪生长层的材料要达到所要求的透水性、保水性、保肥性、颗粒分布及其他物理化学特性，并进行正确的施工。 · 使用的草种要根据使用目的、施工时间、工程费用、管理条件等综合条件进行选择，同时选择适当的施工方法。

⑦ 草坪栽植计划

常用的草坪栽植方法有播种法、用草皮块铺植草坪法、嫩枝繁殖（播草）法3种。要根据草的种类、栽植时间、养生时间、开始使用时间、工程费用等选择最适的栽植方法。为了保证草坪的良好生长，最重要的是要在生长适期进行栽植。

a）播种法

基本内容	·用种子进行繁殖的草种，可以使用直接播种的方法。 ·这种方法主要用于寒地型草种的栽植，也有一部分暖地型草种可以使用。 ·这种施工方法的特点是材料费便宜、施工时间短，但长成可以利用的草坪则需要较长的时间，所以要有充分的养生时间。 ·具体的施工方法有直播法、喷播法、植生带法等。
主要注意事项	·雨、风、干燥等气象条件会造成种子飞散或枯萎，所以需要一定的养生时间。 ·灌水时要注意不要将种子冲走或冲移位。 ·播种量过多，需要的肥料也增多，叶子过密会影响通气性，引起病害的发生。 ·如果发芽不均匀，需要进行补播。
基本条件	·要根据草坪的使用目的和施工时间，选择草种和播种量，安排播种。 ·要在草种的生长适期进行播种，并进行充分的初期养生。 ·在具有充分养生时间的条件下，播种法是一种有效方法。

b）用草皮块铺植草坪法

基本内容	·营养繁殖的草种，可以使用用草皮块铺植草坪的方法。 ·这种方法主要用于暖地型草种的栽植，也有一部分寒地型草种可以使用。 ·这种施工方法的特点是材料费和施工费用都比较高，但长成可以利用的草坪所需要的时间较短，既使没有充分的养生时间也可以采用这种方法。 ·具体的施工方法有整体铺植（不留间隙）和留有一定间隔的铺植。 ·铺植的草皮块有大有小，还有成卷的，近年来还有使用将泥土洗掉的草皮。
主要注意事项	·除清洗后的草皮外，草皮上带有的土壤与栽植基盘的土壤不同，容易形成不透水层。 ·洗过的草皮容易干燥，所以铺植后要进行充分的覆土和灌水。 ·草皮铺植后容易出现与土壤结合不紧密的现象，可以用滚压、覆土和灌水的方法进行调整。
基本条件	·根据草坪的使用目的和施工时间，选择铺植草坪的材料和施工方法。 ·要选择没有掉根，生长均匀的草皮。 ·用草皮块铺植草坪法，虽然在不是最适生长期的季节也可以进行施工，但最好在生长适期进行。 ·用草皮块铺植草坪的方法可以用在没有充分养生时间的条件下。

c）嫩枝繁殖（播草）

基本内容	·营养繁殖的草种，用剪成段的匍匐茎和嫩枝进行栽植的方法。 ·这种方法主要用于暖地型狗牙根和狗牙根杂交草种的栽植。细叶结缕草和结缕草也有用这种方法栽植的，但需要较长的养生时间。 ·这种施工方法的特点是材料费和施工费用较便宜，只要在草的生长适期进行栽植，温度适宜，形成可以利用的草坪所需要的时间较短。适用于可以在栽植适期内施工且施工费用少的条件。 ·具体的施工方法是将嫩枝进行条播，然后细土覆盖、滚压。
主要注意事项	·嫩枝繁殖容易干燥，所以施工后要充分灌水。 ·嫩枝繁殖有时会出现不成活现象，这种情况下要进行补植。
基本条件	·根据草坪的使用目的和施工时间，选择嫩枝材料和施工方法。 ·嫩枝繁殖法是一种在生长适期内栽植的有效方法。

⑧ 初期养生计划

基本内容	从草坪栽植后到向管理方交工这一段时间内，需要进行相关的初期养护管理。具体的管理主要有：灌水、细土覆盖、施肥、割草、除草等，必要时还要进行病虫害的防治和养生等。
主要注意事项	· 如果管理方已确定，要与管理方一起协商初期养护管理方法。 · 有关草坪的质量问题，经常会因施工方和管理方交接不清楚发生争执，所以向管理方交工时，应交代清楚相关注意事项，调整好交接前与交接后的管理。
基本条件	· 草坪初期生长阶段的管理会影响以后使用时的质量，所以初期的养护管理要特别细心。 · 初期管理与使用开始后的管理密切相关，所以应尽量缩短施工方的管理，尽快交给管理方管理。 · 草坪是一种生物材料，与土木及建筑材料不同，所以施工和质量管理时要考虑植物的生长情况。

(2) 质量管理

在施工中，为了实现设计内容和达到使用目的，必须进行质量检查和施工情况的检查等质量管理。

① 质量管理的基本内容

a）基本条件和注意事项

i 采用的施工方法和使用的机械要符合设计要求。

ii 使用的材料和做出的效果要符合设计要求。

b）质量管理内容

i 在植被基盘工程中，要对使用材料、施工方法、施工效果等进行质量检查。

ii 在栽植工程中，要对使用材料、栽植方法、养生效果等进行质量检查。

② 有关质量管理的检查标准

制定进行各种检查，判断施工质量的管理标准。土木工程已有现成的管理标准，但还要制定有关植被基盘、草坪等与植物生长相关工程的管理标准，使之达到草坪的使用要求。

表6.23是一例完成后的标准和质量管理标准。草坪的使用目的不同，其要求的标准值也不同，所以不一定要求每项都达到表中的指标。此表仅作为标准草案供参考。

表6.23 完成后的标准（草案）

种 类	项 目	规 格	测 定 标 准	管 理 标 准
排水设施工程（暗渠排水）	标高（管）	± 20mm	每40m测定1处	整理成表，将实测值标在图面上。
	延长（管）	$+L \times 2/100$	测定全部延长线	
	断面（砂粒）	± 20mm	每40m测定1处	
路基工程（基盘）	标高（管）	± 30mm	每100m² 测定1处	整理成表，将实测值标在图面上。
	宽	−50mm	按设计的基准点测定	
排水层工程	标高（管）	± 20mm	每100m² 测定1处	整理成表，将实测值标在图面上。
	宽	−50mm	按设计的基准点测定	
	厚度（t）	± t/10mm	每1500m² 测定1处	
草坪生长层工程（表层）	标高（管）	± 20mm	每100m² 测定1处	整理成表，将实测值标在图面上。
	宽	−50mm	按设计的基准点测定	
	厚度（t）	± t/10mm	每1,500m² 测定1处	
	平坦性	± 20mm	每10m跨度测定1次	

表6.24 质量标准值及施工管理标准（草案）

种 类	试验（测定）项目	试验（测定）项目	标 准 值	施工管理标准
基盘施工	基盘强度的均一性	设计铺面	观察判断	整个基盘测定3次左右。
排水层材料	最大干燥度，修正CBR测定	JIS A 1210试验法CBR试验法	以土木工程通用方法说明书为准。	按土木工程通用方法书中归纳的一览表。
	石砾过筛试验	过筛试验		
	粗石砾的磨损试验	JIS A 1121 试验法		
	石砾的稳定性试验	JIS A 1122 试验法		
	透水试验	JIS A 1218 试验法	以特殊方法说明书为准。	每个样本1次。
排水层施工	测定压实度	现场密度测定法	以土木工程通用方法说明书为准。	每1000m² 1处运进来时测定一次，记入管理表。
	石砾过筛试验	过筛试验法		
	石砾清洗试验	石砾清洗试验法		
草坪生长层材料	粒度分布试验	粒度分布试验	以特殊方法说明书为准。	每个样本测定1次，记入管理表。
	pH值测定	以JSF T 7 试验为准		
土壤改良材料	分析试验	规定试验方法		
草坪材料	种子发芽试验	生产者的质量保证	以特殊方法说明书为准。	以任意方法记录。
	草皮块质量试验	生产者的质量试验		

③ 交工质量标准

有关草坪的质量评价，目前仅有一个不太明确的标准。由于交工时间的不同和养生时间长短的不同，其草坪的状况也不同。因此，评价时要考虑到交工后的养生时间和目前的生长状况。当然最后还要和管理方进行调整，这里列出的只是交工时要确认的项目。

表 6.25　交工时的质量评价标准（草案）

质量项目	质量评价项目	交工评价项目
草坪	根的长度、草的生理状况（芽数、地上部和地下部的重量、贮藏养分量等）。	与交工之前养生期间的评价标准不同，需要与管理方进行协调。
植被基盘	土壤的物理性状，如三相分布、透水速度、压陷硬度等；土壤的化学性质，如pH值、EC值、无机态氮、有机磷、盐离子交换浓度等。	因为达到植被基盘土壤稳定需要一段时间，所以需要对评价标准进行修正。
灌水设施	喷灌系统运转状态的给水压力、给水量、灌水距离等。	确认使用机械的性能，需要得到管理负责人的认同。
特性	表面硬度、球的反弹、耐磨性、球的滚动等。	需要与标准值进行比较，并得到管理负责人的认同。
苗圃	草坪的生长状况、与设施内草坪的差距、补修用草的适应性等。	需要得到管理负责人的认同。

6.5　草坪场地的经营管理

管理是维持草坪良好状态不可缺少的重要环节。管理可大致分为养护管理（为草坪使用进行的各种作业）和经营管理（根据草坪的状况安排使用情况）。各种管理都要根据使用内容设定管理目标，有计划地进行管理。

（1）经营管理计划

经营管理包括在准确掌握草坪状况的基础上，为实现使用目标所进行的高效利用和适当限制等一整套管理体系。

① 经营管理的基本内容

a）基本条件和注意事项

　i　提高草坪的利用效率。

　ii　确定经营管理和养护管理的负责人，明确管理的责任和权限。

　iii　使用草坪场地时，要听取经营负责人和养护管理负责人双方的意见，由双方来决定使用内容。

b）经营管理计划

　i　结合使用目标，制定经营的基本方针。

　ii　根据经营基本方针制定年度使用计划及长期使用计划。

　iii　制作养护管理体制，备齐管理材料，确保管理费用。

　iv　当管理方法和使用方法发生变化时，采取相应的措施。

② 促进使用和限制使用的计划

项　目	促进使用	限制使用
优点	· 提高利用效率，增加收入。 · 提高设施利用者的形象。	· 减轻草坪的管理费用。 · 可保证在良好状态下使用草坪。
缺点	· 草坪的管理费用上升。 · 有可能不能保证所要求的草坪质量。	· 利用效率降低，收入减少。 · 设施利用者的形象不能充分发挥。
条件，注意事项	· 要向养护管理者确认使用内容。 · 协调年度使用计划内容。 · 确保养护管理和草坪养生时间。	· 要向养护管理者确认使用内容。 · 协调收益和其他经营上的问题。

③ 经营管理体制计划

项　目	直接经营管理体制	委托管理体制
概要	所有管理作业都由职工直接进行。	将管理作业委托给专业人员。
管理器材	多数情况下，管理方拥有机械、材料。	有些管理方不具有机械、材料。
基本条件	要确保具有管理技术的管理人员，为提高职工的管理技术，要进行研究和培训。	在管理人员少的情况下，一些管理可以委托，除提高职工的管理技术外，还可以委托。
优点	· 草坪发生异常时，可迅速采取措施。 · 管理具有连续性。 · 各部分的管理责任明确。	· 管理成本低。 · 管理技术可以靠委托方。 · 掌握管理技术后可转为直接管理。
缺点	· 管理成本可能会升高。 · 从一开始就需要具有管理技术的职工。	· 草坪发生异常时，不能迅速采取措施。 · 管理者不断更换，缺乏连续性。 · 存在管理责任不明确的地方。
建立体制	· 准确地选择管理技术者和管理器材。 · 制定中长期管理计划。 · 要具备各项管理技术。 · 与经营管理方协调执行方法。	· 选择合适的委托方。 · 制定中长期管理计划。 · 制定委托合同内容和责任范围。 · 与经营管理方协调执行方法。

(2) 养护管理计划

养护管理包括两部分，一部分是为提供符合使用要求的草坪所进行的养护管理作业，另一部分则是为掌握草坪的生长状态，判断养护管理的作业内容所进行的相关调查。

① 养护管理的基本内容

a）基本条件和注意事项

i 为提供符合使用要求的草坪所进行的养护管理作业和调查。

ii 确定养护管理负责人，明确管理的责任和权限。

iii 使用草坪场地时，要向经营负责人准确地传达养护管理负责人的意见，由双方来决定使用内容。

b）养护管理计划

i 结合使用目标，制定养护基本方针。

ii 根据养护基本方针制定年度使用计划和长期使用计划。

iii 制作养护管理体制，备齐管理材料，计算必要的管理费用。

iv 当使用内容、管理作业内容发生变化时，应采取相应的措施。

② 养护管理作业计划

草坪的养护管理，因使用目的不同作业项目也不同。下面列举的是体育赛场的实例，一般娱乐用草坪不像体育赛场要求的管理水平那样高，所以，可以从中选择必要的作业项目。

i 日常管理作业

· 割草、灌水、施肥、局部细土覆盖、除草、防治病虫害等。

ii 更新、补修作业

· 全面覆土、挖掘、粉碎、更换草坪部分等。

iii 特殊管理作业

· 越冬、过渡、苫布养生等。

iv 设置会场作业

· 设置或拆除大会及活动用器材。

v 保养、检修作业

· 相关机械的保养和检修，材料的质量管理。

a）割草作业

基本内容	为保证符合使用要求的草高，要进行割草作业，足球赛场一般为20～40mm左右，橄榄球赛场一般为30～70mm左右，一般娱乐用为30～50mm左右。
主要注意事项	· 考虑到草坪的生长状态，需要渐渐地调整割草高度。 · 结合草坪的生长状态决定割草频率。其频率因草的种类和环境条件而不同，但一般情况下，体育赛场30～60次／年左右，一般娱乐用草坪2～10次／年左右。 · 割下的草最好每次回收，也可以根据使用要求进行判断。 · 使用割草机时，要确保地面的平坦，以保证草高一致。
管理方法	· 主要是用割草机械作业。 · 旋转式割草机的速度快，拔禾轮式割草机剪割的美观。 · 割草机的刀刃长时间磨擦，要防止割草时烧叶。 · 割下的草用堆草机或人工回收。

b）灌水作业

基本内容	如果降雨不能满足草坪生长所需要的水分，就要进行灌水。草坪刚铺设完，需要频繁灌水，生长进入稳定状态后可减少灌水量。
主要注意事项	· 土壤水分过多，容易引起草坪病害。 · 土壤水分不均匀时，应局部调整灌水量。 · 既使是自动灌水设施，灌水后也要确认土壤水分，有灌水量不足的地方要进行人工补灌。 · 不同季节草坪需要的水分也不同，因此，要根据草坪的生长状况进行灌水。 · 要经常保持必要的灌水量，包括不良气候条件下。 · 还要考虑植被基面的透水性和保水性，设定适宜的灌水量。
管理方法	· 使用喷雾器、喷水枪等进行灌水。 · 自动灌水设施，要根据供水量和土壤水分调整灌水时间。 · 用土壤检测仪、电子水分仪检测土壤水分。 · 进行细土覆盖或施肥时，有时也需要进行灌水。

c）施肥作业

基本内容	为促进草坪的生长，在生育期内施用以N、P、K为主，包括中量元素、微量元素的肥料。要根据草坪使用频率和使用要求来决定施肥量。
主要注意事项	· 施肥时要确定具体的肥量、施肥成分、浓度，否则不但不会出现好的效果，甚至还有可能使草坪发生生理障碍。 · 草坪栽植后或更新后，施用速效性肥料效果比较好。 · 在草坪的生长适期，要进行少量多次施肥或施用缓效性肥料，使草坪的生长状况不发生突然变化。 · 要注意施肥过多，会增加割草的负担，增加管理费用。 · 使用频率高，需要恢复草坪损伤时，可调整养护管理方案，增加施肥量，提供高品质的草坪。 · 要根据气候、植被基盘的保肥力、草坪的生长状况等，调整施肥量和施肥间隔等。
管理方法	· 在草坪生长期，施肥可促进恢复叶色和生长。 · 在草坪生长前期，施肥可促进更新后草坪的恢复。 · 在草坪生长后期，施肥可促进下一季节草坪的发芽。 · 肥料的施用量，要根据肥料的成分含量进行计算，速效肥和缓效肥合理搭配。

d）细土覆盖作业

基本内容	是调整使用后地面不平以及草坪更新与修补时为促进草坪生长所采取的措施。对平坦性要求高的体育赛场要频繁进行，一般的娱乐用草坪可减少作业次数。
主要注意事项	· 不要使用与植被基盘粒径不同的材料，以免影响草坪的生长。 · 加入土壤改良材料时，要注意混入量。 · 以调整不平为目的的，应多次少量进行。 · 为防止杂草种子混入，减轻后期的除草作业，也有用烧过的细土进行覆盖的。
管理方法	· 局部细土覆盖主要是靠人工进行。 · 整体细土覆盖主要采用覆土机均匀散布。 · 散布后，用刷子等将细土抹平，然后灌水。 · 在修补作业中进行细土覆盖时，加入肥料可促进草坪的恢复。

e）除草作业

基本内容	为了防止杂草混入，结合草坪使用目的的要求进行除草作业。要求单一植被的草坪，要频繁进行除草，允许有一定杂草混生的草坪广场可减少除草次数。
主要注意事项	· 考虑到对环境的影响，应尽量避免使用除草剂，尽可能在杂草发生初期采取人工杂草拔除。 · 要事先采取一些措施，防止杂草从周边进入。 · 必须使用除草剂时，要充分探讨对环境的影响。
管理方法	· 在杂草混入初期，首先考虑人工除草。 · 维持健壮的草坪植被，也可以有效地防止杂草混入。 · 人工除草不可能时，应考虑使用与传统除草剂不同的一些无害的成分调节剂、微生物除草剂等。

f）病虫害防治作业

基本内容	病虫害有可能在短时间内使草坪完全毁灭。所以，在确认症状后，要立即采取措施。主要是使用杀虫剂和杀菌剂，但最重要的是进行良好的日常管理，减少病虫害的发生，将药剂散布控制在最小量内。
主要注意事项	· 要严格遵守杀虫剂和杀菌剂的使用方法及用量，配制时要十分小心。 · 有些会产生耐性菌，所以尽量避免使用一种药剂。 · 使用的杀虫剂和杀菌剂效果不明显时，应换一种药剂。 · 选择药剂时要充分了解其药效，选择最适宜的时机进行喷洒。
管理方法	· 使用罐车或喷雾器在病虫害发生处喷洒。 · 湿度过大是引起病虫害发生的原因之一，应尽量减少湿度，防止病虫害的发生。 · 从环保的角度出发，使用微生物材料，利用天敌，调整 pH 值，使用抗病品种等。

g）更新作业

基本内容	为促进草坪的生长和为改善植被基盘土壤的物理形状所进行的作业。体育赛场需要定期进行更新作业，一般娱乐用草坪可根据需要进行。
主要注意事项	·这种作业会给草坪带来一定程度的损伤，所以要考虑到恢复所需要的时间。 ·如果更新时间不合适，会给草坪或植被基盘带来负面影响，结果造成需要大面积的修补。
管理方法	·对草坪进行补植、细土覆盖等作业。 ·对植被基盘进行挖除、粉碎等作业。 ·用专用机械进行各种作业。 ·为了减轻修补作业，要在适当的时期内进行更新作业。

h）补修作业

基本内容	修补作业对草坪的损伤大，在一般更新作业很难恢复和养生时间短的情况下进行。修补作业主要是更换草坪和更换植被基盘。
主要注意事项	·更换草坪可根据养生时间选择铺草皮还是播种。 ·尽量使用同样的材料更换草坪，可在苗圃中育苗。 ·更换植被基盘时，要注意不要破坏基面排水性，保证基盘平整。
管理方法	·剥下草皮后，修整植被基盘，然后在上面铺草皮或播种。 ·修补后，要充分灌水，适当施肥，尽量缩短养生时间。 ·如果没有时间养生，应采用成卷的草。

③ 相关调查计划

为了保证养护管理的正确性，要根据相关的调查数据，制定有效的、经济的养护管理方法，表6.26列出的是调查项目。

体育赛场需要进行各种项目的调查，一般娱乐用草坪可以只进行草坪生长状况和土壤状况的调查。

表6.26 相关调查项目

调查项目	调查目的	调查次数	调查内容
草坪的生长状况	确认草坪的生长状况和养护管理内容的相关性。	年4次左右	根的长度、草的生理状况（芽数、地上部和地下部的重量、贮藏养分量等）、特性（颜色、覆盖度、密度、抗病性等）。
基面的土壤状况	确认土壤的物理性状、化学性状和养护管理内容的相关性。	年2次左右	物理性状（三相分布、透水速度、侵入硬度等），化学性状（pH、EC、无机态氮、有机磷、盐离子交换浓度等）。
环境状况	确认环境和养护管理内容的相关性。	每天（自动测试）	气温、湿度、风向、风速、降雨量、日照量、土壤温度等。
特殊性状	确认草坪是否符合比赛。	年2次左右	表面硬度、球的反弹、耐磨性、球的滚动等。

a）相关调查注意事项

i　调查的内容和方法，要根据草坪的使用目的选定必要的项目。

ii　调查结果和数据，可能会因使用的调查仪器出现偏差，最好用长期的数据进行判断。另外在还不明确这些数据是否符合使用目的的评价标准时，需要与其他类似实例进行比较等，制定评价标准。

iii 目前使用的调查仪器种类繁多，为了达到具有统一性的评价标准，应使用统一的调查仪器。

b）相关调查的调查方法

i　每天的草坪管理都要用到调查仪器，所以要有备用仪器。

ii　使用频率少、价格昂贵的仪器和分析时间长的调查项目可委托给他人。

④ 草坪的年度养护管理计划

草坪的养护管理需要制定年度计划。虽然使用目的不同，计划的内容也不相同，但最重要的是最大限度地发挥草坪的效果和设定使用限制。表6.27是一个草坪赛场的年度养护管理计划实例。

表6.27　草坪赛场年度养护管理计划实例

[泛例：—— 重点管理时期　═══ 应对出现情况]

管理项目		4月	5月	6月	7月	8月	9月	10月	11月	12月	1月	2月	3月	备　注
暖地型草刈割														
寒地型草刈割														
施肥														化学肥料、液肥
施药														杀虫剂、杀菌剂
全面覆土														细沙
局部覆土														细沙
灌水														
核化														
充气														
粉碎														
播种														
碾压														
除草														
更换草皮														
越冬														
转换草型														
运转加热系统														土壤加热
可使用期														草坪保护材料
使用限制期		正常使用		限制使用（转换草型）	正常使用		限制使用（越冬）			正常使用				
调查	草坪生长		●			●			●				●	年4次左右
	土壤状况				●				●					年2次左右
	环境													通年
	运动质量				●				●					年2次左右
	土壤加热													加热期间和前后

（注）· 这张表是具有土壤加热设施的越冬式草坪赛场的实例。

· 表中限制使用时期中的正常使用是指在草坪生长适期，可以进行相应的某种程度的使用的时期。

· 表中限制使用时期的限制使用是指在草坪养生期间，因草坪状况不能使用的时期。

6.6 草坪场地绿化中的问题

为了达到使用所要求的标准，在草坪绿化时一般都要进行多方面的探讨，但结果却不一定都能得到良好的效果。其原因之一就是在规划阶段，没有弄清问题点就开始建造，这些问题一直积累到施工和管理阶段。下面列出的是为保证建造良好的绿化空间，在设计、施工、管理各个阶段需要弄清楚的问题点。

(1) 规划阶段的问题

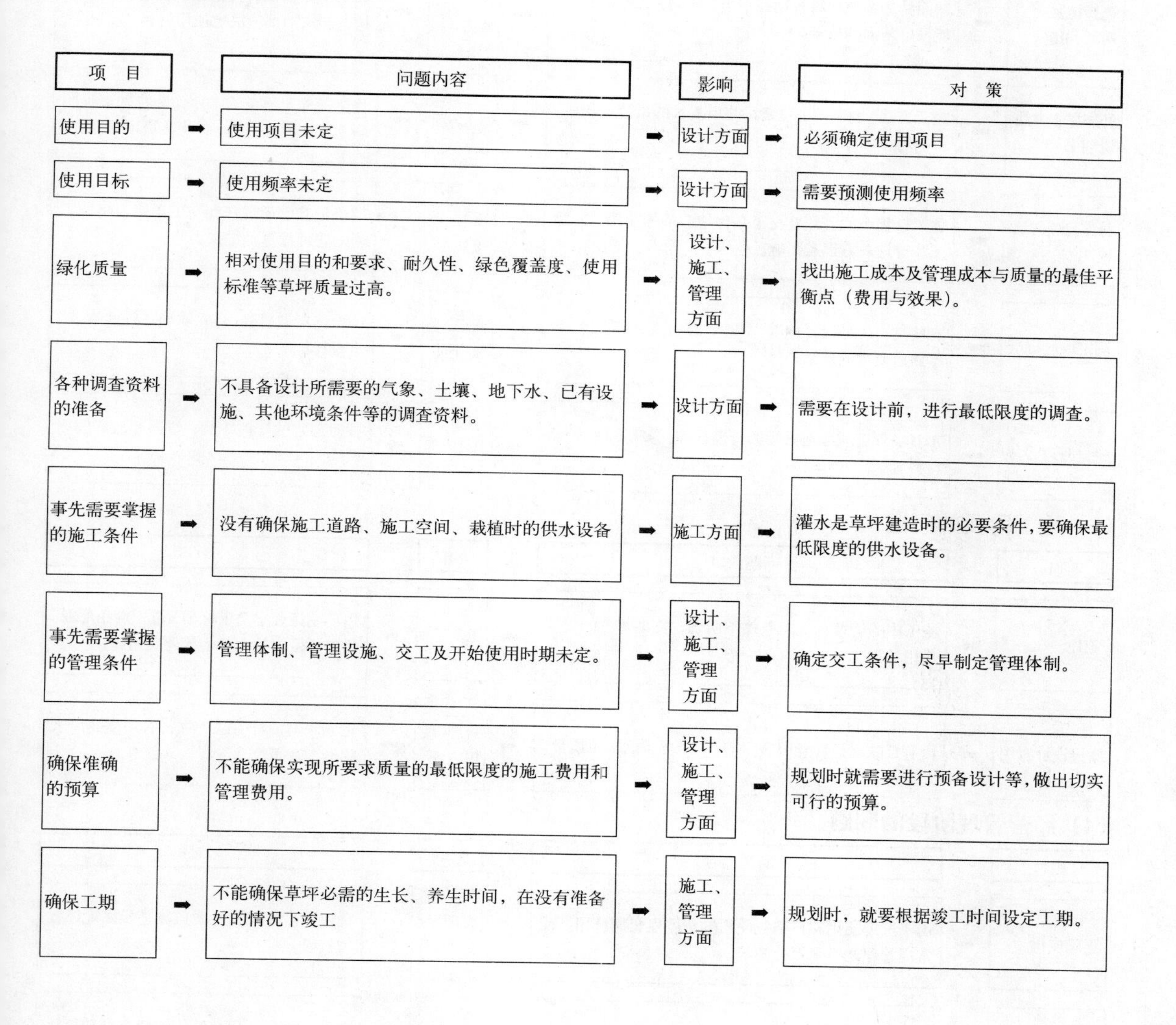

项　目	问题内容	影响	对　策
使用目的	使用项目未定	设计方面	必须确定使用项目
使用目标	使用频率未定	设计方面	需要预测使用频率
绿化质量	相对使用目的和要求、耐久性、绿色覆盖度、使用标准等草坪质量过高。	设计、施工、管理方面	找出施工成本及管理成本与质量的最佳平衡点（费用与效果）。
各种调查资料的准备	不具备设计所需要的气象、土壤、地下水、已有设施、其他环境条件等的调查资料。	设计方面	需要在设计前，进行最低限度的调查。
事先需要掌握的施工条件	没有确保施工道路、施工空间、栽植时的供水设备	施工方面	灌水是草坪建造时的必要条件，要确保最低限度的供水设备。
事先需要掌握的管理条件	管理体制、管理设施、交工及开始使用时期未定。	设计、施工、管理方面	确定交工条件，尽早制定管理体制。
确保准确的预算	不能确保实现所要求质量的最低限度的施工费用和管理费用。	设计、施工、管理方面	规划时就需要进行预备设计等，做出切实可行的预算。
确保工期	不能确保草坪必需的生长、养生时间，在没有准备好的情况下竣工	施工、管理方面	规划时，就要根据竣工时间设定工期。

(2) 设计阶段的问题

项目	问题内容	影响	对策
决定草坪的种类	草种选择不当，不适合施工和管理的实际情况，不能达到草坪的生长要求。	施工、管理方面	如果选择困难，可通过实地试验决定草种。
选择植被基面构造	基面构造和使用材料选择不当，影响施工和管理，不能保证基面的质量。	施工、管理方面	如果选择困难，可通过调查实例和基面构造的实地试验决定使用材料。
补充施工方法说明书	施工方法、材料、工程费用与所要求的质量不相成，影响施工。	施工方面	将确保施工质量的工序作为特殊事项明确地写在说明书里，并将其费用加进去。
补充管理方法说明书	施工过程中的管理及交工条件记载的不明确，对施工和管理双方都有影响。	施工、管理方面	明确记载管理责任和交工条件，将施工中的管理预算加进去。
制定设计标准	有些没有国外设计标准，只是凭经验值进行设计，达不到所要求的质量。	施工、管理方面	为保证后期质量，应在实地进行试验，确定设计标准。
确定管理设施	不具备保证质量所必需的管理设施、管理器械、管理材料等。	管理方面	针对预定的管理体制，设置相应的管理设施。

(3) 施工阶段的问题

项目	问题内容	影响	对策
交工	施工中的管理和交工条件不明确，使施工方的管理费用增加。	施工方面	需要明确规定交工标准、施工责任范围、质量评价方法、养生管理费用等。
掌握设计意图	没有反映出设计意图，不能达到所要求的施工质量。	管理、使用方面	正确理解设计方法，进行有关提高质量的调查和研究。

(4) 经营管理阶段的问题

项目	问题内容	影响	对策
正确使用	由于过度使用和在不应使用的草坪生长期使用，使常规管理达不到养护要求。	管理、经营方面	确保养生时间和管理预算，强化管理者的权限。
提高使用者的素质	草坪使用者在使用时不注意，对草坪造成破坏，引起草坪衰退。	管理方面	向社会宣传使用草坪的注意事项和草坪管理的重要性，提高使用者的素质。
掌握设计意图	没有反映出设计意图，不能达到所要求的管理质量。	使用方面	进行有关保证设计方法的研究和实例调查等，提高管理水平。

[主要参考文献]

1)　中野有（1974）：施工者のためのゴルフコースの設計と施工，ゴルフマネージメント
2)　江原薫（1987）：芝草と芝地－造成と管理－（第２増訂），養賢堂
3)　高橋理喜男・亀山章（1987）：緑の景観と植生管理，ソフトサイエンス社
4)　日本芝草学会編（1989）：新訂　芝生と緑化，ソフトサイエンス社
5)　川本昭雄・鈴木健之（1989）：造園技術必携③　造園施設の設計と施工，鹿島出版会
6)　道路緑化保全協会関東支部自主調査委員会編（1991）：芝生管理の本，(社)道路緑化保全協会
7)　相馬孟胤（1991）：常緑の芝草（復刻版），ソフトサイエンス社
8)　谷利一（1991）：目でみるゴルフ場の芝草病害－発生特性と防除－，ソフトサイエンス社
9)　眞木芳助・柳久・大久保晶（1991）：ベントグラス－特性の最新のグリーン造成・管理－，ソフトサイエンス社
10)　関西グリーン研究所編（1991）：ゴルフコース管理必携（改訂版），(財)関西グリーン研究所
11)　中島宏（1992）：植栽の設計・施工・管理，(財)経済調査会
12)　浅野二郎・石川格（1992）：造園技術ハンドブック（第３刷），誠文堂新光社
13)　眞木芳助（1992）：芝生の造成と管理－芝草管理者のためにー，全国農村教育協会
14)　中村直彦（1993）：ノシバ，コウライシバーその特性とコースにおける管理－，ソフトサイエンス社
15)　近藤三雄・伊藤英昌・高遠宏（1994）：公共緑地の芝生－アメニティターフをめざして－，ソフトサイエンス社
16)　中原久和・柳久（1994）：サッカー場の芝生造成と管理－国際的なレベルの競技用芝生を目指して－，ソフトサイエンス社
17)　Dr. J. R. ワトソン他（1994）：国際シンポジウム '94　サッカーフィールドの造成と管理－欧米の実情と日本への適用，ソフトサイエンス社内「国際シンポジウム組織委員会事務局」
18)　建設省都市局公園緑地課監修（1994）：都市公園技術標準解説書－運動施設編－（改訂版），(社)日本公園緑地会
19)　V. I. STEWART（1994）：SPORTS TURF Science, construction and maintenance, E & FN SPON
20)　鈴木敏・寺門陽一（1995）：グラウンドがサッカーを変える－サッカー場計画・設計・施工の手引き－，技報堂出版
21)　屋外体育施設の建設指針作成委員会編（1995）：屋外体育施設の建設指針－各種スポーツ施設の設計・施工－（改訂第３版），(財)日本体育施設協会　屋外体育施設部会
22)　建設省都市局公園緑地課（1995）：都市公園におけるサッカー競技場の整備及び管理運営に関する調査報告書，建設省都市局公園緑地課
23)　(財)日本サッカー協会監修（1996）：日本のサッカースタジアム－今日そして明日－，(財)日本サッカー協会
24)　建設資材研究会（1996）：建設資材ハンドブック，(財)経済調査会
25)　Prof.ハイナー・ペッツォルド他（1996）：芝生とスポーツ国際シンポジウム '96　講演集，(社)日本公園緑地協会
26)　ルドルフ・アイリッヒ他（1996）：ドイツにおけるスポーツグラウンドの建設と維持管理，(財)ドイツサッカー連盟，日本スポーツターフ施工連合会
27)　北村文雄・眞木芳助・柳久・大久保昌・野間豊（1997）：芝草・芝地ハンドブック，博友社
28)　建設省都市局公園緑地課監修（1998）：造園施工管理－技術編－（改訂22版），(社)日本公園緑地協会
29)　浅野義人・青木孝一（1998）：芝草と品種－育種と利用のための選択－，ソフトサイエンス社

照片提供者名单

[插图照片]

■ 水边空间

王子绿化：田边浩司　⑨、⑩
技研兴业：堀田干　⑫、⑯、⑰
松花园：塚本茂树　⑭
日本道路：田井文夫　⑬、⑲
日本NATURROCK：相马正明　⑱
森绿地设计事务所：岩崎哲也　②、③、⑤、⑥、⑦、⑧、⑪
森绿地设计事务所：饭田富美子　①、④
雪印种苗：二口德生　⑮

■ 平坦地空间

都市计划研究所：小东理人　⑳、㉓、㉔、㉕、㉖、㉗、㉙
都市计划研究所：佐藤宪璋　㉑、㉒
森绿地设计事务所：岩崎哲也　㉘

■ 坡地空间

山田三杉　㉚
山田宏之　㉛、㉜
全国SF绿化工法协会　㉝
技研兴业：小林康裕　㉞

■ 道路空间

山田宏之　㉟、㊲、㊳、㊴
山田三杉　㊱

■ 城市设施空间

山田三杉　㊵、㊶、㊹、㊾
山田宏之　㊷、㊸、㊻、㊼、㊽
都市绿化技术开发机构：西森美也子　㊺

■ 草坪场地空间

JAPANFOOTBALLVILAGE[Jvilage]　㊿
鹿岛都市开发[茨城县立鹿岛足球场]　(51)
都市计划研究所：小东理人　(52)、(57)、(58)、(59)
横滨市体育振兴事业团[横滨国际综合赛场]　(53)
浦和市公园绿地协会[浦和市驹场赛场]　(54)
名古屋市体育振兴事业团[名古屋市瑞穗公园田径赛场]　(55)
鹤冈市教育委员会体育科[鹤冈梦想赛场]　(56)

[文章内照片]

■ 1章

王子绿化：田边浩司　1.3、1.4、1.7、1.8、P.10专栏、P.14专栏、P.25专栏、植1、植6、植15、植16、植20、植23、植27、植35、植36、植42、植44、植46、植48、植58、植60、植62、植64、植65
技研兴业：堀田干　1.12、1.13、1.20、1.21、1.33、1.34、1.35、1.36、1.37、1.42、P.7专栏
熊本组：大森荣二　1.28
松花园：塚本茂树　1.25、1.26
积水化成品工业：上田耕平　1.16、P.44专栏
TAKIYEE种苗：宫泽义人　植2、植14、植21、植24、植28、植29、植30、植32、植37、植40、植43、植44、植45、植47、植49、植50、植53、植56、植57、植59、植61、植62、植65
日本道路：田井文夫　1.22、1.23、1.24、1.29、1.30、1.31、1.32、1.45、1.46、1.47、1.48、1.49、1.50、P.41专栏

日本NATURROCK：相马正明　1.38、1.39、1.40、1.41
森绿地设计事务所：岩崎哲也　1.1、1.2、1.5、1.6、1.9、1.10、1.14、1.16、1.17、1.18、1.19、1.15、P.9专栏、P.11专栏、P.14专栏、植4、植5、植11、植16、植19、植22、植24、植25、植33、植39、植51、植64
森绿地设计事务所：饭田富美子　1.11
雪印种苗：二口德生　1.27

■ 2章

都市计划研究所：小东理人　No.1、No.3、No.5、No.9、No.10、No.11、No.12
第一园艺：岩田　均　No.2、No.7、No.8
都市计划研究所：佐藤宪璋　No.4
住友林业：小堀英和　No.6

■ 3章

日本道路：长谷川淳也　No.1、3.1、3.2、3.3
TAKIYEE种苗：宫泽义人　No.2
GUNTHEY：今井忠夫　No.3
YAHAGE绿化：户边欣一　No.4
技研兴业：小林康裕　No.5、No.8、No.9、No.12、No.13、No.14、No.15、3.8
第一园艺：岩田　均　No.6、3.7
王子绿化：野口广光　No.7
佐藤工业：石桥　稔　No.10
全国SF绿化工法协会　No.11、3.4、3.5、3.6

■ 4章

山田宏之　No.9、No.14、No.15、4.1、4.5、4.6、4.7、4.8
山田三杉　No.1、No.5、No.10、No.11、No.13、4.2、4.3、4.4
YAHAGE绿化：户边欣一　No.2、No.3、No.4、No.6、No.7、No.8、No.12

■ 5章

山田宏之　No.17、5.1、5.2、5.3、5.5、5.7、5.8
都市绿化技术开发机构：西森美也子　5.4
山田三杉　No.18、5.6
YAHAGE绿化：户边欣一　No.1、No.2、No.14、No.15
箱根植木：宇田川健太郎　No.3、No.4、No.13、No.16
GUNTHEY：今井忠夫　No.6、No.7
绿景：林　哲生　No.8
黑石　严　No.10、No.11、No.12

■ 6章

都市计划研究所：小东理人　6.3、6.8、6.9、6.10、6.11、6.12、6.13、6.14、6.15、6.16
佐藤工业：石桥　稔　6.17
鹿岛都市开发
[茨城县立鹿岛足球场]　6.1
JAPANFOOTBALLVILAGE[Jvilage]　6.2
横滨市体育振兴事业团[横滨国际综合赛场]　6.4
名古屋市体育振兴事业团[名古屋市瑞穗公园田径赛场]　6.5
浦和市公园绿地协会[浦和市驹场赛场]　6.6
鹤冈市教育委员会体育科[鹤冈梦想赛场]　6.7

地面植被共同研究会名单　（1996年4月～1999年9月）

姓名	所属
稲治　和彦	(株)稲治造園工務所
岩田　勝之助	岩田造園土木(株)
宮脇　義隆	王子緑化(株)
田辺　浩司	王子緑化(株)
野口　広光	王子緑化(株)
河瀬　正志	王子緑化(株)
安馬　幸夫	オーシャン貿易(株)
竹内　秀雄	鹿島建設(株)
柳　雅之	鹿島建設(株)
間崎　将充	技研興業(株)
堀田　幹	技研興業(株)
小林　康裕	技研興業(株)
大森　栄二	(株)熊谷組
佐土原　博嗣	(株)熊本緑研
今井　忠夫	グンゼ(株)
福井　真	小岩金網(株)
佐藤　良信	小岩金網(株)
木村　勝男	小岩金網(株)
岩泉　修司	小岩金網(株)
石橋　稔	佐藤工業(株)
須田　清隆	(株)ジオスケープ
吉岡　俊哉	芝茂造園建設(株)
塚本　茂樹	松花園(株)
山上　嘉信	湘南造園(株)
佐藤　裕隆	住友林業(株)
上田　耕平	積水化成品工業(株)
谷口　雅之	積水化成品工業(株)
門脇　幸孝	積水化成品工業(株)
白井　常彦	瀬戸内金網商工(株)
黒田　潔	瀬戸内金網商工(株)
岡本　俊治	尊農社緑地(株)
岩田　均	第一園芸(株)
佐藤　充	第一園芸(株)
高野　勝重	(株)高野植物園
宮澤　義人	タキイ種苗(株)
井上　肇	タケダ園芸(株)
高嶋　哲夫	(株)チュウブ
杉本　昌治	東急グリーンシステム(株)
大矢　隆治	東急グリーンシステム(株)
川井　健治	(株)東京ランドスケープ研究所
榊原　宣芳	東洋グリーン(株)
木村　正一	東洋グリーン(株)
今田　貴之	東洋グリーン(株)
佐藤　憲璋	(株)都市計画研究所
小東　理人	(株)都市計画研究所
奥　裕之	日本体育施設(株)
小松　和幸	日本体育施設(株)
田井　文夫	日本道路(株)
大堀　勝郎	日本道路(株)
井上　恵	日本道路(株)
長谷川　淳也	日本道路(株)
佐藤　俊明	日本ナチュロック(株)
相馬　正明	日本ナチュロック(株)
大津　加奈子	日本ナチュロック(株)
池見　辰生	(株)ハイポネックスジャパン
岡　泰生	(株)ハイポネックスジャパン
木下　博	(株)ハイポネックスジャパン
宇田川　健太郎	箱根植木(株)
鈴木　敏	長谷川体育施設(株)
大脇　寛	長谷川体育施設(株)
藤田　茂	(株)日比谷アメニス
松下　元	(株)日比谷アメニス
上原　康行	前田建設工業(株)
藤吉　雅利	前田建設工業(株)
相内　正豪	(株)森緑地設計事務所
岩崎　哲也	(株)森緑地設計事務所
飯田　富美子	(株)森緑地設計事務所
角田　里美	(株)森緑地設計事務所
戸辺　欣一	ヤハギ緑化(株)
竹浪　昭彦	雪印種苗(株)
豊田　栄	雪印種苗(株)
二口　徳生	雪印種苗(株)
林　哲生	(株)緑景
黒石　巌	オブザーバー
岩村　公良	オブザーバー
山田　三杉	オブザーバー

都市绿化技术开发机构

松原　青美　　（研究会会長）
志村　清一　　（前任）
五十嵐　誠
坂本　新太郎　（前任）
大貫　誠二　　（前任）
赤松　　潤　　（前任）
笹倉　　久　　（前任）
林　　　茂
岩村　公良　　（前任）
山田　宏之　　（前任）
手代木　純
仲村　昌弘　　（前任）
磯　　勇人　　（前任）

编　委

石橋　　稔
岩崎　哲也
飯田　富美子
木村　正一
小林　康裕
小東　理人
鈴木　　敏
田辺　浩司
田井　文夫
戸辺　欣一
堀田　　幹
宮澤　義人
山田　三杉
吉岡　俊哉

著作权合同登记图字：01－2002－3931 号

图书在版编目（CIP）数据

地面绿化手册／（日）都市绿化技术开发机构、地面植被共同研究会编；王世学等译.
—北京：中国建筑工业出版社，2003
ISBN 7-112-05908-9

Ⅰ.地... Ⅱ.①都... ②地... ③王... Ⅲ.地面—绿化—手册 Ⅳ. S731-62

中国版本图书馆 CIP 数据核字（2003）第 052506 号

责任编辑：白玉美 吴宇江

地面绿化手册
[日] 都市绿化技术开发机构
地面植被共同研究会 编
王世学 曲英华 王隆谦 译
*
中国建筑工业出版社出版、发行(北京西郊百万庄)
新华书店经销
北京嘉泰利德公司制作
北京建筑工业印刷厂印刷
*
开本：787 × 1092 毫米 1/16 印张：$15^3/_4$ 字数：400 千字
2003 年 9 月第一版 2003 年 9 月第一次印刷
定价：68.00 元
ISBN 7-112-05908-9
TU · 5186(11547)

(邮政编码 100037)
本社网址：http://www.china-abp.com.cn
网上书店：http://www.china-building.com.cn